卫星通信中的极化安全传输技术

罗章凯　裴忠民　刘翔宇　著

国防工业出版社
·北京·

内容简介

本书重点从物理层安全角度出发，阐述卫星通信中利用极化实现提高信息传输效率和传输安全的相关理论与技术，介绍卫星通信中利用极化提高信息传输效率和安全性能的新技术，并进一步完善和丰富极化信号处理理论。本书共6章，第1~2章介绍卫星通信中极化信号处理概况及极化、物理层安全理论，包括极化的表征、极化基的变换、极化状态调制解调以及星座畸变等技术。第3~6章深入探讨了卫星通信中的极化安全传输技术和方法，包括极化相关损耗效应消除方法、加权类分数阶傅里叶变换、基于极化状态跳变的安全传输方法、隐蔽传输方法和方向-极化状态联合调制的安全传输方法、基于正交矢量和极化状态调制的安全传输方法。

本书可以作为高等工科院校信息与通信工程专业研究生或通信新技术培训参考书，也可以作为从事卫星通信信息对抗、网络攻防等科研人员的技术参考用书。

图书在版编目（CIP）数据

卫星通信中的极化安全传输技术 / 罗章凯，裴忠民，刘翔宇著. -- 北京：国防工业出版社，2024. 10.

ISBN 978-7-118-13520-6

Ⅰ. TN927

中国国家版本馆 CIP 数据核字第 20241TU955 号

※

国防工業出版社 出版发行

（北京市海淀区紫竹院南路 23 号　邮政编码 100048）

北京虎彩文化传播有限公司印刷

新华书店经售

*

开本 710×1000　1/16　**插页** 4　**印张** 10　**字数** 174 千字

2024 年 10 月第 1 版第 1 次印刷　**印数** 1—1300 册　**定价** 88.00 元

国防书店：（010）88540777　　书店传真：（010）88540776

发行业务：（010）88540717　　发行传真：（010）88540762

前　言

卫星通信是全球通信的重要组成部分，其所处物理位置较高，通信覆盖区域大，在国际通信、国内通信、商业、军事等多媒体领域都有广泛应用。随着现代通信技术、计算机技术、半导体集成电路技术及卫星收发技术的不断发展，卫星通信也得到了高速发展，是当前发展最为迅速的领域之一。众所周知，卫星长期工作在暴露的空间环境中，信道开放透明的特征使得星间和星地无线通信更易受到恶意用户的非法窃听、截获和破坏，并有针对性地利用卫星信号转发、模拟伪造、噪声干扰等方式实现对星地/星间通信链路的蓄意欺骗、干扰和压制，产生用户身份不可信、网络地址易伪造、系统服务不可控、信息易被篡改、系统保密性差等安全问题。信息传输安全是卫星通信的基本问题。传统的信息安全主要依靠于上层（链路层、网络层）加密技术对信息加密，以破解加密算法所需计算量衡量加密算法的性能。而随着计算机技术的飞速发展，尤其是量子计算的出现，依赖于计算量的加密技术受到越来越大的威胁，安全性得不到保障。

随着卫星通信飞速发展和用户对数据业务宽带化、多样化需求的日益增加，传统无线通信时频域、空域等通信资源逐渐匮乏，早在 2016 年，全球无线通信数据流量已经远超 129EB。通信资源紧张的情况在卫星通信中越发明显，制约了卫星通信更多业务的应用和发展。极化作为与时频域、空域等同的维度，最早以极化分集和极化复用出现在卫星通信中，通过正交极化隔离，实现两路独立信道，能够有效提高卫星通信系统容量。近年来，极化天线工艺发展水平逐渐提升，利用正交双极化提高频谱效率的极化信号处理技术应运而生并迅速发展，如极化状态调制、极化滤波、极化状态-方向联合调制技术等。

为此，本书围绕卫星通信中信息传输的安全问题，从物理层安全角度出发，讨论了卫星通信中的极化安全传输技术，研究了利用极化域信息提高信息传输效率和安全性，主要包括极化相关损耗效应消除技术、结合加权类傅里叶变换的极化状态-幅相联合调制技术、极化状态跳变技术、方向-极化状态联合调制技术等一系列新技术和新方法，取得了一批富有学术意义的研究成果。以此为主要基础，结合国内外相关方向的最新研究成果，本书尝试探索极化安全传输技术，对相关领域的主要问题和技术进行理论分析与技术总结，给相关领域的研究人员提供阅读参考。

本书在写作过程中，裴忠民副教授、刘翔宇博士研究生做了大量工作，在此向他们表示衷心的感谢。

卫星产业软硬件一直在不断地完善和发展，卫星通信中新的极化信号处理技术也不断呈现，性能越发出众，由于作者学识和认知水平有限，书中难免有疏漏甚至不妥之处，恳请读者批评指正。

罗章凯

2024 年 7 月于北京

目　录

第1章 概　　论

1.1 引　　言

过去的10年，无线通信技术高速发展，成果惠及各个领域，互联网已经从依赖于计算机的传统通信时代转变到以手持通信设备为主体的移动通信时代，一部手机便可在信号覆盖区域随时获取所需信息。同时，以移动通信为主导的地面蜂窝通信5G技术逐渐成熟，且6G通信将于2030年投放市场[1]，通信系统容量大幅提升，进一步提高多媒体业务传输速率。卫星通信是一种重要的无线通信方式，在全球通信网络中扮演着重要角色，是实现全球通信必不可少的组成部分。从信息基础层面看，卫星通信以对地覆盖方式传输信号，全面突破地理空间屏障，是打通全球信息传输必不可少的一环。尤其是2021年以来，航天科技不断发展，卫星收发技术和星上载荷越发先进，卫星数量快速增加，更新换代时间缩短，以美国SpaceX公司星链卫星为例，截至2023年12月，在轨卫星5500余颗，已具备全球通信能力，且一箭多星技术已成功运用于卫星发射。未来卫星数量将急剧增长，数据空间与体系发生重大变化，网络中的所有终端既是节点又形成路径，既生成数据、传递数据又存储数据。信息传播的基础结构发生了变化，信息生产、信息表达、信息提供、信息需求、信息接收、信息获取、信息效果与信息调和等各个环节的性状也同样发生变化，卫星作为重要枢纽，其重要作用不言而喻。

多媒体业务的发展，要求卫星通信系统能够具有更高容量。近年来，多输入多输出（Multiple-input Multiple-output，MIMO）技术在地面蜂窝通信中的快速发展和成功运用为提高卫星通信系统容量提供了借鉴[2]。MIMO技术通过在基站布置多天线，利用无线信道富散射特性，产生多个独立信道传输信息，以此方式提高系统容量以及传输效率[3-4]。然而，在卫星通信中，信道以视距通信分量为主，尤其是高频卫星通信，信道间相关性较强，难以形成多个独立信道传输信息，MIMO技术应用受到限制。当前，基于单颗卫星的MIMO技术主要分为两类[2]：一类是多波束卫星MIMO，通过产生多波束服务多个用户，建立多个多发单收的MIMO模型；另一类是采用正交双极化天线，利用正交极化的隔离效应，在收发端建立一个双发双收的MIMO系统。值得注意的是，即使是多波束卫星通信系统，同样可以利用正交双极化进一步提高系统容量[5]。随着双极化天线技术的发展和广泛应用，极化信号处理技术得到了快速的发展，为提高卫星通信系统性能奠定了丰厚的理论基础。除了传统极化分集和复用技术外，双极化信号间的幅度比和相位差也可用来承载极化域信息以提高传输效率[6-8]。众所周知，极化域与幅频域相互独立，在不影响幅频域基础上可以利用极化域信息研究更多先进技术，如极化调制技术[3]、极化多址技术、极化信息感知技术[9]、多维星座设计技术[10]和极化滤波技术[11]等。

卫星通信提供的全球通信给各行各业带来便利的同时，也存在信息传输安全问题：①众所周知，卫星通信具有传输媒介开放性及信号广播性的特点，且处于近地太空网络，易受到宇宙射线及大气层电磁信号干扰，通信信号易遭受截获、伪造和干扰等攻击；②卫星通信系统功率受限，使得具有较高安全性的复杂协议和加密算法等实现困难；③通信网络动态变化频繁，加大身份认证、密钥管理难度。卫星通信广泛应用于商业和军事领域，卫星通信信息泄露带来的可能是毁灭性打击，尤其在军事领域，信息化战争是现代战争的重要形式，赢得信息战就赢得了战争胜利的先机，提高卫星通信信息传输安全的研究刻不容缓。

当前卫星通信信息的安全性和保密性在很大程度上依赖于协议栈上层协议来保障，如采用鉴权手段验证接入用户身份、IP安全协议以及互联网安全关联与密钥管理协议等。这些方法均是结合密码学的公钥和私钥加密算法处理数据，屏蔽非授权用户接收信息[12-13]，如图1-1所示：在发送端，信息在编码调制处理前进行加密，接收端对接收信息解调译码处理后，利用密钥解密恢复信息。然而，传统加密算法存在缺陷，可归纳为以下几点：

(1) 加密性能取决于算法破解计算量。随着卫星通信系统的标准化，信号波形、编码调制方式以及加密算法，可能被提前预知。另外，随着计算机技术发展，CPU计算性能越发强大，面对有强大数据处理能力的窃听者，如采

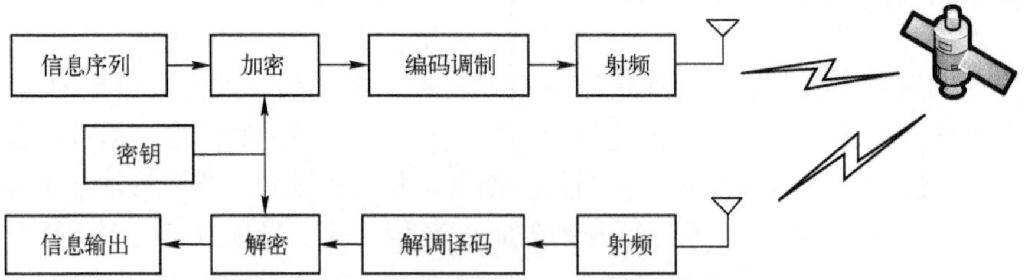

图1-1　基于对称密钥的卫星通信安全传输方案

用大数据、云计算和人工智能算法等，传统加密算法容易被破解[14]。

（2）加密算法对数据进行处理，由于存在信道误码性能放大的问题，可能导致加密信息传输无效。

（3）加密算法的密钥产生、分发和管理实现比较困难，当接入用户较少时，较容易管理；而物联网、低轨卫星网络等通信场景，用户较多且收发终端计算能力有限，难以构建完善的公钥架构体系。

为克服上述问题，科研人员开始探索安全传输技术已经从上层加密技术延伸到更低层。考虑传输信道存在衰落、多径、干扰以及噪声等因素，科研人员开始探索利用底层物理链路固有特性在实现信息安全传输方面的优势。物理层安全技术以信息论为指导，考虑无线信道特性，并综合调制解调、信道编解码、多载波、多信道、多天线以及协同通信等技术特点，从传输方案设计角度研究安全通信[15-16]。在满足合法节点通信性能要求的前提下，使非授权用户无法从传输信号中提取有效信息。近年来，无线通信技术迅猛发展，物理层可利用资源越来越丰富，物理层安全技术也受到广泛关注[17-25]。

当前，卫星通信中物理层安全传输技术已经取得了一定的研究成果[2,22,26-28]，公开文献中关于卫星物理层安全的研究集中在多波束卫星 MIMO 通信，采用的技术包括波束形成、人工加噪以及缓存中继等方法。一方面，卫星通信中，收发端距离较远，通过接收端反馈信息估计信道的方法无法及时更新信道信息，当卫星发射端接收到信道反馈信息时，信道可能已经改变，波束形成技术有一定的局限性；另一方面，虽然现代卫星通信技术发展在一定程度上缓解了星上功率资源受限问题，然而宝贵的功率资源仍然不足以支撑更多的载荷，尤其当未知窃听者信道信息时，为提高安全性，需要耗费功率用于发送人工噪声，恶化窃听信道，保证信息安全。值得注意的是，无论是哪种模式的卫星 MIMO 通信系统，功率资源都十分宝贵，而信息传输安全性能与人工噪声功率成正比，那么，如何增强双极化卫星物理层安全是亟待解决的问题。同时，双极化卫星 MIMO 通信是未来卫星通信发展的重要方向之一，探索利用极化特征提高信息传输效率并增强卫星信息传输安全性能具有重要意义和价值。

1.2 物理层安全

1.2.1 基本模型

物理层安全建立在信息论基础上，于 1949 年由香农（Shannon）提出，基本模型如图 1-2 所示，利用收发端共享且与信息序列等长的随机密钥，通过

“一次一密”的方式保证合法节点（Bob）可以获得全部有用信息量的同时，窃听节点（Eve）具有对所获信息的模糊性，即 Bob 具有信息量优势[29]。图中 ℓ 表示密钥，其长度大于或等于信息序列长度。Bob 在已知密钥的基础上能够获得有用信息，而 Eve 未知密钥，难以获得有用信息。

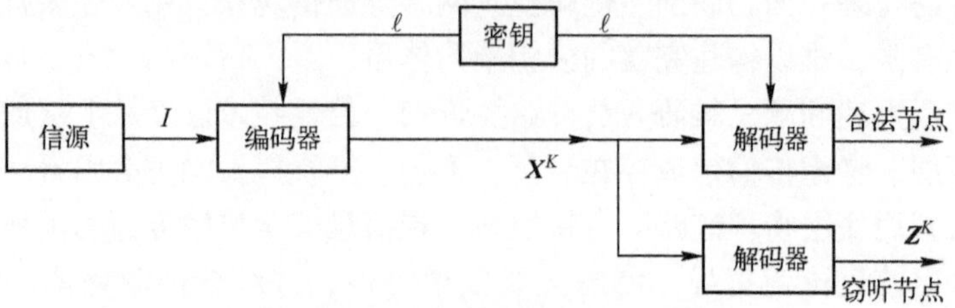

图 1-2　香农物理层安全模型

香农物理层安全技术性能优越，然而对密钥生成和分发要求较高，实现难度较大。Wyner 提出了经典的离散无记忆窃听信道模型[30]，并指出若合法节点的信道质量优于窃听节点，则存在一种编码方法既能满足传统信道纠错要求，也可以保证信息的安全传输。其模型如图 1-3 所示，包含信源（Alice）、合法用户（Bob）和窃听节点（Eve）三个部分，信源到 Bob 之间的信道为合法信道，信源到 Eve 之间的信道为窃听信道。I 为信源发送的信息序列，X^K 为编码后的输入信息，Y^K 和 Z^K 为通过信道后含噪输出，K 为码字长度。通过安全性约束得到安全容量计算公式为

$$C=\max_{p(X^K)}[I(\boldsymbol{X}^K|\boldsymbol{Y}^K)-I(\boldsymbol{X}^K|\boldsymbol{Z}^K)] \tag{1-1}$$

式中：$I(A|B)$为 A 和 B 的互信息量；$p(\cdot)$为概率密度。根据式（1-1），当合法节点信道质量优于窃听信道时，总能获得大于零的安全容量，表明 Bob 能够获得相比于 Eve 的信息量优势，根据香农安全信息理论，采用安全速率传输信息，能够保证信息传输的安全性。

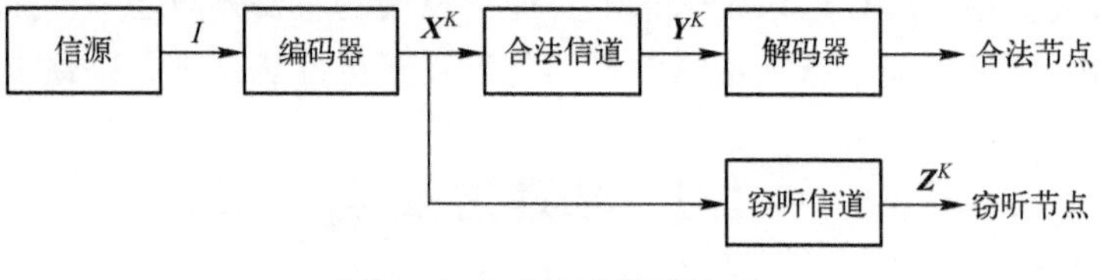

图 1-3　经典窃听信道模型

Csiszar 和 Korner[31] 将安全容量概念进一步推广到广播窃听信道和高斯窃听信道，表明安全容量等于合法信道容量和窃听信道容量之差，且安全容量越大，系统安全性能越好。其安全容量计算公式为

$$C=\frac{1}{2}[\mathrm{lb}(1+\mathrm{SNR_B})-\mathrm{lb}(1+\mathrm{SNR_E})] \tag{1-2}$$

当 Bob 信噪比 $\mathrm{SNR_B}$ 大于 Eve 信噪比 $\mathrm{SNR_E}$ 时，能保证 Bob 获得的准确信息量大于 Eve，具有信息量优势，因而能保证信息的安全传输。以上理论和模型形成了物理层安全研究的基础，当前的物理层安全传输技术研究均围绕安全容量获得性和误码率性能优势展开。在本书中，安全容量同样是用来衡量安全性能的重要指标。

1.2.2　物理层安全关键技术

当前，国内外物理层安全传输技术研究主要可以分为两大类[15]：第一类是基于安全容量的物理层安全传输技术；第二类是加密方案与物理层传输技术结合的相关研究。第一类技术利用传输技术获得安全容量或者误码性能优势，保证合法接收节点相对于窃听节点的信息量优势，提高信息传输安全性，即在不同场景下，利用可靠性和安全性约束，研究安全容量可获得性问题。Wyner[30]最早证明了窃听信道下，安全容量即为合法节点和窃听节点信道容量差，当信息速率大于窃听节点信道容量而小于合法节点信道容量时，采用超出窃听信道容量的传输速率进行信号传输，窃听用户无法从接收信号中解调出有用信息。紧接着 Csiszar 和 Korner[31]进一步研究了广播信道下安全容量获得条件问题，为无线通信信息传输安全研究提供了理论参考。随着无线通信技术的发展，MIMO 技术、正交频分复用（Orthogonal Frequency Division Multiplexing，OFDM）技术以及协同通信等成为研究热点，其安全容量获得性问题也随之成为热点研究问题，主要技术有以下几类：

（1）信道控制技术。利用无线信道特征参数研究安全传输技术，以获得安全容量。例如，基于射频指纹的安全传输技术[32]，该技术用于信号频谱特征检测，接收端实时检测接收信号的指纹，并根据指纹识别策略区分合法和非法用户信号；MIMO 信道系数随机化技术[33-34]，利用 MIMO 系统多独立信道特点，结合预编码技术，使发送信号的天线随机化，窃听节点未知信号从哪个天线发射的情况下，无法准确接收信息，有效提高信号抗截获性能；波束形成技术[35]，根据合法节点和窃听节点信道信息，调整每个发射天线的幅度和相位，提高合法节点信道信噪比，以获得更高的安全容量。

（2）基于功率分配的物理层安全传输技术。采用人工噪声注入技术实现安全时，优化信号和噪声功率分配，通过将一部分发送功率用于发送人工噪声，恶化窃听节点信道，从而创造信道质量优势。例如，在满足合法用户节点性能前提下，通过迭代方法设计功率分配策略，在实现正的安全容量基础上，最小化发送功率，节省功率资源[28]。或者以最大化安全速率为约束条件，优化传输信号和人工噪声之间的功率分配策略[36]。

(3) 接收端信号处理技术。其主要为研究当采用人工噪声或者干扰情况下，如何实现接收端对有用信号的无损接收技术。例如，文献［37］中研究了一种基于信道模糊估计的方法，在开始通信阶段，合法节点通过多阶段训练估计信道，并降低信道信息的归一化均方误差，达到信道准确估计的目的。发射端利用接收端反馈信息估计信道信息，设计人工噪声，窃听节点受到噪声影响而难以准确估计信道信息，无法消除噪声，信道质量恶化，从而实现安全传输。

(4) 方向调制技术。其原理是使星座图与接收机方位角相关，在不影响期望方向接收机解调性能情况下，使得非期望方向接收机接收到的信号星座图产生畸变，从而达到恶化窃听节点误码率的目的，获得误码率性能优势[38-48]。方向调制星座示意图如图 1-4 所示，期望接收机方向保持理想星座图（以四相移相键控（Quad-Phase Shift Key，QPSK）为例），非期望方向星座图畸变。根据畸变星座图是否变化可以将方向调制技术分为静态方向调制技术和动态方向调制技术。静态方向调制技术在某一个固定的非期望方向，同一种调制技术畸变的星座图是固定的；动态方向调制技术中，即使是在同一个角度接收机，其畸变星座图也不断变化[44]。相比于静态方向调制技术，动态方向调制技术能更好地增强信息安全。实现方向调制的方法较多，如采用主瓣方向不同的两个波束发送信号的同相和正交分量，使得期望方向星座无畸变，非期望方向星座畸变[42]，增加窃听节点信号解调难度，以此提高信息传输安全性。动态调制技术可以通过控制一组开关发送天线，使得旁瓣波束信号产生幅度和相位畸变，造成星座畸变，且畸变的星座也是随机变化的，窃听节点对发送信号解调的不确定性增大，从而提高合法节点的信息量优势[49]。

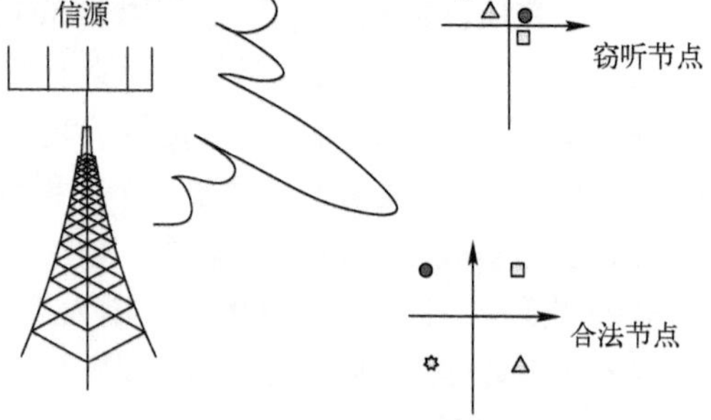

图 1-4　方向调制星座示意图

（5）协作通信技术。在通信场景下，设置合法干扰节点，用于发送干扰，Bob 在接收信号时可以滤除干扰，Eve 无法滤除干扰，造成信噪比下降，从而形成主信道相比于窃听信道的质量优势[50]。

结合加密方案的物理层安全传输技术以恶化窃听节点解调性能为目的，增加窃听节点信号解调难度或者使其无法正确解调信息，获得误码率性能优势。其主要研究方向可以分为两类：

第一类是利用物理层传输技术克服传统密钥方案的缺陷，保障密钥的安全性。例如，安全性受码长限制的问题可以通过编码解决；利用用户信道唯一性、私密性和互易性增强密钥分发交互的安全性。该方向研究主要包括两部分：

（1）密钥和编码结合技术。该技术将信息编码方法（纠错编码和扩频编码）与加密技术相结合，能够有效解决密钥长度有限带来的安全问题。例如，研究将高性能编码方法，如低密度奇偶校验码（Low-Densityparity-Check Code，LDPC）、Turbo 码和 Polar 码等与加密算法结合方案，这样的方法能够保证在信息传输可靠性和有效性基础上，更快地实现加密和解密[51-53]。也有研究结合直接序列扩频（Direct Sequence Spread Spectrum，DSSS）和跳频扩频（Frequency Hopping Spread Spectrum，FHSS）技术，DSSS 技术能将发送信号频带展宽，FHSS 技术能连续改变信号中心频率，提高低检测性能，在未知伪随机序列情况下，窃听节点较难完成解扩处理，无法获取有用信息，从而增强信息传输安全[54]。

（2）基于信道特性的密钥分发互换技术[55-56]。其主要研究在噪声干扰下，收发端对当前信道信息估计不一致情况下，如何保证密钥的一致性、实时性和安全性。

第二类是物理层加密技术，利用收发端共享的随机序列产生随机相位，使调制符号相位随机变化，星座图上表现为星座点随机旋转，使得调制星座产生畸变，合法接收节点利用共享信息进行逆变换，解调信号；窃听节点未知随机序列情况下，解调信号难度增大。例如，利用混沌序列或随机序列改变调制信号幅度和相位，使星座畸变，进而利用酉矩阵或者拉丁矩阵处理信号，处理后的星座图在二维空间随机分布，进一步增大星座点随机性，通过两次星座随机化，有效提高破解难度[57-59]。此外，进一步采用傅里叶变换、加噪等技术，可进一步提高信息安全，如先利用随机序列改变信号相位，进而利用傅里叶变换矩阵处理信号，造成星座畸变，同时证明在符号序列无限长的情况下能达到最优保密性能[60]。也可以先利用随机序列使得调制符号相位随机化，造成星座点随机分布在圆周上，进而利用弱人工噪声使星座点扰动，提高调制符号的不可逆性，恶化窃听节点解调性能，增强信息传输安全[61]。

1.3 卫星通信中的物理层安全传输

1.3.1 信号模型

卫星场景下的 MIMO 物理层安全模型主要分为两类[2]：第一类是单颗卫星形成多个波束服务不同用户，波束半径较大，服务用户之间距离较远，可以认为每个用户之间的信道不相关，从而建立 MIMO 模型，如图 1-5 所示[22,26,28]，卫星配置一个包含 M 个天线的阵列形成 K 个波束服务 K 个用户，在卫星通信覆盖区域内存在一个窃听节点。对每个用户来说，相当于一个多发多收的 MIMO 窃听信道模型。假设第 k 个用户配置 N_k根天线，窃听节点配置 N_e根天线，第 k 个用户和窃听节点接收到的信号可以表示为

$$\begin{cases} y_k = \sqrt{P_k}\boldsymbol{h}_k^{\mathrm{T}} s_k + \sum\limits_{j=1,j\neq k}^{K} \sqrt{P_j}\boldsymbol{h}_j^{\mathrm{T}} s_j + n_k \\ y_{\mathrm{E}} = \sqrt{P_k}\boldsymbol{h}_{\mathrm{E}}^{\mathrm{T}} s_k + \sum\limits_{j=1,j\neq k}^{K} \sqrt{P_j}\boldsymbol{h}_{\mathrm{E}}^{\mathrm{T}} s_j + n_{\mathrm{E}} \end{cases} \tag{1-3}$$

式中：$\boldsymbol{h}_k^{\mathrm{T}} \in \boldsymbol{C}^{N_k \times M}$和 $\boldsymbol{h}_e^{\mathrm{T}} \in \boldsymbol{C}^{N_e \times M}$分别为第 k 个用户信道矢量和窃听节点信道矢量；s_k 为第 k 个用户信息；P_k 为信号功率；n_k 和 n_e 表示噪声。

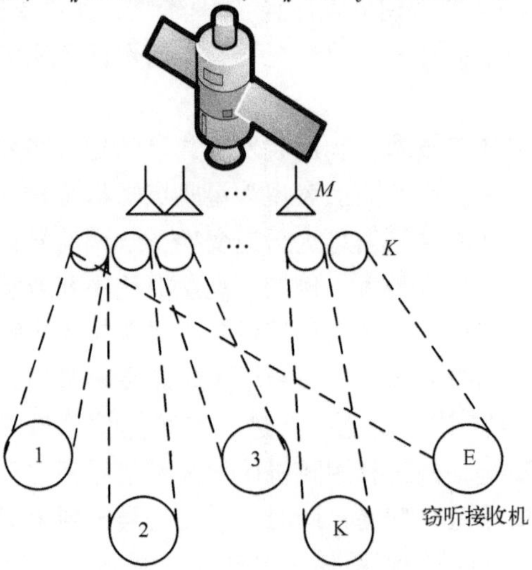

图 1-5　多波束卫星窃听模型

第二类是基于极化天线，卫星发送端和用户端接收端分别配置可以发射和接收正交极化信号的双极化天线，利用双极化天线间的隔离效应，得到两路独立信道，实现同频带的两路独立信道[62]（通常选择正交极化波以减小两种极化波的相互干扰，如垂直极化和水平极化、左旋圆极化和右旋圆极化），各自传输一部分信息，从而构建 MIMO 模型[63]。图 1-6 给出了 $2\times 2M$ 的双极化卫星 MIMO 窃听模型，其中，M 表示卫星数量。图 1-6（a）给出单颗双极化卫星 2×2MIMO 窃听模型，图 1-6（b）给出两颗双极化卫星 2×4MIMO 窃听模型。未来卫星数量将越发增多，多颗卫星也可组网形成多发多收极化 MIMO 模型。

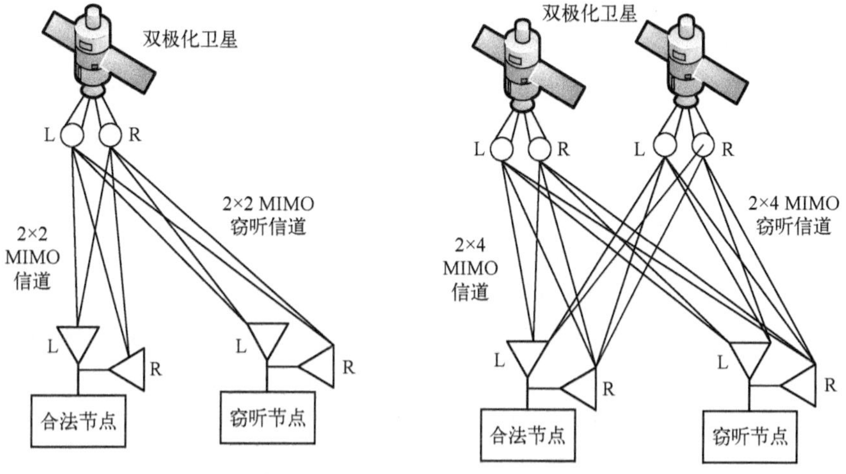

(a) 单颗双极化卫星MIMO窃听模型　　(b) 两颗双极化卫星MIMO窃听模型

图 1-6　双极化卫星 MIMO 窃听模型示意图

第 k 个用户和窃听节点接收到的信号可以表示为

$$\begin{cases} y_{\mathrm{B}} = \sqrt{P}\boldsymbol{H}_{\mathrm{B}}\boldsymbol{s}+\boldsymbol{n}_{\mathrm{B}} \\ y_{\mathrm{E}} = \sqrt{P}\boldsymbol{H}_{\mathrm{E}}\boldsymbol{s}+\boldsymbol{n}_{\mathrm{E}} \end{cases} \tag{1-4}$$

式中：$\boldsymbol{H}_{\mathrm{B}}$ 和 $\boldsymbol{H}_{\mathrm{E}}$ 分别为第 k 个用户信道矢量和窃听节点信道矢量，为 $2\times 2M$ 矩阵；$\boldsymbol{s}$ 为信号矢量；P 为信号功率；$\boldsymbol{n}_{\mathrm{B}}$ 和 $\boldsymbol{n}_{\mathrm{E}}$ 表示合法节点和窃听节点信道噪声。

以上两种模型形成了卫星 MIMO 窃听模型的基础，当前的卫星 MIMO 物理层安全传输技术研究大都在此模型基础上展开，主要研究卫星 MIMO 窃听信道下的安全容量获得以及如何获取误码率性能优势问题。本书重点探讨双极化卫星 MIMO 窃听场景下的信息安全传输问题。

1.3.2 卫星 MIMO 物理层安全传输技术

1. 多波束卫星 MIMO 物理层安全传输技术

多波束卫星的物理层安全传输技术主要采用波束形成技术以及人工噪声技术恶化窃听信道，提高合法信道信噪比优势，保证安全容量大于零，实现信息安全传输。例如，在发送端已知信道信息的情况下，利用合法节点和窃听节点的信道信息差异，计算波束形成的加权值，在不影响合法节点正常解调信号的情况下，最大限度地恶化窃听信道质量和窃听节点信号解调性能[22]。也可以在保证每个用户安全速率基础上，运用迭代算法，计算每个波束的合理功率分配方法使得发射功率达到最小[28]，在抗窃听同时，实现传输功率的优化。也有学者考虑降雨条件下多波束卫星信道模型，在利用置零算法计算波束形成矢量时引入松弛变量，并基于优化理论对参数寻优，在保证每个用户接收信号的信噪比基础上，不仅要发送功率达到最优，还要保证一个正的安全传输速率[26]。

我们知道，在实际通信场景中，窃听节点的信道信息难以获取，尤其是被动窃听节点，基于信道信息的安全传输技术往往应用受到限制。有研究考虑通过牺牲一部分发送功率设计人工噪声，通过人为的方式恶化窃听节点信道，保证合法节点信道质量优于窃听节点，从而实现一个正的安全速率，保证信息传输的安全性[13,26,64-65]。这样的方法有两个缺点：①不同于地面蜂窝通信，卫星供电来源于卫星太阳能板对太阳光线的转化，功率资源宝贵，不适合将大部分功率用于发送噪声；②当窃听节点与合法接收节点距离较近时，发送人工噪声不能达到理想的安全效果。

综上所述，多波束卫星物理层安全传输技术主要包括波束形成技术和人工噪声方法，以保证安全速率性能为目的，从信息论角度考虑信息传输的安全性。

2. 双极化卫星 MIMO 物理层安全传输技术

利用正交双极化天线实现频谱复用的极化分集和复用技术在卫星通信中得到广泛应用[63,66]。双极化卫星 MIMO 通信的研究主要集中在不同卫星场景下的信道建模以及适用于双极化卫星信道的编码调制技术[67-70]，物理层安全传输技术研究紧随其上，是当前研究的热点问题。在双极化卫星 MIMO 通信场景下，当窃听接收机和合法接收机有相同的极化接收天线，如何保证合法节点正常接收并恢复发送信息而不被窃听，实现信息的安全传输，是双极化卫星 MIMO 物理层安全的研究重点。双极化卫星有两路正交极化通道，自由度有限，无论是用来形成波束或者设计人工噪声，不仅效果不理想，不能达到预期的安全传输性能，也浪费宝贵的资源[71]。使用双极化提高卫星通信性能是未来卫星通信发展趋势之一[71-73]，如何增强双极化卫星信息传输安全具有重大的研究价值。

在自由度有限的情况下，可以从物理层加密角度研究增强双极化卫星MIMO 系统信息传输安全的技术。通过利用收发端共享的某一信息（信道信息、随机序列和调制方式[74]等），使调制星座产生畸变，合法接收节点利用共享信息能从畸变信号中恢复发送信号，而窃听节点未知随机序列情况下，解调难度较大，从而达到增强信息传输安全的目的。例如，先利用随机序列使得调制符号相位随机化，进而利用弱人工噪声使星座点扰动，提高调制符号的不可逆性[61]，如图 1-7 所示，以 QPSK 信号为例，假设传输 1024 个符号，图 1-7（a）给出了 QPSK 星座图，利用随机序列产生随机相位处理后星座图如图 1-7（b）所示，加上弱噪声后星座图如图 1-7（c）所示，物理层加密技术通过使调制

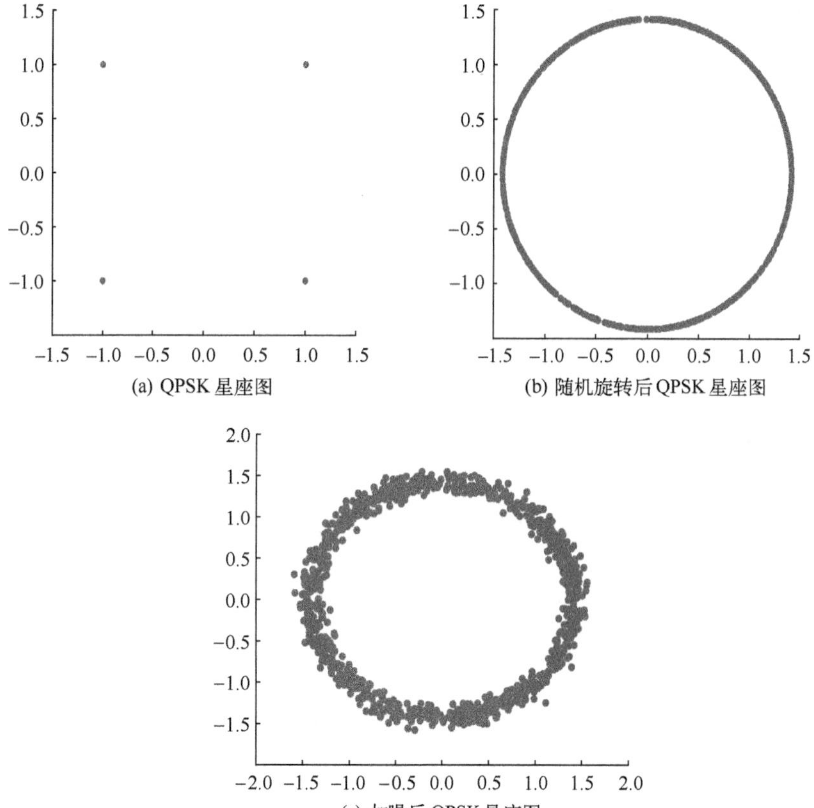

(a) QPSK 星座图

(b) 随机旋转后 QPSK 星座图

(c) 加噪后 QPSK 星座图

图 1-7　QPSK 星座随机旋转和加噪后星座图

星座图发生畸变，再通过微噪声扰动，能够有效降低窃听节点解调性能。再如，通过赋予人工噪声随机跳变极化状态，与信号叠加后传输，合法节点利用共享的极化状态信息构建矩阵消除噪声，而窃听节点不能消除噪声，造成星座畸变和信噪比下降，获得信道优势，实现安全传输[75]。综上所述，物理层加密技术相比于基于信道容量的物理层安全传输技术更适用于保障双极化卫星MIMO系统的信息传输安全。

1.4 极化及其应用

1.4.1 极化由来

极化最早来自光学领域研究技术，自然界中的一些昆虫、鱼类和哺乳动物具备分辨极化光和未极化光的本领，并利用光的极化属性控制运动路线、确定运动方向等，而人类无法分辨光的极化，只能借助专用设备进行辨别。人类最早利用极化可以追溯到公元8世纪，维京人利用堇青石反射太阳光产生的极化光来判断太阳位置，即使在阳光并不强烈的浓雾、阴天天气，也能实现利用极光导航。

随着光学理论的不断发展，人们对极化的认识也逐渐深入，将极化的存在从光学扩展到整个电磁波段，如图1-8所示。1873年，Tames Clerk Maxwell成功地提出了电磁场方程组，预言了电磁波的存在，相继引发了Lermannron Helmholt和Custar Kirchof等对衍射理论的研究[76]。1886年，德国物理学家Heinich Hertz证明了电磁理论能够适用于无线电波等频率较低的波段，并于

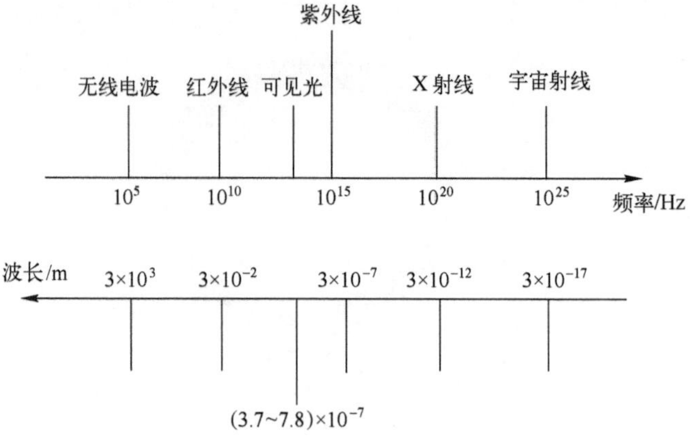

图1-8 电磁波波谱

1888 年观察到了电磁波的极化特性。也正是这一发现，开启了无线电波在通信、目标检测导航和测距等领域的广泛应用。同时也证明无线电波属于电磁波的一种，具备极化属性。正是基于这样的发现，提供了本书研究的极化安全传输技术最为重要的理论前提。

1.4.2 极化信号处理技术

20 世纪 60 年代，G. A. Franco 首次利用单极化状态承载比特信息[77]，开启了极化状态用于通信的先河。经过 20 多年的发展，极化状态调制在高速光纤通信中实现，同时提出了极化移位键控概念，并给出了光纤通信中误符号率的理论值[7,79]，实现了极化状态调制在光纤通信中的应用。近年来，极化信号处理技术在光纤通信、雷达通信、卫星通信和无线通信 4 个方面得到了迅速发展。

1. 光纤通信中的极化信号处理技术

极化状态在光纤通信中称为偏振状态，在光纤通信中，主要从两个方面利用偏振状态：一方面是利用偏振复用技术，独立传输两路信号，实现高速率、长距离以及大容量通信。相关研究集中在保证两路信号从发射端到接收端的正交性，如为保证发射信号偏振正交的偏振状态设计技术[80-81]，保证接收信号顺利解调的解复用技术[82-83]以及极化相关衰减效应补偿技术[84-85]。另一方面是通过两路偏振信号之间的幅度比和相位差，即偏振状态承载信息，与幅度、相位、频率等调制方式相结合，形成联合调制信号，每个单位符号承载更多信息，提高光纤传输效率[86-87]，现有的研究主要包括偏振调制与解调理论研究[88]。

2. 雷达通信中的极化信号处理技术

雷达通信中，极化信号处理技术研究主要集中在目标检测、干扰抑制以及目标识别等方面。目标检测方面主要研究利用极化增强目标信号技术，抑制杂波，改善接收信号的信干噪比，从而提高对有用信息的接收，相关研究包括最优目标极化理论[89]、雷达与光纤通信的镜面零极化理论[90]、极化分解理论以及瞬态极化处理方法[91-92]。基于极化信号的干扰抑制技术主要研究利用极化信号抑制杂波干扰和对抗欺骗式干扰，前者目的是提高接收信号的信干噪比，相关研究专注于极化滤波算法研究，通过对干扰极化状态估计，将接收极化状态设置为其正交极化状态，实现干扰抑制[93-95]；后者目的是提高对假目标的鉴别能力，主要研究利用极化抑制假目标干扰和角度欺骗干扰，其中抑制假目标干扰主要是利用极化特性鉴别假目标，极化抑制角度欺骗干扰技术主要利用极化抑制角闪烁效应[96-97]。雷达极化目标识别是利用极化特征对目标进行识别和分类，主要理论依据是最优化理论及目标唯象学理论，通过对散射矩阵进行变换、分解提取目标极化特征用于识别，如依据目标散射矩阵元素来辨识目标而提出的三参数轨迹法[98-99]以及五参数法[100]；依据极化分解的目标识别算法，如利用散射分量的目标识别算法、多散射体组合算法、目标极化特征重建的识别算法等[101]。极化在雷达中的应用较为广泛，在未来太空态势感知领域，将发挥着重大作用。

3. 卫星通信中的极化信号处理技术

伴随着卫星通信技术的飞速发展，其频谱资源越发紧张，利用正交双极化实现频谱翻倍以及提高信息传输效率的极化信息处理技术应运而生，并得到广泛应用，相关研究主要包括以下 5 个方面：①利用双极化天线同时发送信号，利用正交双极化天线间的隔离作用，实现的相互独立信道，实现极化分集和复用；②利用正交双极化天线本身承载信息，每个符号周期，利用其中一种极化天线发送调制信号，利用极化隔离实现空域调制，如利用正交双极化天线承载信息，每个符号时间通过选择一种极化天线发送信号，可以避免极化间干扰，同时能多传输 1 比特信息[102-103]；利用 4 种极化天线承载信息，可以多传输 2 比特信息[73]；③联合两路极化信号，设计四维星图，相比于传统幅相调制技术，利用更高的调制阶数，达到更高的传输效率。例如，可以利用正交极化分别传输二维幅相调制（8PSK、8QAM）信号，形成四维星座图，并在此基础上基于最大互信息量约束，对星座进行优化，提高传输效率[10]；④基于极化状态调制技术，利用极化信号分量之间的幅度比和相位差承载极信息，即信号极化域信息，且可与幅频域调制技术结合，设计更高传输效率和能效的调制技术[6,104]；⑤极化滤波技术，将极化状态正交的任意调制信号线性叠加后发送，接收端利用斜投影技术构建滤波矩阵，能够将两路信号分开解调，提高通信系统容量，并且现有研究已经证明采用三路极化信号承载信息时，只有三路信号均为幅度调制信号，且极化状态之间的夹角为 120°时才能够彻底分开解调，同样可以提高信息传输效率。前两种方法主要利用双极化天线之间隔离，并与传统调制技术结合，实现更高的传输效率。后三种方法利用信号的多维度，以提高发送符号承载的信息量为目的，实现传输效率的提高。近年来，极化信号处理技术也被研究用于提高卫星通信信息传输安全，如将极化滤波技术与加权类分数阶傅里叶变换（Weighted Fractional Fourier Transform，WFRFT）技术结合[26]，混合后的极化状态经 WFRFT 处理后，传输信号转化为随机信号，有效提高了信号破解难度；或者利用随机序列处理极化信号的极化状态，并添加人工噪声，实现传输信号的置乱和窃听信道质量的恶化[75]；将极化信号先旋转，再采用 WFRFT 处理，经过星座旋转后的符号矢量随机分布，经 WFRFT 处理后，星座点会在三维空间随机分布，破解难度提升（后面章节将详细讨论）[105]；利用正交矩阵处理传输信号，并对处理后的信号矩阵进行加权类分数阶傅里叶变换，在消除极化相关损耗效应的同时，增强了信息传输安全[7]；这类方法的原则是通过利用收发端共享的随机序列或者矩阵变换处理原始符号，形成不规则的调制星座图，同时恶化窃听信道质量，实现安全容量的提升和窃听节点误码率性能恶化。

4. 无线通信中的极化信号处理技术

地面无线通信中极化信号处理研究主要集中在极化分集和极化复用两个方面[106]。其中，极化分集相关研究主要集中在研究影响信号极化特征的信道因素，包括极化状态一阶统计特性、极化模式色散、极化相关损耗和交叉极化鉴别度等，以分析极化相关衰减信道下信号极化特征的统计特性[107-109]。无线通信中极化复用基本思想和光纤通信的偏振复用技术以及卫星通信中的极化复用技术是一致的，区别在于信道特性以及工作频段。随着地面 MIMO 技术的发展以及双极化天线的应用，极化信号处理技术在信号检测[110]、极化状态调制[6,111]、极化滤波[11,112]等领域也受到越来越多的关注。

1.4.3　卫星通信中的极化应用

1. 极化状态物理特性

与信号的幅度、相位以及频率一样，极化状态也是表征信号特性的重要属性，描述的是信号的矢量特性，即电场矢量的空间取向随时间变化的方式，可以通过电场矢量端点随时间变化在空间运动所形成的轨迹形状和旋向来描述。轨迹或者旋向有无穷多种变化，产生多种极化状态，主要可以分为线极化、圆极化和椭圆极化三大类[113]。如果电场轨迹为直线，则为线极化；电场轨迹为向左或者向右旋转的一个圆，则为圆极化；电场轨迹为椭圆，无论旋向如何，均为椭圆极化。极化状态可以有无数种，每一种极化状态只有唯一的与其正交的极化状态，如水平极化与垂直极化状态，左旋圆极化和右旋圆极化状态。相互正交的极化状态，其电场运动轨迹矢量也相互正交。

根据信号极化状态时变特性，可将极化信号分为完全极化波、部分极化波和未极化波。完全极化波的电场矢量轨迹形状和旋向是不随时间变化而改变的，如单色波；部分极化波通常为色散后的单色波，其电场运动轨迹随时间变化，且表现为类似椭圆的曲线；未极化波是两路线极化波或者圆极化波，独立变化并合成后形成的波，其电场矢量轨迹随机变化。在本书分析中，所述信号均假设为完全极化波。

2. 极化状态表征

1) Jones 矢量表示

对于极化状态为 $\boldsymbol{P}$ 的矢量信号 $\boldsymbol{E}$，可用 Jones 矢量表示。Jones 矢量由一对极化基组成，即相互正交的极化分量组成。若采用水平垂直极化基，则矢量信号可以表示为水平极化分量 E_1 和垂直极化分量 E_2，有

$$\boldsymbol{E}=\begin{bmatrix}E_1\\E_2\end{bmatrix}=\begin{bmatrix}A_1\mathrm{e}^{\mathrm{j}\phi_\mathrm{H}}\\A_2\mathrm{e}^{\mathrm{j}\phi_\mathrm{V}}\end{bmatrix}=\begin{bmatrix}|A_1|\\|A_2|\exp(\mathrm{j}\eta)\end{bmatrix}\tag{1-5}$$

式中：$\eta=\phi_\mathrm{H}-\phi_\mathrm{V}$ 为两个电场分量的相对相位。发射功率假设恒定为 1，得

$$A_1^2+A_2^2=1\tag{1-6}$$

假设 $A_1=\cos\gamma$，$A_2=\sin\gamma$，可以进一步表示为

$$\boldsymbol{E}=\begin{bmatrix}\cos\gamma\\\sin\gamma\mathrm{e}^{\mathrm{j}\eta}\end{bmatrix}\tag{1-7}$$

其中，$\tan\gamma=\dfrac{|A_2|}{|A_1|}$ 表示幅度比，且 $\gamma\in[0,2\pi]$，$\eta\in\left[0,\dfrac{\pi}{2}\right]$ 为极化相位描述因子，可以计算为

$$\gamma=\arctan\frac{|A_2|}{|A_1|},\eta=\phi_2-\phi_1\tag{1-8}$$

不难发现，信号的极化状态与幅度比和相位差是一一对应的，即每个极化状态均可用(γ,η)唯一表征，且极化状态可以通过 Poincare 球面上的星座点唯一表示。部分极化状态与相位因子对应关系如表 1-1 所列，在 Poincare 球面上的星座点位置如图 1-9 所示。

表 1-1　极化状态与相位因子对应关系

极化状态	(γ,η)	Jones 矢量
水平极化	$(0,-)$	$[1,0]^\mathrm{T}$
垂直极化	$(\pi/2,-)$	$[0,1]^\mathrm{T}$
45°极化	$(\pi/4,0)$	$[1,1]/\sqrt{2}$
135°极化	$(\pi/4,\pi)$	$[1,-1]/\sqrt{2}$
左旋圆极化	$(\pi/4,\pi/2)$	$[1,j]/\sqrt{2}$
右旋圆极化	$(\pi/4,-\pi/2)$	$[1,-j]/\sqrt{2}$

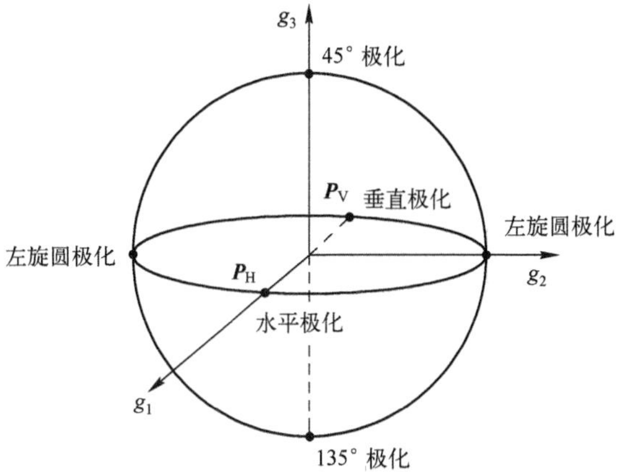

图 1-9　部分极化状态

2）Stokes 矢量表示

George Stokes 在 1852 年引入 4 个参数组成 Stokes 矢量来表征极化状态。在水平垂直极化基下，极化状态 $\boldsymbol{P}$ 可以通过$[g_0, g_1, g_2, g_3]^{\mathrm{T}}$ 表征为

$$\begin{cases} g_0 = A_1^2 + A_2^2 \\ g_1 = A_1^2 - A_2^2 \\ g_2 = 2\,|A_1|\,|A_2|\cos\eta \\ g_3 = 2\,|A_1|\,|A_2|\sin\eta \end{cases} \tag{1-9}$$

同时，4 个参数满足[114]：

$$g_0^2 = g_1^2 + g_2^2 + g_3^2 \tag{1-10}$$

显然，g_1、g_2 和 g_3 可以对应为半径为 g_0 的球面上点的 Cartesian 坐标值，即 Poincare 球。利用 Stocks 同样可以表征球面星座点，且每一个星座点均有唯一的 Stocks 矢量与之对应。如图 1-10 所示，庞加莱球面上相位因子与极化状态之间的关系。以 $\boldsymbol{P}_j$ 为例，$\boldsymbol{P}_{\mathrm{H}}$ 为水平极化状态，其中，$2\gamma_j$ 和 η_j 分别表示 $\boldsymbol{P}_j$ 到 $\boldsymbol{P}_{\mathrm{H}}$ 的球面弧长，以及该圆弧与水平大圆的球面角。此外，进一步结合图 1-9 不难发现水平轴 g_1 与球面相交的两点即为水平极化状态 $\boldsymbol{P}_{\mathrm{H}}$ 和垂直极化状态 $\boldsymbol{P}_{\mathrm{V}}$；$g_3$ 轴与球面相交的两点即为左旋圆极化和右旋圆极化；其他球面上的点对应椭圆极化状态，且通过球心与球面相交的两个极化状态为正交极化状态。

3. 极化状态的产生

依据式（1-5）可知，矢量信号的极化状态取决于正交极化信号之间的幅度比和相位差，理论上通过调整两个参数，即能获得 Poincare 球面上任意一点，即任意极化状态。实际通信系统中可以通过调整天线的馈电系统或通过基

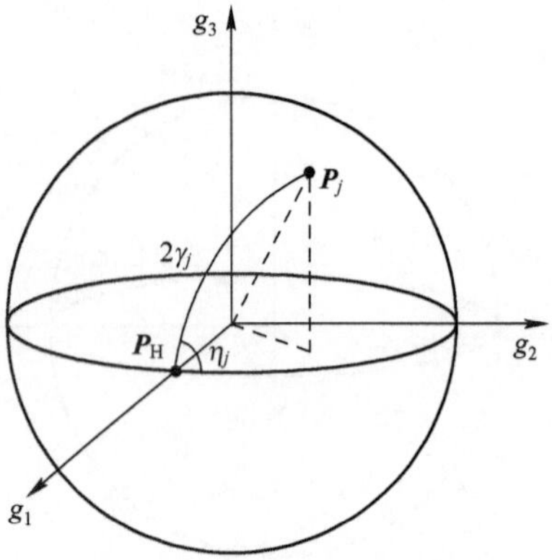

图 1-10　相位因子与极化状态在庞加莱球面上的关系

带或射频的数字信号处理技术实现任意极化状态。

如图 1-11 所示，假设 R 和 L 分别表示左旋圆极化和右旋圆极化，任意极化状态产生过程分为两步：首先对两路信号功率进行分配，调制两路信号幅度比，即图 1-10 中球面点到水平极化点 $\boldsymbol{P}_{\mathrm{H}}$ 的球面距离；其次对两路信号进行相移，调整图 1-10 中的角度 η，通过调整这两个参数，可以随意选取庞加莱球面节点，即任意极化状态。

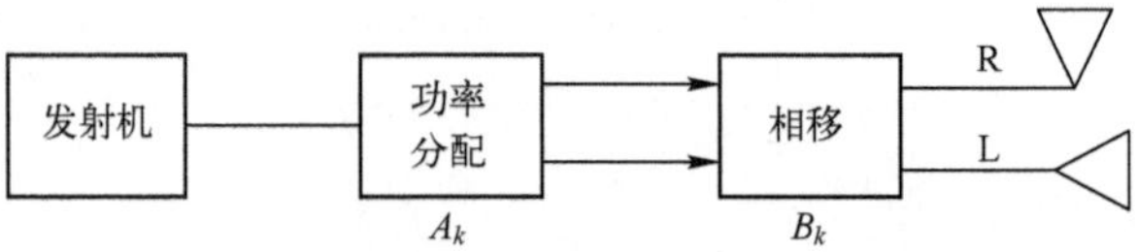

图 1-11　极化产生原理

图 1-11 中功率分配和相移传递函数可以表示为

$$A_k=\begin{bmatrix}\cos\gamma_k\\ \sin\gamma_k\end{bmatrix},\quad B_k=\begin{bmatrix}1 & 0\\ 0 & \mathrm{e}^{\mathrm{j}\phi_k}\end{bmatrix} \tag{1-11}$$

假设发射机产生幅度为 $\boldsymbol{E}_0$，频率为 ω_0 的电磁振荡，经过功率分配，相移，上变频后到达 R 和 L 极化天线端口的电压矢量为

$$\boldsymbol{E}=\begin{bmatrix}E_1\\ E_2\end{bmatrix}=A_kB_k\mathrm{e}^{\mathrm{j}\omega_0 t}=E_0\begin{bmatrix}\cos\gamma_k\\ \sin\gamma_k\mathrm{e}^{\mathrm{j}\phi_k}\end{bmatrix}\mathrm{e}^{\mathrm{j}\omega_0 t} \tag{1-12}$$

显然，归一化的 Johns 矢量可以表征为

$$\boldsymbol{E}=\begin{bmatrix}\cos\gamma_k\\ \sin\gamma_k\mathrm{e}^{\mathrm{j}\phi_k}\end{bmatrix} \tag{1-13}$$

由此可见，调整相位描述因子 γ,η 便可以使发射信号遍历所有极化状态，产生任意极化状态的发射信号。

定义信号的极化状态是根据天线发射的电磁波在指定方向上耦合形成信号的极化状态决定的，本质上来说，是可以通过改变两极化天线的极化状态，发射相同信号，在远场综合出期望极化状态信号；或者固定天线极化状态为正交极化，通过数字信号处理的方式产生任意极化状态的信号，通过正交极化天线发射后，同样在远场能够综合出期望极化信号。

改变天线极化的方式主要有改变天线结构或者变更馈线内电磁波模式等[106]，改变天线结构的变极化装置应用于早期的雷达变极化场景，这种方式变极化速度慢、误差大，采用的方法主要有栅网极化变换器、反射型极化变换器、平行金属片极化变换器等[115]。若采用栅网极化变换器实现变极化，需要在天线的反射面设置一个栅网，通过改变栅网导线直径和间距、来波入射角以及栅网到天线反射面的距离等参数中的一个或几个，实现相位差 η 的任意变化，同时可改变栅网导线与 x 轴的取向角来调整幅度比，实现发射天线变极化。

变更馈线内电磁波模式的变极化装置是目前应用较为广泛的变极化方法，在馈线内完成变极化，主要依靠半导体移相器以及铁氧体移相器实现变极化。其中，半导体移相器主要适用于 S 波段（2～4GHz）以下的频段，而铁氧体移相器适用于 S 波段到 Ku 波段（12.5～15GHz）的高频段，且能够承受较大的峰值功率，可靠性较高。铁氧体移相器的工作原理是改变波导尺寸、张量磁导率以及铁氧体的厚度和宽度来调整相移量，通过控制相位差 η 实现变极化。要知道，在实际系统中，栅网设计加工完毕之后，栅网导线直径和间距等往往就确定了，可调的参数只剩下栅网到天线反射面的距离和栅网导线的取向角，而栅网到天线反射面的距离可调节的范围也十分有限，因此，栅网极化变换器实际上主要是在调整幅度比。铁氧体变极化器主要通过控制励磁电流改变张量磁导率达到相移量受控的目的，主要调整相位差。显然，无论哪种实现装置，天线变极化技术均需要在天馈系统中部署专门的变极化硬件装置，为馈送特定极化状态的矢量信号，往往要求天馈系统要不断地调整状态。

卫星地处外太空，通过不断调整卫星天线硬件装置实现变极化的方法并不实际。因此，在卫星通信中，固定天线极化状态为正交极化，通过数字信号处理来产生任意的极化状态的方式较为实际，这种方式利用一对正交双极化通道，对两个通道的信号进行幅度和相位进行加权处理，得到预设的幅度比和相位差。进而，两路信号采用极化正交的两根天线或一根双极化天线发射，即可在空间合成具有预设极化状态的电磁波，理论上可以证明这个预设的极化状态为任意极化状态。基于数字信号处理技术产生任意极化状态不需要额外的极化变换器，同时无须改变天馈系统的参数和状态，可降低对天馈系统的硬件要求，提高变极化的实时性和灵活性。本书讨论的卫星通信中的极化产生和传输即是采用的这种方式，通常卫星通信正交极化天线采用左旋圆极化和右旋圆极化，接收端采用同样的极化方式实现对信号的接收。

4. 极化信号的解调

基于式（1-13），假设卫星端发射第 k 个信号极化状态为

$$\boldsymbol{P}_k=\begin{bmatrix}p_{k2}\\p_{k1}\end{bmatrix}=\begin{bmatrix}\cos\gamma_k\\\sin\gamma_k \mathrm{e}^{\mathrm{j}\phi_k}\end{bmatrix} \tag{1-14}$$

接收端通过两步操作获得信号的极化状态，首先获得幅度比参数，即

$$\gamma_{\mathrm{R}k}=\arctan\left(\left|\frac{p_{k1}}{p_{k2}}\right|\right)=\arctan(\,|\tan\gamma_k|\,) \tag{1-15}$$

进一步获得两路极化信号的相位差，即

$$\gamma_{\mathrm{R}k}=\Xi(p_{k2})-\Xi(p_{k1}) \tag{1-16}$$

式中：$\Xi(\cdot)$为取相位运算。通过式（1-15）和式（1-16）得到的极化相位描述因子便可以定位极化状态在庞加莱球面位置，最后将解调获得的极化状态与规则星座图进行对比，取球面距离最小的极化状态为解调输出，从而获得传输信号的极化状态。

特此说明，本书中假设卫星发射端和接收端采用的天线极化方式相同，不存在不匹配情况，即不考虑天线不匹配情况，重点研究卫星通信中的极化安全传输技术。

第2章 基于极化状态调制的物理层安全传输技术

正交极化信号的幅度比和相位差可用于携带传输信息，即极化状态调制技术，且可与传统调制技术结合，如幅度调制、相位调制、频率调制等[6,104]，结合后的联合调制技术能够在每个符号中承载更多信息，有效提高信息传输效率。极化状态调制技术在雷达领域、光纤通信以及移动通信中已显示出巨大的应用潜力，在卫星通信中的应用也受到越来越多的关注[105,116-119]。

本章主要介绍极化状态调制技术在增强物理层安全方面的应用，首先介绍极化状态调制和解调的基本原理，以及如何衡量极化状态调制性能；其次分析采用随机相位序列改变极化参数对调制星座图的影响，直观分析星座图的改变并评估对解调性能的影响；最后介绍极化状态-幅相联合调制信号星座旋转的优化方法，并在双极化卫星 MIMO 场景下分析其安全性能，同时分析补偿方法消除极化相关衰减效应前后安全速率性能和误符号率性能。

2.1 极化状态调制

极化状态调制是一种三维调制技术，利用正交双极化信号的幅度比和相位差承载信息，利用极化维度信息承载传输信息，能够与传统调制技术结合，设计先进的联合调制技术，提高系统传输效率。极化状态调制星座位于庞加莱球面，球面上每个点代表一个极化状态，因此可用于映射的星座点数量是无穷的。需要注意的是，既然星座点在球面，那么利用最大似然准则对接收信号解调出的极化状态进行判决时，是根据球面星座点之间的弧线距离而不是星座点之间的欧氏距离。

2.1.1 极化状态调制星座图

极化状态调制星座点分布在庞加莱球面，极化状态调制的星座图如图 2-1 所示，星座点球面最小距离为 d_T，星座点关于 g_1 轴对称分布，其中，$\boldsymbol{P}_H$、

$\boldsymbol{P}_{\mathrm{V}}$、$\boldsymbol{P}_{\mathrm{L}}$ 和 $\boldsymbol{P}_{\mathrm{R}}$ 分别表示水平、垂直、左旋圆和右旋圆极化状态。图 2-1 中的星座设计可使同一半球内的所有星座点到水平极化状态调制星座点的距离相同。众所周知，受到接收端双极化天线工艺水平以及传输环境的影响，接收信号不可避免地存在极化串扰，也称为极化相关衰减效应。受到极化相关衰减效应影响时，在庞加莱球面上，极化状态星座点会出现一定的扰动，星座点之间距离会变小。这个问题可以通过补偿算法缓解，即通过预补偿矩阵处理传输信号，使得同一阶数内的所有星座点受到相同的功率衰减，降低解调判决的复杂度，便于误符号率计算。

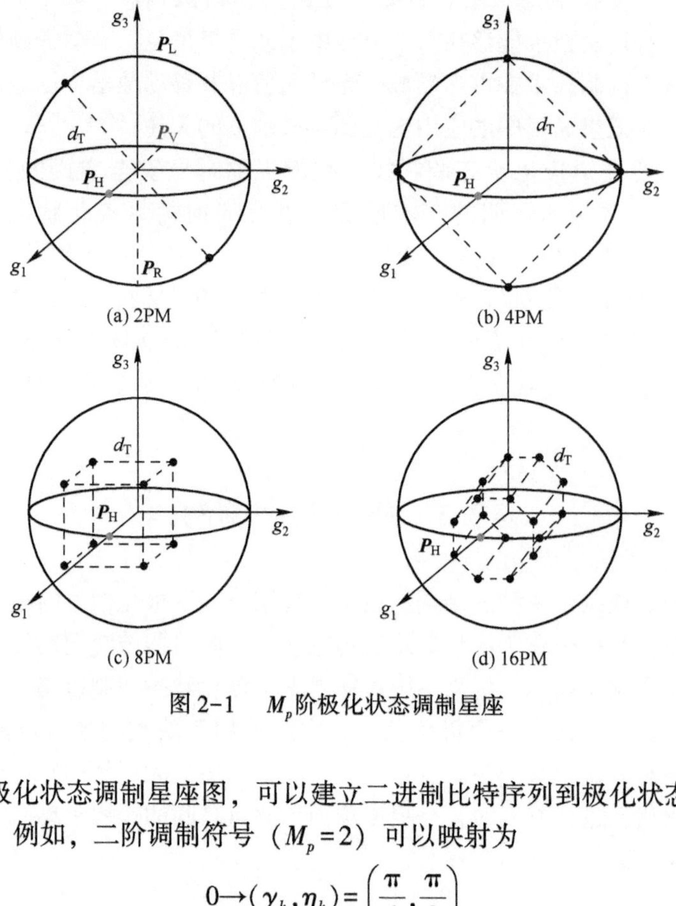

图 2-1　M_p 阶极化状态调制星座

根据极化状态调制星座图，可以建立二进制比特序列到极化状态调制星座图的映射。例如，二阶调制符号（$M_p=2$）可以映射为

$$
\begin{aligned}
0 &\rightarrow (\gamma_k,\eta_k)=\left(\frac{\pi}{4},\frac{\pi}{2}\right)\\
1 &\rightarrow (\gamma_k,\eta_k)=\left(\frac{\pi}{4},\frac{3\pi}{2}\right)
\end{aligned}
\tag{2-1}
$$

四阶调制符号（$M_p=4$）可以映射为

$$00\to(\gamma_k,\eta_k)=\left(\frac{\pi}{4},0\right),10\to(\gamma_k,\eta_k)=\left(\frac{\pi}{4},\frac{\pi}{2}\right)$$
$$01\to(\gamma_k,\eta_k)=\left(\frac{\pi}{4},\pi\right),11\to(\gamma_k,\eta_k)=\left(\frac{\pi}{4},\frac{3\pi}{2}\right) \tag{2-2}$$

八阶调制符号（$M_p=8$）可以映射为

$$000\to(\gamma_k,\eta_k)=\left(a,\frac{3\pi}{4}\right),001\to(\gamma_k,\eta_k)=\left(a,\frac{\pi}{4}\right)$$
$$100\to\left(a,\frac{5\pi}{4}\right)=\left(\frac{\pi}{4},\pi\right),101\to(\gamma_k,\eta_k)=\left(a,\frac{7\pi}{4}\right)$$
$$010\to(\gamma_k,\eta_k)=\left(\frac{\pi}{2}-a,\frac{3\pi}{4}\right),011\to(\gamma_k,\eta_k)=\left(\frac{\pi}{2}-a,\frac{\pi}{4}\right) \tag{2-3}$$
$$110\to\left(\frac{\pi}{2}-a,\frac{5\pi}{4}\right)=\left(\frac{\pi}{4},\pi\right),111\to(\gamma_k,\eta_k)=\left(\frac{\pi}{2}-a,\frac{7\pi}{4}\right)$$

其中，$a=\arccos\left(\sqrt{\frac{1}{2}+\frac{\sqrt{3}}{6}}\right)$，其他调制阶数符号可以用类似的方法映射，这种调制映射方法不是唯一的，具有多样性。

2.1.2　极化状态调制和解调

极化状态调制基本结构如图 2-2 所示。信息 I_P 经过极化状态调制单元映射为 K 个极化状态调制符号 $\boldsymbol{P}_k=\begin{bmatrix}\cos\gamma_k\\ \sin\gamma_k\mathrm{e}^{\mathrm{j}\eta_k}\end{bmatrix}$，$k=1,2,\cdots,K$，乘以载波 $\mathrm{e}^{\mathrm{j}\omega_c t}$后，分别用左旋圆极化天线（L）和右旋圆极化天线（R）发射出去，发射信号可以表示为

$$\boldsymbol{x}_k=\begin{bmatrix}x_{1k}\\ x_{2k}\end{bmatrix}=\begin{bmatrix}\cos\gamma_k\\ \sin\gamma_k\mathrm{e}^{\mathrm{j}\eta_k}\end{bmatrix}\mathrm{e}^{\mathrm{j}\omega_c t} \tag{2-4}$$

式中：$\gamma_k\in\left[0,\frac{\pi}{2}\right]$；$\eta_k\in[0,2\pi]$；$\omega_c$ 为载波频率。理想高斯信道下，接收信号为

$$\boldsymbol{y}_k=\begin{bmatrix}y_{1k}\\ y_{2k}\end{bmatrix}=\boldsymbol{x}_k+\boldsymbol{n}_k \tag{2-5}$$

式中：$\boldsymbol{n}_k$ 为噪声矢量，服从 $\mathcal{CN}(0,\sigma^2\boldsymbol{I})$。

极化参数可以解调为

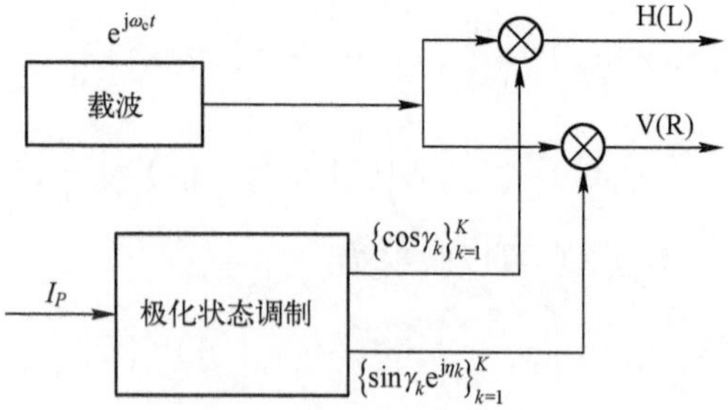

图 2-2　极化状态调制

$$\begin{cases}\gamma_{Rk}=\arctan\left(\dfrac{\text{abs}(y_{2k})}{\text{abs}(y_{1k})}\right)\\ \eta_{Rk}=\Xi(y_{2k})-\Xi(y_{1k})\end{cases} \tag{2-6}$$

式中：$\Xi(\cdot)$为取相位运算。若忽略噪声，可以得到 $\gamma_{Rk}=\gamma_k,\eta_{Rk}=\eta_k$。进而将极化状态映射到庞加莱球面，利用最大似然准则，选择球面距离最近的星座点作为判决极化状态，从而恢复发送信号极化状态，恢复信息序列 I_P。

2.1.3　误符号率理论推导及仿真分析

根据式（2-6）计算所得的极化参数，可以利用最大似然判决法恢复发送信号极化状态，表示为

$$\hat{\boldsymbol{P}}_k=\min_{1\leqslant i\leqslant M_p}\text{dist}(\boldsymbol{P}_{Rk},\boldsymbol{P}_{Ti}) \tag{2-7}$$

式中：$\boldsymbol{P}_{Ti}$为发送信号的极化状态；$\boldsymbol{P}_{Rk}$为第 k 个符号的解调极化状态。$\text{dist}(\boldsymbol{P}_A,\boldsymbol{P}_B)$表示 $\boldsymbol{P}_A$ 和 $\boldsymbol{P}_B$ 之间的球面距离，可以计算为

$$\text{dist}(\boldsymbol{P}_A,\boldsymbol{P}_B)=\arccos[\cos(2\gamma_A)\cos(2\gamma_B)+\sin(2\gamma_A)\sin(2\gamma_B)\sin(\eta_A-\eta_B)] \tag{2-8}$$

在复高斯信道下，不考虑极化相关损耗效应时，信号仅受到噪声影响，极化状态会偏离原来位置，偏移之后极化状态调制星座点的位置概率密度函数可用$f(t_i,\varphi_i)$计算：

$$f(t_i,\varphi_i)=\frac{\sin t_i}{4\pi}e^{-\frac{\xi(1-\cos t_i)}{2}}[1+\xi(1+\cos t_i)/2] \tag{2-9}$$

式中：ξ 为符号信噪比（Signal-to-Noise Ratio，SNR），可以表示为 $\xi=\dfrac{|\boldsymbol{x}_k|^2}{2\sigma^2}$。误符号率（Symbol Error Rate，SER）的计算公式为

$$\mathrm{SER}=\frac{1}{M_p}\sum_{i=1}^{M_p} g_i \tag{2-10}$$

式中：M_p 为极化状态调制阶数。这里 g_i 的计算公式为

$$g_i=\begin{cases}\left[\int_{\pi-\delta_0}^{\pi}\int_0^{2\pi} f(t_i,\varphi_i)\mathrm{d}\varphi_i\mathrm{d}t_i+\int_{\delta_0}^{\pi-\delta_0}\int_0^{\alpha(\delta_0,t_i)} f(t_i,\varphi_i)\mathrm{d}\varphi_i\mathrm{d}t_i\right], & M_p=2\\ \sum_{j=1}^{c}2\left[\int_{\psi_{ij}}^{\pi}\int_0^{\alpha(\delta_0,\psi_{ij})} f(t_i,\varphi_i)\mathrm{d}\varphi_i\mathrm{d}t_i+\int_{\delta_0}^{\psi_{ij}}\int_0^{\alpha(\delta_0,t_i)} f(t_i,\varphi_i)\mathrm{d}\varphi_i\mathrm{d}t_i\right], & M_p>2\end{cases} \tag{2-11}$$

式中，$\alpha(\delta_0,t_i)=\arccos(\tan\delta_0/t_i)$，$\delta_0=d_{\mathrm{T}}$（$d_{\mathrm{T}}$ 为原始星座图星座点间最小距离）；ψ_{ij}表示 $\boldsymbol{P}_{\mathrm{Rk}}$与判决边界之间的距离（$c$ 为边界点数量）[120]，可以计算为

$$\begin{cases}\psi_{i1}=2\gamma_{\mathrm{R}i},\psi_{i2}=\pi-2\gamma_{\mathrm{R}i},(M_p=4;i\in[1,4]),k=2\\ \psi_{i1}=\psi_{i2}=\arccos\left[\dfrac{\cos2\gamma_{\mathrm{R}i}+\sin2\gamma_{\mathrm{R}i}\tan(\gamma_{\mathrm{R}i}+\gamma_{\mathrm{R}(i+M_p/2)})}{1+\sec^2(O/2)\tan^2(\gamma_{\mathrm{R}i}+\gamma_{\mathrm{R}(i+M_p/2)})}\right]\\ \psi_{i3}=2\gamma_{\mathrm{R}i},(M_p\geqslant8;i\in[1,M_p/2]),k=3\\ \psi_{i1}=\psi_{i2}=\arccos\left[\dfrac{\cos(\gamma_{\mathrm{R}i}-\gamma_{\mathrm{R}(i-M_p/2)})}{1+\sin^2(\gamma_{\mathrm{R}i}+\gamma_{\mathrm{R}(i-M_p/2)})\tan^2(O/2)}\right]\\ \psi_{i3}=\pi-2\gamma_{\mathrm{R}i},(M_p\geqslant8;i\in[1,M_p/2]),k=3\end{cases} \tag{2-12}$$

式中：O 为相邻星座点与水平极化 $\boldsymbol{P}_{\mathrm{H}}$连线之间的球面角

$$\angle O=\angle\boldsymbol{P}_{\mathrm{R}i}\boldsymbol{P}_{\mathrm{H}}\boldsymbol{P}_{\mathrm{R}j}=2\arcsin[\sin(\delta_0)/\sin(2\gamma_i)] \tag{2-13}$$

以图 2-1 所示极化状态调制星座图为例，比较由式（2-10）给出的误符号率理论计算公式和由式（2-7）最大似然判决解调方法得到的结果。采用 Matlab 仿真软件随机产生一组比特序列，并调制为 10^5个符号用于计算误符号率。图 2-3 显示在不同极化状态调制阶数情况下的误符号率曲线，比较了 4 阶、8 阶和 16 阶极化状态调制理论计算值和仿真结果。随着信噪比增大，误符号率下降，且随着调制阶数增大，误符号率性能变差。值得注意的是理论值和仿真结果趋于一致，并且当符号数目较大情况下，对理论值趋近效果更理想。这说明极化状态能够承载传输信息，并且可以通过理论较为准确地评估极化状态调制技术的性能。

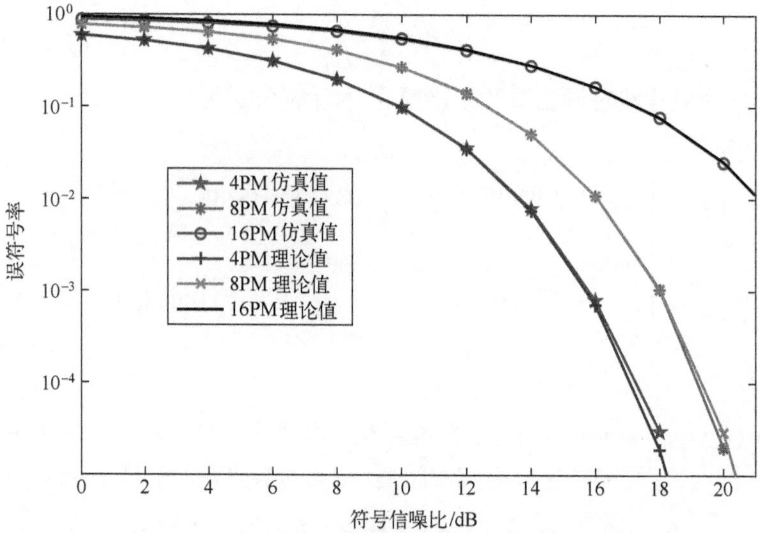

图 2-3　不同极化状态调制阶数情况下理论值和仿真值比较（见彩插）

2.2　极化状态调制星座旋转及误符号率性能分析

幅相调制方式的星座旋转是在一维或者二维星座图中对调制符号的星座点进行一定程度的扰动处理，如给符号相位增加一个随机量，星座点将在幅度不变情况下，绕星座中心旋转。极化状态调制的星座旋转是指通过利用一组随机相位序列，处理极化状态调制参数，使之随机变化。极化状态调制星座点将在三维的庞加莱球面随机变化，下面对极化状态调制星座旋转方法进行介绍。

1. 改变幅度比

利用伪随机序列改变幅度比，即改变参数 γ，假设伪随机相位序列为 $\boldsymbol{Q}=[q_1,q_2,\cdots,q_K]$，其中元素在 $[0,2\pi]$ 随机分布，经过处理后的极化状态矢量为

$$\widetilde{\boldsymbol{P}}_k=\begin{bmatrix}\cos(\gamma_k+q_k)\\ \sin(\gamma_k+q_k)\mathrm{e}^{\mathrm{j}\eta_k}\end{bmatrix},\quad k=1,2,\cdots,M \tag{2-14}$$

在理想信道下且忽略信道噪声，解调出的极化状态参数为

$$\begin{cases}\gamma_{\mathrm{R}k}=\gamma_k+q_k\\ \eta_{\mathrm{R}k}=\eta_k\end{cases} \tag{2-15}$$

可见幅度比随机改变，相位差没有变化，星座点会在以过星座点、球心以及水平极化点三点的大圆上随机分布。图 2-4 给出八阶极化状态调制（8 Polarization Modulation，8PM）星座在随机改变幅度比情况下星座分布，可见星

座点随机分布在圆周上。当调制阶数小于 8，星座点将随机分布在一个圆周上，当调制阶数较高的情况下，星座点将分布在多个大圆周上。

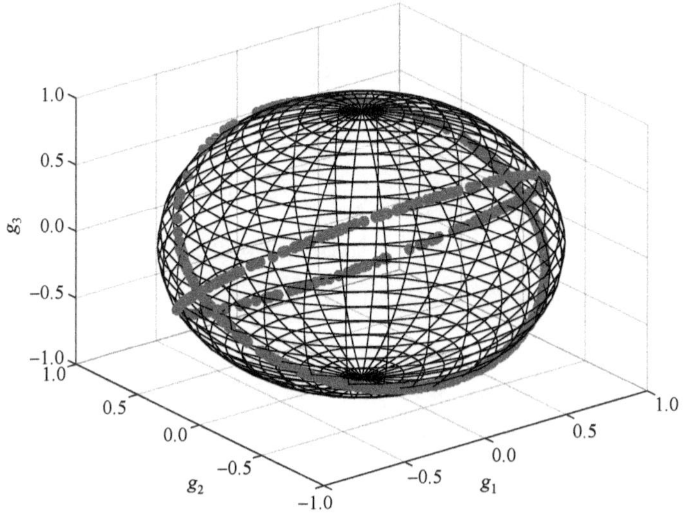

图 2-4　8PM 星座旋转示意图（幅度比随机变化）

图 2-5 给出了合法节点和窃听节点误符号率曲线，合法节点通过伪随机

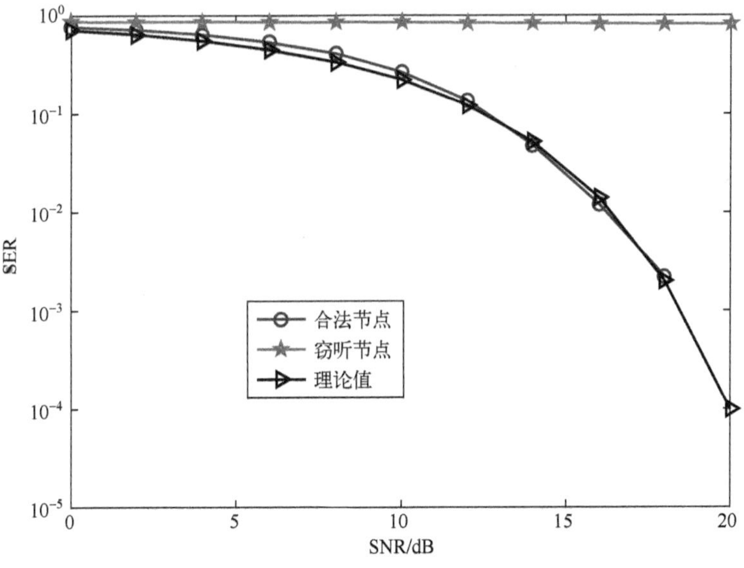

图 2-5　误符号率性能（幅度比随机变化）

相位序列处理信号，可以恢复旋转前的信号，误符号率趋近于理论值。窃听节点通过最大似然估计方法解调信息，误符号率较高，解调性能差。

2. 改变相位差

利用伪随机相位序列改变相位差，即改变参数 η，假设随机相位序列为 $\boldsymbol{Q}=[q_1,q_2,\cdots,q_K]$，其中元素在 $[0,2\pi]$ 随机分布，经过处理后的极化状态矢量为

$$\widetilde{\boldsymbol{P}}_k=\begin{bmatrix}\cos\gamma_k\\ \sin\gamma_k \mathrm{e}^{\mathrm{j}(q_k+\eta_k)}\end{bmatrix},\quad k=1,2,\cdots,M \tag{2-16}$$

在理想信道下且忽略信道噪声，解调出的极化状态参数为

$$\begin{cases}\gamma_{\mathrm{R}k}=\gamma_k\\ \eta_{\mathrm{R}k}=q_k+\eta_k\end{cases} \tag{2-17}$$

可见，相位差随机改变，幅度比没有变，极化状态调制星座点围绕 g_1 坐标轴旋转，星座点随机分布在两个大圆上，如图 2-6 所示（与伪随机相位添加在 $\cos\gamma_k$ 分量上得到的结果相同）。图 2-7 显示误符号率性能曲线，合法节点误符号率趋近于理论值。窃听节点通过最大似然估计方法解调信号，误符号率较高，解调性能差。

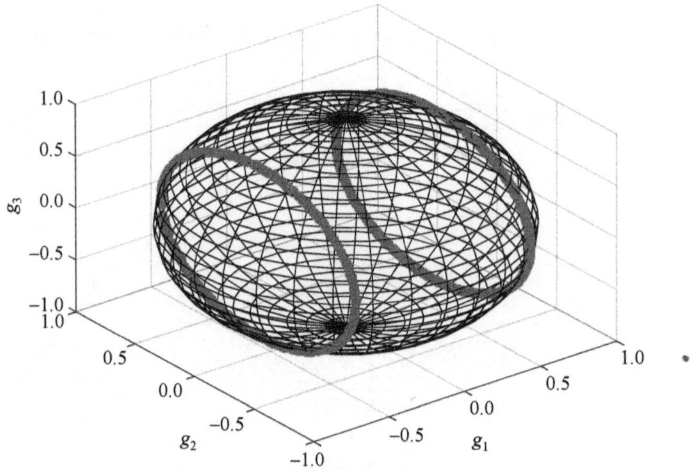

图 2-6　8PM 星座旋转示意图（相位差随机变化）

3. 同时改变幅度比和相位差

利用两个随机相位序列为 $\boldsymbol{Q}=[q_1,q_2,\cdots,q_K]$，$\boldsymbol{L}=[l_1,l_2,\cdots,l_K]$ 分别控制幅度比和相位差，其中随机相位在 $[0,2\pi]$ 随机分布，经过处理后的极化状态矢量为

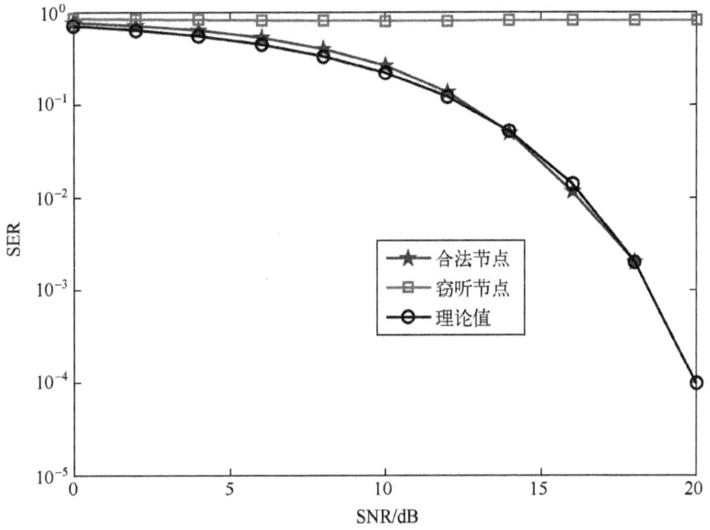

图 2-7　误符号率性能（相位差随机变化）

$$\widetilde{\boldsymbol{P}}_k=\begin{bmatrix}\cos(\gamma_k+q_k)\\ \sin(\gamma_k+q_k)\mathrm{e}^{\mathrm{j}(l_k+\eta_k)}\end{bmatrix},\quad k=1,2,\cdots,M \tag{2-18}$$

假设信道为理想信道且忽略信道噪声，解调出的极化状态参数为

$$\begin{cases}\gamma_{\mathrm{R}k}=q_k+\gamma_k\\ \eta_{\mathrm{R}k}=l_k+\eta_k\end{cases} \tag{2-19}$$

显然直接解调的极化参数受到随机相位序列影响而随机变化，极化状态调制星座点在球面上随机改变，星座图如图 2-8 所示。误符号率性能曲线如图 2-9 所示，

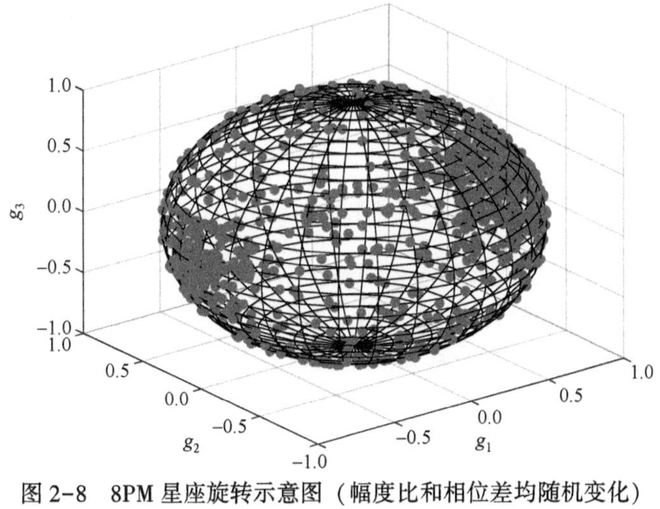

图 2-8　8PM 星座旋转示意图（幅度比和相位差均随机变化）

合法节点通过共享的伪随机相位序列处理信号，可以恢复畸变前的信号，误符号率趋近于理论值。窃听节点通过最大似然估计方法解调信息，误符号率较高，解调性能差。

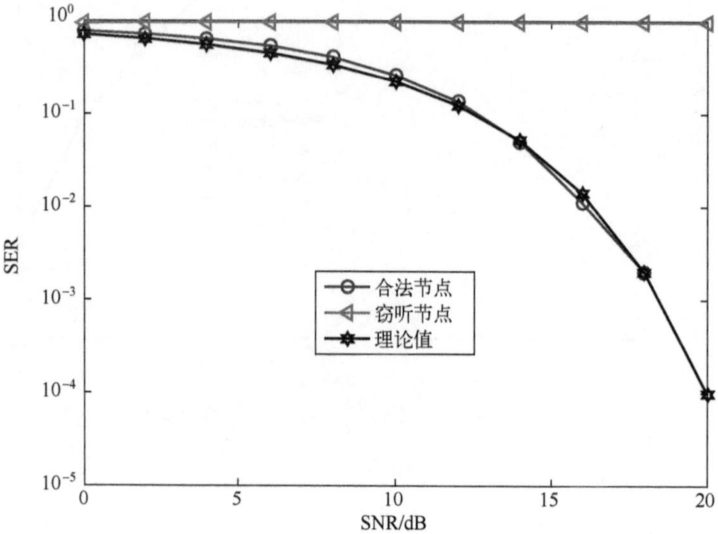

图 2-9　误符号率性能（幅度和相位差同时改变）

以上三种旋转方法均能达到使极化状态调制星座随机旋转的目的，在实际卫星通信系统中，根据实现复杂性，选择最合适的旋转方法。窃听节点解调极化状态前需要破解伪随机相位序列，安全性取决于伪随机相位破解难度。对于合法节点，可以根据与发送端共享的伪随机相位序列处理信号，进而根据解调方法恢复初始极化状态，具有信息量优势。

2.3　极化状态-幅相联合调制星座旋转优化方法

2.3.1　极化状态-幅相联合调制与解调

本节联合极化状态调制和幅相调制技术设计联合信号调制方法。幅相调制技术利用信号的幅度和相位承载信息，相比于单一的幅度调制或相位调制，有更高的传输效率。极化状态-幅相联合调制（Polarization Amplitude-Phase Modulation，PAPM）信号处理过程如图 2-10 所示[121]。信息 I_x 首先通过串并转换控制（S/P）分解成 I_P 和 I_Q 两路信息。I_Q 通过幅相调制（Amplitude-Phased Modulation，APM）映射为 K 个幅相调制符号 $x^{\mathrm{APM}}=A_k\mathrm{e}^{\mathrm{j}\varphi_k}$，$k=1,2,\cdots,K$。其中，$A_k$ 和 φ_k 分别表示第 k 个符号的幅度和相位。I_P 经过极化状态调制单元映射为 K 个极化状态调制符号 $\boldsymbol{P}_k=\begin{bmatrix}\cos\gamma_k\\ \sin\gamma_k \mathrm{e}^{\mathrm{j}\eta_k}\end{bmatrix}$。然后幅相调制信号分为相同的两路，并分别乘以极化状态调制符号两个分量，得到 PAPM 信号。信号经过变频处理和射频放大，分别用左旋、右旋圆极化天线发射出去。发射信号可以表示为

$$\boldsymbol{x}_k=\begin{bmatrix}x_{1k}\\ x_{2k}\end{bmatrix}=\begin{bmatrix}\cos\gamma_k\\ \sin\gamma_k \mathrm{e}^{\mathrm{j}\eta_k}\end{bmatrix}A_k\mathrm{e}^{\mathrm{j}(\omega_c t+\varphi_k)} \tag{2-20}$$

式中：ω_c 为载波频率。接收端可基于式（2-6）解调出极化状态调制信号，为解调出幅相调制信号，需要根据极化状态信息对接收信号进行极化状态匹配，即

$$\begin{bmatrix}\cos\gamma_{Rk}\\ \sin\gamma_{Rk} \mathrm{e}^{\mathrm{j}\eta_{Rk}}\end{bmatrix}^{\mathrm{H}}\begin{bmatrix}\cos\gamma_k\\ \sin\gamma_k \mathrm{e}^{\mathrm{j}\eta_k}\end{bmatrix}A_k\mathrm{e}^{\mathrm{j}(\omega_c t+\varphi_k)}=A_k\mathrm{e}^{\mathrm{j}(\omega_c t+\varphi_k)} \tag{2-21}$$

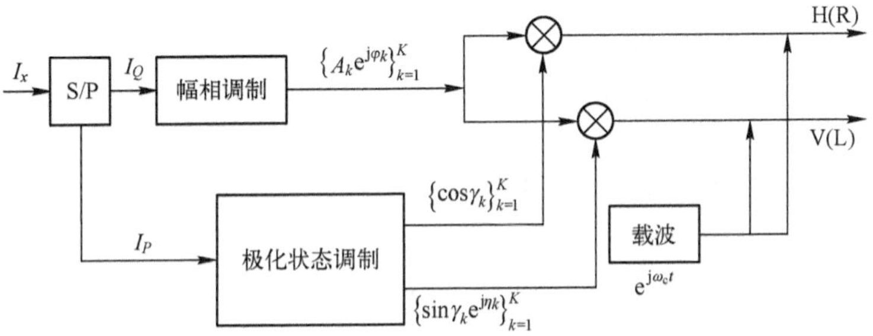

图 2-10 PAPM 联合调制方案

进而根据幅相信号解调准则，恢复信息序列 I_Q，解调方案如图 2-11 所示。值得注意的是，忽略噪声影响，幅相调制信号解调不受极化状态匹配影响，而实际信道中极化状态会受到极化相关衰减效应以及噪声影响而发生改变，那么，$\gamma_{Rk}\neq\gamma_k$，$\eta_{Rk}\neq\eta_k$。根据式（2-21）可知，幅相调制信号的幅度和相位均发生变换，从而影响幅相调制信号解调，如何消除负面影响将在后续章节讨论。

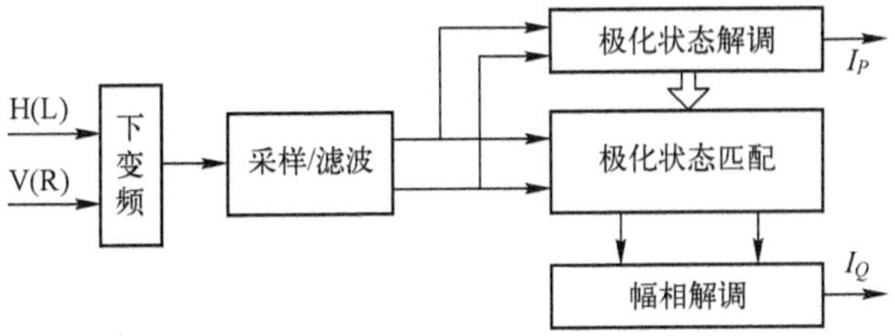

图 2-11 PAPM 信号解调方案

2.3.2 PAPM 星座旋转优化方法

幅相调制信号星座旋转方式是利用伪随机相位序列控制信号相位，假设第 k 个符号的随机相位为 $\theta_k \in [0,2\pi]$，旋转后符号为

$$x^{\mathrm{APM}} = A_k \mathrm{e}^{\mathrm{j}(\varphi_k+\theta_k)} \tag{2-22}$$

首先，从物理层加密角度考虑，同样利用一组伪随机序列对联合调制符号进行旋转，如何旋转星座才能达到最佳效果，可以从以下两点考虑：

（1）是对极化状态调制星座旋转还是对幅相调制星座旋转。

（2）如果极化状态调制星座旋转，哪一个分量乘以旋转量更合适。

为了获得最佳星座旋转方法，首先对幅相调制星座图进行旋转，旋转后的符号可以表示为

$$\boldsymbol{x}_k^{\mathrm{r}} = \begin{bmatrix} x_{1k}^{\mathrm{r}} \\ x_{2k}^{\mathrm{r}} \end{bmatrix} = \begin{bmatrix} \cos\gamma_k \\ \sin\gamma_k \mathrm{e}^{\mathrm{j}\eta_k} \end{bmatrix} A_k \mathrm{e}^{\mathrm{j}(\omega_c t+\theta_k+\varphi_k)} \tag{2-23}$$

可见幅相调制信号相位受到旋转量的影响随机变化，然而极化状态调制信号的幅度比和相位差均没有变化，窃听节点仍然能通过式（2-6）的方法恢复信号的极化状态。

其次，对极化状态调制星座进行旋转，先将旋转量乘以垂直极化分量，得

$$\boldsymbol{x}_k^{\mathrm{r}} = \begin{bmatrix} x_{1k}^{\mathrm{r}} \\ x_{2k}^{\mathrm{r}} \end{bmatrix} = \begin{bmatrix} \cos\gamma_k \\ \sin\gamma_k \mathrm{e}^{\mathrm{j}(\eta_k+\theta_k)} \end{bmatrix} A_k \mathrm{e}^{\mathrm{j}(\omega_c t+\varphi_k)} \tag{2-24}$$

可见极化分量之间的幅度比不变而相位差随机变化，极化状态调制星座旋转；幅相调制信号参数不变，其承载的信息存在被窃听的风险。

为了简化分析，假设信道理想且忽略噪声影响，那么 $\boldsymbol{y}_k = \boldsymbol{x}_k^{\mathrm{r}}$。可得

$$\begin{cases} \gamma_{\mathrm{R}k} = \arctan\left(\dfrac{\mathrm{abs}(y_{2k})}{\mathrm{abs}(y_{1k})}\right) = \gamma_k \\ \eta_{\mathrm{R}k} = \Xi(y_{2k}) - \Xi(y_{1k}) = \eta_k + \theta_k \end{cases} \tag{2-25}$$

为解调幅相调制信号，需要利用解调的极化状态进行极化状态匹配，那么，幅相调制信号为

$$\begin{aligned} y_k^{\mathrm{APM}} &= \begin{bmatrix} \cos\gamma_{\mathrm{R}k} \\ \sin\gamma_{\mathrm{R}k} \mathrm{e}^{\mathrm{j}\eta_{\mathrm{R}k}} \end{bmatrix}^{\mathrm{H}} \boldsymbol{y}_k \\ &= \sqrt{PY} \begin{bmatrix} \cos\gamma_{\mathrm{R}k} \\ \sin\gamma_{\mathrm{R}k} \mathrm{e}^{\mathrm{j}\eta_{\mathrm{R}k}} \end{bmatrix}^{\mathrm{H}} \begin{bmatrix} \cos\gamma_k \\ \sin\gamma_k \mathrm{e}^{\mathrm{j}(\eta_k+\theta_k)} \end{bmatrix} A_k \mathrm{e}^{\mathrm{j}(\omega_c t+\varphi_k)} \\ &= \sqrt{PY} A_k \mathrm{e}^{\mathrm{j}(\omega_c t+\varphi_k)} \end{aligned} \tag{2-26}$$

式中：Y 为信道功率衰减系数。

由式（2-26）可知，极化状态匹配得到的幅相调制信号承载信息的参数未变化，幅相调制信号承载的信息仍然有可能泄露。

最后，将旋转量与水平极化分量相乘，即

$$\boldsymbol{x}_k^{\mathrm{r}}=\begin{bmatrix} x_{1k}^{\mathrm{r}} \\ x_{2k}^{\mathrm{r}} \end{bmatrix}=\begin{bmatrix} \cos\gamma_k \mathrm{e}^{\mathrm{j}\theta_k} \\ \sin\gamma_k \mathrm{e}^{\mathrm{j}\eta_k} \end{bmatrix} A_k \mathrm{e}^{\mathrm{j}(\omega_c t+\varphi_k)} \tag{2-27}$$

极化参数可以解调为

$$\begin{cases} \gamma_{\mathrm{R}k}=\arctan\left(\dfrac{\mathrm{abs}(y_{2k})}{\mathrm{abs}(y_{1k})}\right)=\gamma_k \\ \eta_{\mathrm{R}k}=\Xi(y_{2k})-\Xi(y_{1k})=\eta_k-\theta_k \end{cases} \tag{2-28}$$

极化状态调制信号幅度比不变，而相位差随机变化，极化状态调制星座随机旋转。经过极化状态匹配，幅相调制信号可以表示为

$$\begin{aligned} \boldsymbol{y}_k^{\mathrm{APM}} &= \begin{bmatrix} \cos\gamma_{\mathrm{R}k} \\ \sin\gamma_{\mathrm{R}k} \mathrm{e}^{\mathrm{j}\eta_{\mathrm{R}k}} \end{bmatrix}^{\mathrm{H}} \boldsymbol{y}_k \\ &= \sqrt{PY}\begin{bmatrix} \cos\gamma_{\mathrm{R}k} \\ \sin\gamma_{\mathrm{R}k} \mathrm{e}^{\mathrm{j}\eta_{\mathrm{R}k}} \end{bmatrix}^{\mathrm{H}} \begin{bmatrix} \cos\gamma_k \mathrm{e}^{\mathrm{j}\theta_k} \\ \sin\gamma_k \mathrm{e}^{\mathrm{j}\eta_k} \end{bmatrix} A_k \mathrm{e}^{\mathrm{j}(\omega_c t+\varphi_k)} \\ &= \sqrt{PY} A_k \mathrm{e}^{\mathrm{j}\theta_k} \mathrm{e}^{\mathrm{j}(\omega_c t+\varphi_k)} \end{aligned} \tag{2-29}$$

由式（2-29）可知，相位差受到随机相位影响而随机变化。综上所述，在使用一组随机序列情况下，最佳旋转策略是将随机旋转量与极化状态调制信号的水平分量相乘。这种情况下，一组随机变量可使两个星座同时旋转。窃听节点为获取信息，需要同时正确解调极化状态调制信号和幅相调制信号，窃听节点信号解调难度增大。此外，当利用另外一组随机相位序列，使极化状态调制幅度比参数 γ 随机变化，极化状态调制星座点将随机分布在庞加莱球面，进一步增大窃听节点信号解调难度。

随机产生 1024 个 8PM 和 QPSK 组合的极化状态-幅相联合调制符号，用一组随机相位序列处理信号。图 2-12 给出了原始星座图和旋转后的星座图。图中可见，处理后的极化状态调制星座和幅相调制星座均发生了旋转。此外，值得注意的是，假如利用相同的或者不同的随机相位序列使幅度比参数随机化，极化状态调制星座会进一步畸变，随机分布在球面，如图 2-8 所示。

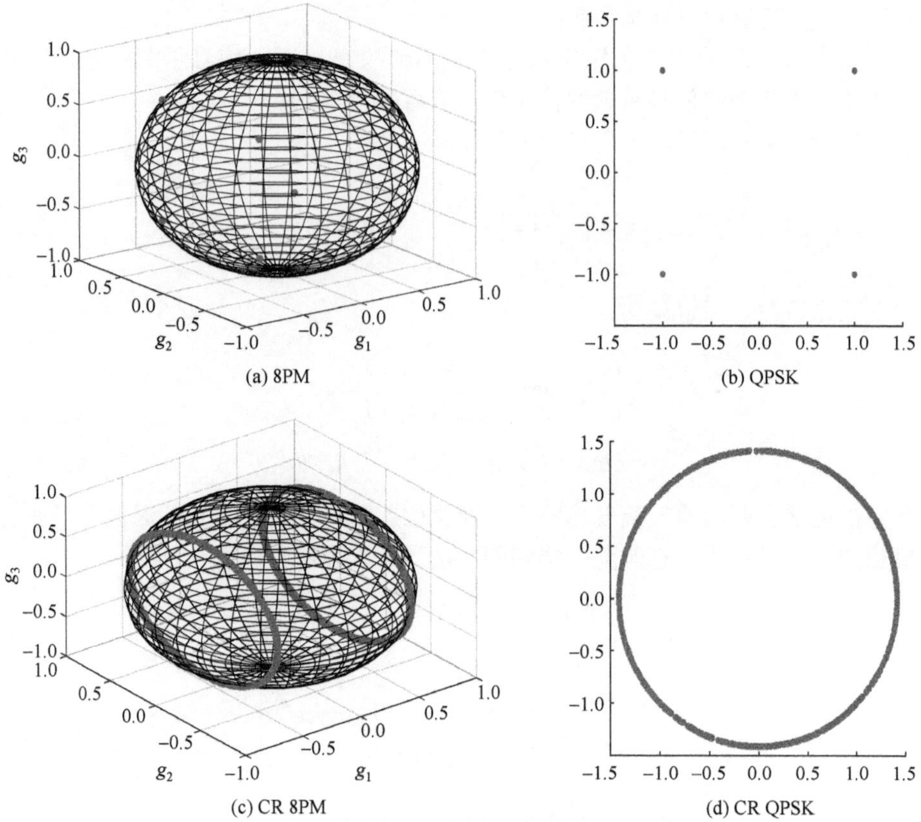

图 2-12 极化状态-幅相联合调制星座旋转

2.4 PAPM 信号在双极化卫星 MIMO 信道下的性能分析

本节在双极化卫星 MIMO 信道下，衡量 PAPM 信号旋转优化方法的安全传输性能。首先，介绍了信道模型；其次，介绍了信道极化相关衰减效应以及消除极化相关衰减效应的补偿方法，并分析了补偿前后系统安全速率性能；最后，通过仿真评估在该信道模型下，合法节点和窃听节点的误符号率性能。

2.4.1 双极化卫星 MIMO 信道模型

双极化卫星信道可以用莱斯信道模型表示为[122-123]

$$\boldsymbol{H}=\begin{bmatrix}h_{11} & h_{12}\\ h_{21} & h_{22}\end{bmatrix}=\sqrt{\frac{K}{K+1}}\overline{\boldsymbol{H}}+\sqrt{\frac{1}{K+1}}\widetilde{\boldsymbol{H}}=\sqrt{\frac{K}{K+1}}\begin{bmatrix}\overline{h}_{11} & \overline{h}_{12}\\ \overline{h}_{21} & \overline{h}_{22}\end{bmatrix}+\sqrt{\frac{1}{K+1}}\begin{bmatrix}\widetilde{h}_{11} & \widetilde{h}_{12}\\ \widetilde{h}_{21} & \widetilde{h}_{22}\end{bmatrix} \tag{2-30}$$

式中：$\overline{\boldsymbol{H}}$为视距分量（Line of Sight，LOS），是一个确定的矩阵；$\widetilde{\boldsymbol{H}}$为非视距分量（Non-Line of Sight，NLOS）；K 为莱斯系数。理想情况下，信道矩阵为单位矩阵，然而实际双极化卫星 MIMO 信道并非总是理想信道，复杂的电磁环境以及正交双极化天线之间无法做到百分百隔离，造成极化间相互干扰，导致极化相关衰减效应，即水平发射天线在垂直极化接收天线处响应不为零，垂直极化发射天线在水平极化接收天线处响应不为零。视距信道下极化相关衰减效应主要与接收端天线交叉极化鉴别率（Cross-Polar Discrimination，XPD）相关，可以表示为

$$\mathrm{XPD}_{\mathrm{ant}}=10\lg\left(\frac{|\overline{h}_{11}|^2}{|\overline{h}_{21}|^2}\right)=10\lg\left(\frac{|\overline{h}_{22}|^2}{|\overline{h}_{12}|^2}\right)=10\lg\left(\frac{1-\chi}{\chi}\right) \tag{2-31}$$

式中：χ 为衡量接收天线 XPD 参量。非视距信道 XPD 主要与环境导致的交叉极化耦合（Cross-Polar Coupling，XPC）和接收端天线 XPD 有关，可以表示为

$$\mathrm{XPD}_{\widetilde{\boldsymbol{H}}}=10\lg\left(\frac{E\{|\widetilde{h}_{11}|^2\}}{E\{|\widetilde{h}_{21}|^2\}}\right)=10\lg\left(\frac{E\{|\widetilde{h}_{22}|^2\}}{E\{|\widetilde{h}_{12}|^2\}}\right)=10\lg\left(\frac{1-\varepsilon}{\varepsilon}\right) \tag{2-32}$$

式中：$\varepsilon=\chi(1-\gamma_{\mathrm{env}})+\gamma_{\mathrm{env}}(1-\chi)$，$\gamma_{\mathrm{env}}$为衡量环境引起的极化耦合参量，可以表示为

$$\mathrm{XPC}_{\mathrm{env}}=10\lg\left(\frac{1-\gamma_{\mathrm{env}}}{\gamma_{\mathrm{env}}}\right) \tag{2-33}$$

其中，$0<\beta$；χ，ε，$\gamma_{\mathrm{env}}<1$。非视距信道矩阵可以表示为

$$\widetilde{\boldsymbol{H}}=\boldsymbol{R}_{\mathrm{t}}^{1/2}\boldsymbol{W}\boldsymbol{R}_{\mathrm{r}}^{1/2} \tag{2-34}$$

式中：

$$\begin{cases}\boldsymbol{R}_{\mathrm{t}}=\begin{bmatrix}1 & 2\rho_{\mathrm{t}}\sqrt{\varepsilon(1-\varepsilon)}\\ 2\rho_{\mathrm{t}}\sqrt{\varepsilon(1-\varepsilon)} & 1\end{bmatrix}\\ \boldsymbol{R}_{\mathrm{r}}=\begin{bmatrix}1 & 2\rho_{\mathrm{r}}\sqrt{\varepsilon(1-\varepsilon)}\\ 2\rho_{\mathrm{r}}\sqrt{\varepsilon(1-\varepsilon)} & 1\end{bmatrix}\end{cases} \tag{2-35}$$

其中，ρ_{t} 和 ρ_{r} 分别为发送端和接收端的极化相关系数；$\boldsymbol{W}$ 为 2×2 矩阵，其元素相互独立且服从均值为 0 方差为 $\sigma_{\widetilde{\boldsymbol{H}}}^2$的高斯分布。可以进一步得到非视距信道分量服从 $\mathrm{vec}(\widetilde{\boldsymbol{H}})=\mathcal{CN}(0,\sigma_{\widetilde{\boldsymbol{H}}}^2(\boldsymbol{R}_{\mathrm{t}}\otimes\boldsymbol{R}_{\mathrm{r}}))$分布。

根据式（2-27），合法节点和窃听节点接收信号可以表示为

$$\begin{cases} y_k = \boldsymbol{H}\boldsymbol{x}_k^{\mathrm{r}} = \boldsymbol{H}\begin{bmatrix} \cos\gamma_k \mathrm{e}^{\mathrm{j}\theta_k} \\ \sin\gamma_k \mathrm{e}^{\mathrm{j}\eta_k} \end{bmatrix} A_k \mathrm{e}^{\mathrm{j}(\omega_c t+\varphi_k)} + \boldsymbol{n}_k \\ y_{\mathrm{E}k} = \boldsymbol{H}_{\mathrm{E}}\boldsymbol{x}_k^{\mathrm{r}} = \boldsymbol{H}_{\mathrm{E}}\begin{bmatrix} \cos\gamma_k \mathrm{e}^{\mathrm{j}\theta_k} \\ \sin\gamma_k \mathrm{e}^{\mathrm{j}\eta_k} \end{bmatrix} A_k \mathrm{e}^{\mathrm{j}(\omega_c t+\varphi_k)} + \boldsymbol{n}_{\mathrm{E}k} \end{cases} \tag{2-36}$$

合法用户利用随机相位 θ_k 处理接收信号，得

$$y_{\mathrm{B}k} = \boldsymbol{H}\begin{bmatrix} \cos\gamma_k \\ \sin\gamma_k \mathrm{e}^{\mathrm{j}\eta_k} \end{bmatrix} A_k \mathrm{e}^{\mathrm{j}(\omega_c t+\varphi_k)} + \hat{\boldsymbol{n}}_k \tag{2-37}$$

式中：$\hat{\boldsymbol{n}}_k$ 为逆旋转处理后的噪声矢量。非理想情况下，信道响应矩阵为 $\boldsymbol{H}$，可以表示为

$$\boldsymbol{H} = \begin{bmatrix} h_{11} & h_{12} \\ h_{21} & h_{22} \end{bmatrix} = \sqrt{\Upsilon}\boldsymbol{U}\boldsymbol{\Sigma}\boldsymbol{V} = \sqrt{\Upsilon}\boldsymbol{U}\begin{bmatrix} \sqrt{\lambda_1} & 0 \\ 0 & \sqrt{\lambda_2} \end{bmatrix}\boldsymbol{V} \tag{2-38}$$

式中：Υ 为信道功率衰减系数；$\boldsymbol{U}$ 和 $\boldsymbol{V}$ 为信道矩阵特征值分解得到的单位矩阵；$\sqrt{\lambda_i}\,(i=1,2)$ 为矩阵 $\boldsymbol{C}$ 的特征值[113]。

$$\begin{cases} \lambda_1 = \dfrac{1}{2}\left[\mathrm{tr}(\boldsymbol{C}) + \sqrt{(\mathrm{tr}(\boldsymbol{C}))^2 - 4\det(\boldsymbol{C})}\right] \\ \lambda_2 = \dfrac{1}{2}\left[\mathrm{tr}(\boldsymbol{C}) - \sqrt{(\mathrm{tr}(\boldsymbol{C}))^2 - 4\det(\boldsymbol{C})}\right] \end{cases} \tag{2-39}$$

式中：$\boldsymbol{C}=\boldsymbol{H}\boldsymbol{H}^{\mathrm{H}}$；$\mathrm{tr}(\cdot)$ 和 $\det(\boldsymbol{C})$ 分别为矩阵的迹和矩阵行列式的值。式（2-37）可以进一步表示为

$$\begin{aligned} \boldsymbol{H}\boldsymbol{x}_k &= \sqrt{\Upsilon}\boldsymbol{U}\begin{bmatrix} \sqrt{\lambda_1} & 0 \\ 0 & \sqrt{\lambda_2} \end{bmatrix}\boldsymbol{V}\begin{bmatrix} \cos\gamma_k \\ \sin\gamma_k \mathrm{e}^{\mathrm{j}\eta_k} \end{bmatrix} A_k \mathrm{e}^{\mathrm{j}(\omega_c t+\varphi_k)} \\ &= \sqrt{\Upsilon}\boldsymbol{U}\begin{bmatrix} \sqrt{\lambda_1} & 0 \\ 0 & \sqrt{\lambda_2} \end{bmatrix}\begin{bmatrix} \cos\bar{\gamma}_k \\ \sin\bar{\gamma}_k \mathrm{e}^{\mathrm{j}\bar{\eta}_k} \end{bmatrix} A_k \mathrm{e}^{\mathrm{j}(\omega_c t+\varphi_k)} \\ &= \sqrt{\Upsilon}\boldsymbol{U}\begin{bmatrix} \sqrt{\lambda_1}\cos\bar{\gamma}_k \\ \sqrt{\lambda_2}\sin\bar{\gamma}_k \mathrm{e}^{\mathrm{j}\bar{\eta}_k} \end{bmatrix} A_k \mathrm{e}^{\mathrm{j}(\omega_c t+\varphi_k)} \\ &= p_k\boldsymbol{U}\begin{bmatrix} \cos\tilde{\gamma}_k \\ \sin\tilde{\gamma}_k \mathrm{e}^{\mathrm{j}\bar{\eta}_k} \end{bmatrix} A_k \mathrm{e}^{\mathrm{j}(\omega_c t+\varphi_k)} = p_k\begin{bmatrix} \cos\hat{\gamma}_k \\ \sin\hat{\gamma}_k \mathrm{e}^{\mathrm{j}\hat{\eta}_k} \end{bmatrix} A_k \mathrm{e}^{\mathrm{j}(\omega_c t+\varphi_k)} \end{aligned} \tag{2-40}$$

式中：$\tilde{\gamma}_k = \arctan(\sqrt{\lambda_2/\lambda_1}\tan\bar{\gamma}_k)$；$p_k$ 为功率归一化系数，可以表示为

$$p_k=\sqrt{P\Upsilon((\sqrt{\lambda_1}\cos\bar{\gamma}_k)^2+(\sqrt{\lambda_2}\sin\bar{\gamma}_k)^2)} \tag{2-41}$$

从式（2-40）可知，在非理想信道下，信号的极化状态在传输过程中发生改变，即极化相关衰减效应。为进一步理解极化相关衰减效应对极化状态的影响，这里以两个极化状态$(\boldsymbol{P}_1,\boldsymbol{P}_2)$为例，利用图解进一步说明式（2-40）中的极化状态变化。

如图 2-13 所示，首先，受到矩阵 $\boldsymbol{V}$ 影响，极化状态调制星座在 Poincare 球面上产生刚性旋转，即星座整体在球面上旋转，星座结构和星座点功率不发生变化。$\boldsymbol{P}_1$ 和 $\boldsymbol{P}_2$ 转变为 $\boldsymbol{P}_3$ 和 $\boldsymbol{P}_4$。其次，受到对角矩阵 $\boldsymbol{\Sigma}$ 影响，每个星座点的极化分量间相位差不变，幅度比发生改变。为不失一般性，假设 $\lambda_1\geqslant\lambda_2$，此时，星座点沿球面弧线向水平极化状态 $\boldsymbol{P}_{\mathrm{H}}$ 靠近，星座点之间距离变小，$\boldsymbol{P}_3$ 和 $\boldsymbol{P}_4$ 变为 $\boldsymbol{P}_5$ 和 $\boldsymbol{P}_6$。最后，受矩阵 $\boldsymbol{U}$ 影响，畸变后的星座再次发生刚性旋转，$\boldsymbol{P}_5$ 和 $\boldsymbol{P}_6$ 变为 $\boldsymbol{P}_7$ 和 $\boldsymbol{P}_8$。当 $\lambda_1=\lambda_2$ 时，$\boldsymbol{P}_1=\boldsymbol{P}_7$，$\boldsymbol{P}_2=\boldsymbol{P}_8$，极化参数可以解调为

$$\begin{cases}\gamma_{\mathrm{R}k}=\arctan\left(\dfrac{|y_{2k}|}{|y_{1k}|}\right)\\ \eta_{\mathrm{R}k}=\Xi(y_{2k})-\Xi(y_{1k})\end{cases} \tag{2-42}$$

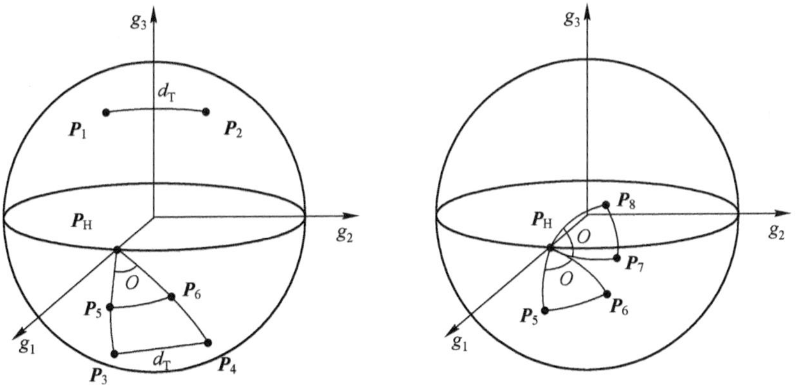

图 2-13　存在极化相关衰减效应信道下极化状态变化

进而根据最大似然准则，依据球面最短距离，判决发送信号的极化状态。对于幅相调制信号，可以通过极化状态匹配得

$$\begin{aligned}\boldsymbol{y}_k^{\mathrm{APM}}&=\begin{bmatrix}\cos\gamma_{\mathrm{R}k}\\ \sin\gamma_{\mathrm{R}k}\mathrm{e}^{\mathrm{j}\eta_{\mathrm{R}k}}\end{bmatrix}^{\mathrm{H}}\boldsymbol{y}_k\\ &=p_k\begin{bmatrix}\cos\gamma_{\mathrm{R}k}\\ \sin\gamma_{\mathrm{R}k}\mathrm{e}^{\mathrm{j}\eta_{\mathrm{R}k}}\end{bmatrix}^{\mathrm{H}}\begin{bmatrix}\cos\hat{\gamma}_k\\ \sin\hat{\gamma}_k\mathrm{e}^{\mathrm{j}\hat{\eta}_k}\end{bmatrix}A_k\mathrm{e}^{\mathrm{j}(\omega_c t+\varphi_k)}+\begin{bmatrix}\cos\gamma_{\mathrm{R}k}\\ \sin\gamma_{\mathrm{R}k}\mathrm{e}^{\mathrm{j}\eta_{\mathrm{R}k}}\end{bmatrix}^{\mathrm{H}}\boldsymbol{n}_k\end{aligned} \tag{2-43}$$

根据式（2-43）可知，假设理想信道且忽略噪声影响，那么 $\gamma_{Rk}=\hat{\gamma}_k$，$\eta_{Rk}=\hat{\eta}_k$，可以得

$$\boldsymbol{y}_k^{\mathrm{APM}}=A_k\mathrm{e}^{\mathrm{j}(\omega_c t+\varphi_k)} \tag{2-44}$$

当信道状况不理想，信号的极化状态受到高斯噪声和极化相关衰减效应的影响，导致 $\gamma_{Rk}\neq\hat{\gamma}_k, \eta_{Rk}\neq\hat{\eta}_k$，那么，幅相调制信号的幅度和相位发生变化，将造成误符号率下降。

为消除极化相关衰减效应，目前，公开文献中常用的方法为预补偿（Pre-compensation，PC）方法[124]。假设 $\lambda_1\geqslant\lambda_2$，补偿矩阵可以表示为

$$\boldsymbol{\Psi}_k=\boldsymbol{V}^{\mathrm{H}}\begin{bmatrix}\dfrac{\sqrt{\lambda_2}}{\sqrt{\lambda_2\cos^2\gamma_k+\lambda_1\sin^2\gamma_k}} & 0\\ 0 & \dfrac{\sqrt{\lambda_1}}{\sqrt{\lambda_2\cos^2\gamma_k+\lambda_1\sin^2\gamma_k}}\end{bmatrix}\boldsymbol{U}^{\mathrm{H}} \tag{2-45}$$

补偿后式（2-37）可进一步表示为

$$\boldsymbol{H}\boldsymbol{\Psi}_k\boldsymbol{x}_k=\frac{\sqrt{\lambda_1\lambda_2}}{\sqrt{\lambda_2\cos^2\gamma_k+\lambda_1\sin^2\gamma_k}}\boldsymbol{x}_k \tag{2-46}$$

接收端信号功率变为

$$P=\frac{\lambda_1\lambda_2}{\lambda_2\cos^2\gamma_k+\lambda_1\sin^2\gamma_k} \tag{2-47}$$

补偿后的信号不存在极化相关衰减效应，极化状态未变，功率有所衰减。补偿矩阵与发送信号极化状态相关，更新频率为符号速率。

对于窃听节点，信道与合法节点信道存在差异，接收到的信号可以表示为

$$\boldsymbol{H}_{\mathrm{E}}\boldsymbol{\Psi}_k\boldsymbol{x}_k=\boldsymbol{U}_{\mathrm{E}}\begin{bmatrix}\sqrt{\lambda_3} & 0\\ 0 & \sqrt{\lambda_4}\end{bmatrix}\boldsymbol{V}_{\mathrm{E}}\boldsymbol{V}^{\mathrm{H}}\begin{bmatrix}\dfrac{\sqrt{\lambda_2}}{\sqrt{\lambda_2\cos^2\gamma_k+\lambda_1\sin^2\gamma_k}} & 0\\ 0 & \dfrac{\sqrt{\lambda_1}}{\sqrt{\lambda_2\cos^2\gamma_k+\lambda_1\sin^2\gamma_k}}\end{bmatrix}\boldsymbol{U}^{\mathrm{H}}\boldsymbol{x}_k \tag{2-48}$$

式中：λ_3，λ_4 为 $\boldsymbol{H}_{\mathrm{E}}$ 的特征值；$\varpi=\boldsymbol{V}_{\mathrm{E}}\boldsymbol{V}^{\mathrm{H}}<1$，可进一步表示为

$$\boldsymbol{H}_{\mathrm{E}}\boldsymbol{\Psi}_k=\varpi\boldsymbol{U}_{\mathrm{E}}\begin{bmatrix}\dfrac{\sqrt{\lambda_3\lambda_2}}{\sqrt{\lambda_2\cos^2\gamma_k+\lambda_1\sin^2\gamma_k}} & 0\\ 0 & \dfrac{\sqrt{\lambda_4\lambda_1}}{\sqrt{\lambda_2\cos^2\gamma_k+\lambda_1\sin^2\gamma_k}}\end{bmatrix}\boldsymbol{U}^{\mathrm{H}} \tag{2-49}$$

可计算窃听节点接收信号功率为

$$P_{\mathrm{E}}=\varpi\frac{\lambda_3\lambda_2\cos^2\gamma_k+\lambda_4\lambda_1\sin^2\gamma_k}{\lambda_2\cos^2\gamma_k+\lambda_1\sin^2\gamma_k} \tag{2-50}$$

观察式（2-50）不等号右边项，假如 $\lambda_4>\lambda_3$，极化相关衰减效应更加严重，导致误符号率进一步增大。假设 $\lambda_4<1<\lambda_3$，当 $\lambda_3\lambda_2=\lambda_4\lambda_1$ 时 P_{E} 达到最大，即当 $\lambda_3=\lambda_4=0$ 或者 $\lambda_3=\lambda_1$，$\lambda_2=\lambda_4$ 时，$\lambda_3\lambda_2=\lambda_4\lambda_1$。显然，当 $\lambda_3=\lambda_1$，$\lambda_2=\lambda_4$ 时，功率最大，即

$$P_{\mathrm{E}}=\varpi\frac{\lambda_1\lambda_2}{\lambda_2\cos^2\gamma_k+\lambda_1\sin^2\gamma_k}<\frac{\lambda_1\lambda_2}{\lambda_2\cos^2\gamma_k+\lambda_1\sin^2\gamma_k}=P \tag{2-51}$$

可见，窃听节点接收信号功率比合法节点低。根据文献［30］可知，安全速率为合法节点信道容量与窃听节点信道容量之差，对于 K 个符号，平均安全速率可以计算为

$$C_{\mathrm{ave}}=\underset{\boldsymbol{H}_{\mathrm{B}},\boldsymbol{H}_{\mathrm{E}}}{\mathrm{E}}\left[\frac{10}{K}\sum_{k=1}^{K}\lg\frac{1+P}{1+P_{\mathrm{E}}}\right] \tag{2-52}$$

根据式（2-51）可得 $P_{\mathrm{E}}<P$，那么 $C_{\mathrm{ave}}>0$。根据香农定理可知，合法节点相对于窃听节点具有信息量优势，当选择安全速率传输信号时，合法节点能解调信号，窃听节点仍无法准确解调信号，从而实现安全传输。

综上所述，当不采用补偿方法处理信号时，合法节点和窃听节点均受到极化相关衰减效应影响，合法节点并不具有信息量优势，安全速率有较大概率为 0 或负数。采用补偿方法后，合法节点具有信息量优势，安全速率大于零，可以实现安全传输。

2.4.2　性能分析

以文献［123］中参数模拟双极化卫星 MIMO 信道，仿真中随机产生 10^5 个四阶极化状态调制符号（4PM）和 10^5 个 QPSK 符号组合成 PAPM 信号，信道更新时间为 200 个符号时间，设置 $\mathrm{XPD_{ant}}=15\mathrm{dB}$，$\mathrm{XPC_{env}}=15\mathrm{dB}$，$K=10$，$\rho_{\mathrm{t}}=1$，$\rho_{\mathrm{r}}=0.2$，$\sigma_{\tilde{H}}^2=-12.7\mathrm{dB}$。利用 2.3 节介绍的方法对 PAPM 信号进行旋转，假设窃听节点无法破解随机相位。仿真中比较了 Bob 和 Eve 的误符号率性能曲线，图 2-14 和图 2-15 中显示了 4PM 信号和 QPSK 信号联合调制信号的

误符号率，能够看出来 Eve 误符号率较高，且不随信噪比改变，这是因为 Eve 无法破解随机序列情况下，接收到的信号为随机复数，无法破解信号。对于合法节点 Bob，比较了直接解调（Direction Demodulation，DD）和预补偿方法两种解调方法，DD 方法对接收到的信号利用随机相位逆旋转后直接解调，PC 方法在 DD 方法基础上利用补偿矩阵消除信道极化相关衰减效应后再进行信号解调。由图 2-14 可见，对于 4PM 信号，PC 方法相比于直接解调方法误符号率性能要好，这是因为 PC 方法消除极化相关衰减效应导致的星座畸变。同时，PC 误符号率性能比理论值差，这是 PC 方法造成信号功率下降所致。

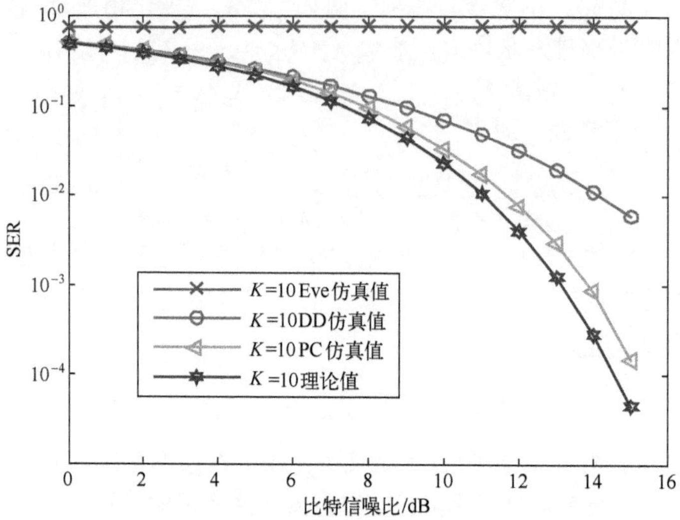

图 2-14　4PM 误符号率性能曲线

由图 2-15 中可见，对于 QPSK 信号解调性能，PC 方法和 DD 方法误符号率性能均比理论值差，这是因为幅相调制信号误符号率受到极化失配影响而下降。PC 矩阵处理后的 QPSK 信号误符号率性能要比直接解调好，这是因为 PC 矩阵处理后的极化状态解调正确概率比直接解调正确概率要高，极化状态匹配过程中对 QPSK 解调性能影响较小。

综上所述，极化相关损耗效应将造成极化状态调制星座畸变，如果直接对信号进行解调，其误符号率性能较差。那么，需要在信号解调前通过一定的技术手段消除极化相关衰减效应。本节中利用预补偿方法消除极化相关衰减效应，有效提高合法节点信号解调性能。值得注意的是，星地之间距离较远，利用接收端反馈信息估计信道的方法实时性差，卫星端估计出信道信息时，信道信息可能已经改变，因此需要进一步研究适用于卫星移动通信的极化相关衰减

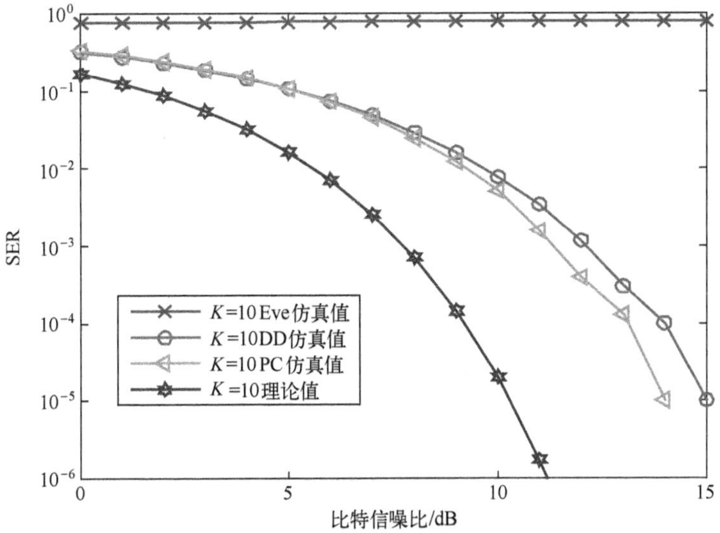

图 2-15　QPSK 信号误符号率性能曲线

效应消除技术。

本节仿真中假设窃听节点无法破解随机相位，在实际通信场景中，利用无限长的随机相位序列能保证信息的安全性，然而产生无限长随机相位序列的复杂度较高，实际卫星场景中应用的随机相位序列长度有限，窃听节点有可能破解旋转相位，造成信息泄露。那么，如何在有限长随机序列条件下增强信息传输安全性，本书将在接下来章节中重点研究安全传输技术。

第3章　基于 WFRFT 的双极化卫星 MIMO 安全传输技术

根据前一章分析，PAPM 星座旋转优化方法能增强信息传输的安全性，且当随机相位序列无限长的情况下，安全传输性能最优。然而，实际卫星通信场景中应用的随机相位序列长度有限，窃听节点有可能破解随机旋转相位，窃取信息。为进一步增强信息传输安全，本章介绍一种结合星座旋转（Constellation Rotation，CR）和加权类分数傅里叶变换（WFRFT）的物理层安全传输（CR-WFRFT）技术，考虑结合 WFRFT 技术增强随机序列有限长条件下安全传输性能。进一步考虑极化状态调制在隐蔽传输中的应用，介绍了基于相位调制（Phase Modu-lation，PM）和 WFRFT 的隐蔽传输（PM-WFRFT）技术，采用幅相调制等常规调制方式传输普通信息，而极化状态调制用于秘密信息传输，通过提高极化状态调制信号的低检测概率（Low Probability of Detection，LPD）和低截获概率（Low Probability of Interception，LPI），实现秘密信息的隐蔽传输。

WFRFT 技术是一种正交变换信号处理技术，通过调整变换阶数，可以调整信号的时域和频域分量比重，使变换后的信号类高斯化，提高信息传输安全性，是一种新型物理层安全技术，近年来受到越来越多的关注[18,24,105,125-128]。与扩频技术不同的是，扩频技术利用高速率的扩频码与信号相乘，实现对信号频谱的扩展，使信号的功率谱密度低于噪声，将信号隐藏在噪声中传输。值得注意的是扩频信号只是降低信号功率，其高阶累积量并不为零，假设窃听节点利用高阶累积量识别信号，仍然有较大概率检测到扩频信号。而通过 WFRFT 处理后的信号，其分布趋近于高斯分布，信号本质属性改变。这种情况下，高阶累积量识别方法失效，因为高斯噪声信号的高阶累积量为零。此外，WFRFT 技术处理后的信号星座产生畸变，星座点在二维或高维空间随机分布，增大窃听节点解调信号难度。同时，作为一种信号处理技术，无须额外装置和系统变化，可以适应现有的发射接收系统，相比于扩频技术更具有优势。

本章重点介绍 CR-WFRFT 技术，其主要步骤为：首先利用上一章介绍的星座旋转优化方法处理发送信号，同时置乱极化状态调制星座和幅相调制星座；进而对两路信号分别进行 WFRFT 处理，进一步置乱星座，同时改变信号分布，使之趋近于高斯分布，提高低检测性能。经过这两步处理，当窃听节点企图通过扫描 WFRFT 变换阶数破解信号时，利用扫描阶数变换后的信号为随机数，难以破解 WFRFT 阶数和控制星座旋转的随机相位，其误符号率性能恶化。同时，窃听节点接收信号中将产生自干扰，导致信噪比下降，系统能获得正的安全速率，从而增强信息传输安全。

进一步介绍极化状态调制在隐蔽传输中的应用，即基于 PM 和 WFRFT 的隐蔽传输（PM-WFRFT）技术。其主要利用了信号极化域与幅频域相互独立这一特点，可分别传输信息而不会产生相互干扰。PM-WFRFT 技术中采用幅相调制等常规调制方式传输普通信息，而极化状态调制用于秘密信息传输。通过提高极化状态调制信号的低检测概率（LPD）和低截获概率（LPI），实现秘密信息的隐蔽传输。

综上所述，本章后续内容的安排如下：3.1 节介绍加权类分数傅里叶变换基本理论；3.2 节介绍系统模型和信号模型；3.3 介绍基于星座旋转和加权类分数傅里叶变换的物理层安全传输技术；3.4 介绍基于极化状态调制和 WFRFT 的隐蔽安全传输技术。

3.1　加权类分数傅里叶变换

本节主要介绍加权类分数傅里叶变换的定义和性质[18,129]。

定义 3.1：假设任意复信号矢量为 $\boldsymbol{s}=[s_1,s_2,\cdots,s_K]\in\mathbb{C}^K$，经过 α 阶 WFRFT 处理后，可以表示为

$$\mathcal{F}^{a}(\boldsymbol{s})=\boldsymbol{\Psi}_M^{\alpha}(\boldsymbol{s})=\sum_{l=0}^{M-1}w_l(a)\boldsymbol{F}_K^{\frac{4l}{M}}\boldsymbol{s} \tag{3-1}$$

式中：$\mathbb{C}$ 为复数集合；$M\geqslant4$ 为加和项的数目；$\boldsymbol{F}_K$ 表示单位傅里叶变换矩阵，其中元素可以表示为

$$\boldsymbol{F}_K(g_1,g_2)=\frac{1}{\sqrt{K}}\mathrm{e}^{\frac{-\mathrm{j}2\pi(g_1-1)(g_2-1)}{K}},g_1,g_2\in(1,2,\cdots,K) \tag{3-2}$$

式中：g_1为行数；g_2为列数。加权因子可以计算为

$$w_l(\alpha)=\frac{1}{4}\sum_{\kappa=0}^{3}\exp\left\{-\frac{2\pi\mathrm{j}}{4}[(4\tau_\kappa+1)\alpha(\kappa+4v_\kappa)-l\kappa]\right\} \tag{3-3}$$

式中：加权因子是由 $MV=[\tau_0,\tau_1,\tau_2,\tau_3]$，$NV=[v_0,v_1,v_2,v_3]$ 以及 α 九个参数共同控制的，当 MV 和 NV 元素均为 0 时，加权因子可以等效为

$$w_l(\alpha)=\frac{1}{M}\frac{1-\exp[-2\pi\mathrm{j}(\alpha-l)]}{1-\exp[-2\pi\mathrm{j}(\alpha-l)/M]} \tag{3-4}$$

根据式（3-1），定义 $\boldsymbol{W}_M^{\alpha}=\sum_{l=0}^{M-1}w_l(\alpha)\boldsymbol{F}_K^{\frac{4l}{M}}$ 为 α 阶 M 次加权类分数傅里叶变换（MWFRFT）矩阵，变换后的信号表示为 $\boldsymbol{\Psi}_M^{\alpha}(\boldsymbol{s})$。WFRFT 具有以下三个性质：

性质 3.1　交换性：$\boldsymbol{\Psi}_M^{\alpha}(\boldsymbol{\Psi}_M^{-\alpha}(\boldsymbol{s}))=\boldsymbol{\Psi}_M^{-\alpha}(\boldsymbol{\Psi}_M^{\alpha}(\boldsymbol{s}))=\boldsymbol{s}$。

性质 3.2　边界性：$\boldsymbol{\Psi}_M^{0}(\boldsymbol{s})=\boldsymbol{s}$，$\boldsymbol{\Psi}_M^{1}(\boldsymbol{s})=\mathrm{DFT}(\boldsymbol{s})$。

性质 3.3　旋转相加性：$\boldsymbol{\Psi}_M^{\alpha+\beta}(\boldsymbol{s})=\boldsymbol{\Psi}_M^{\alpha}(\boldsymbol{\Psi}_M^{\beta}(\boldsymbol{s}))=\boldsymbol{\Psi}_M^{\beta}(\boldsymbol{\Psi}_M^{\alpha}(\boldsymbol{s}))$。

其中，$\mathrm{DFT}(\cdot)$表示离散傅里叶变换（Discrete Fourier Transform，DFT）。在本章中，只考虑 $M=4$，这是因为当 M 为其他数字时，得到的结果相似。根据傅里叶变换矩阵的特性：$\boldsymbol{F}_K^{-1}=\boldsymbol{F}_K^{\mathrm{H}}=\boldsymbol{P}_K\boldsymbol{F}_K$，$\alpha$ 阶 4WFRFT 矩阵可以进一步表示为

$$\begin{aligned}\boldsymbol{W}_4^{a}&=w_0(a)\mathrm{I}_K+w_1(a)\boldsymbol{F}_K+w_2(a)\boldsymbol{P}_K+w_3(a)\boldsymbol{F}_K^{-1}\\&=w_0(a)\mathrm{I}_K+w_1(a)\boldsymbol{F}_K+w_2(a)\boldsymbol{P}_K+w_3(a)\boldsymbol{P}\boldsymbol{F}_K\end{aligned}\tag{3-5}$$

式中：$\boldsymbol{I}_K$为 K 阶单位矩阵；$\boldsymbol{P}_K$为 K 阶移位矩阵，表示为

$$\boldsymbol{P}_K=\begin{bmatrix}1&0&\cdots&0&0&0\\0&0&\cdots&0&0&1\\0&0&\cdots&0&1&0\\\vdots&\vdots&0&&0&0\\0&0&1&0&\cdots&0\\0&1&0&0&\cdots&0\end{bmatrix}_{K\times K}\tag{3-6}$$

加权类分数傅里叶变换阶数 α 为实数，且 $w_l(\alpha)=w_l(\alpha+4)$，阶数 α 的周期为4，实际中取 $\alpha\in[0,4]$或者 $\alpha\in[-2,2]$。图 3-1 给出了 WFRFT 变换物理实现流程[125]。

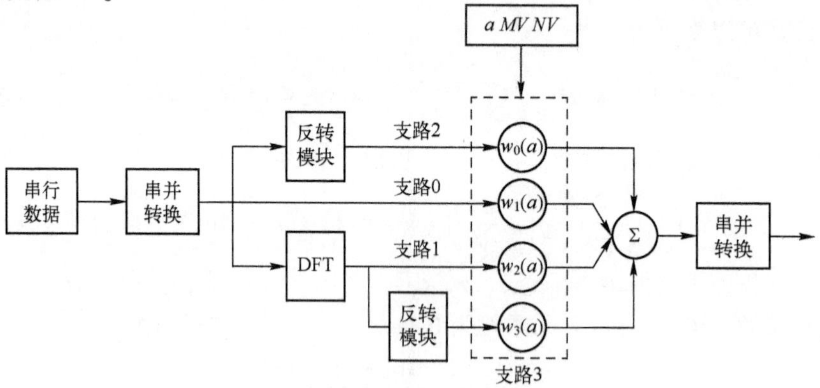

图 3-1　WFRFT 物理实现流程

3.2　系统模型和信号模型

本章介绍的双极化卫星通信系统模型如图 3-2 所示，该模型包括一个卫星发射端、一个合法接收节点（Bob，B）和一个窃听节点（Eve，E），均配备双极化天线，能同时发射和接收正交双极化信号。假设窃听节点在卫星通信覆盖区域，与合法节点有相同的信号接收和处理能力。如果卫星发射信号不采用任何安全措施，窃听节点同样能解调出信息，造成信息泄露。

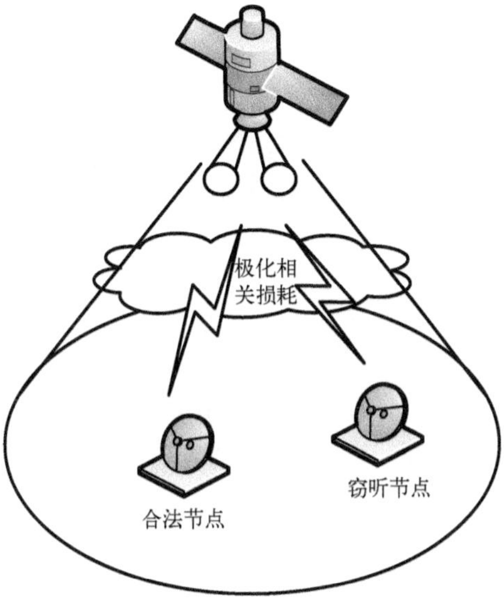

图 3-2　双极化卫星通信系统模型

根据 2.3.1 节分析，第 k 个 PAPM 发送信号可以表示为

$$\boldsymbol{s}_k=\begin{bmatrix} s_{1k} \\ s_{2k} \end{bmatrix}=\begin{bmatrix} \cos\gamma_k \\ \sin\gamma_k \mathrm{e}^{\mathrm{j}\eta_k} \end{bmatrix} A_k \mathrm{e}^{\mathrm{j}(\omega_c t+\varphi_k)} \tag{3-7}$$

式中：$\gamma_k\in\left[0,\dfrac{\pi}{2}\right]$为幅度比；$\eta_k\in[0,2\pi]$为相位差；$A_k$ 和 φ_k 分别表示第 k 个符号的幅度和相位；s_{1k} 和 s_{2k} 分别表示第 k 个信号的左旋和右旋圆极化分量；ω_c 为载波频率。信号的极化状态表示为 $\boldsymbol{P}_k:(\gamma_k,\eta_k)$。

经过双极化卫星信道传输，接收方接收到的信号可以表示为

$$\boldsymbol{y}_k=\begin{bmatrix} y_{1k} \\ y_{2k} \end{bmatrix}=\sqrt{P}\boldsymbol{H}\boldsymbol{s}_k+\boldsymbol{n}_k=\sqrt{P}\boldsymbol{H}\begin{bmatrix} \cos\gamma_k \\ \sin\gamma_k \mathrm{e}^{\mathrm{j}\eta_k} \end{bmatrix}A_k\mathrm{e}^{\mathrm{j}(\omega_c t+\varphi_k)}+\boldsymbol{n}_k \tag{3-8}$$

式中：$\boldsymbol{n}_k=\begin{bmatrix} n_{1k} \\ n_{2k} \end{bmatrix}$为服从$\mathcal{CN}(0,\sigma^2\boldsymbol{I}_2)$的高斯白噪声；$\boldsymbol{I}_2$为单位矩阵；$P$为信号发送功率；$\boldsymbol{H}$为双极化卫星信道响应矩阵。根据上一章分析，双极化卫星MIMO信道并非总是理想信道，存在极化相关衰减效应。一方面，会导致信号的极化状态发生改变，使得极化状态调制信号误符号率性能恶化；另一方面，极化状态匹配后得到的幅相调制信号的幅度和相位存在畸变，造成幅相调制信号误符号率性能恶化。

为减小极化相关衰减效应带来的不利影响，考虑卫星通信发射端和接收端通信距离较长，信道信息更新较慢。通过接收端反馈信息估计信道的技术实时性较差，当卫星端接收到反馈信息时，信道信息可能已经改变，基于信道信息的预补偿算法在卫星通信中的应用受到限制。本节考虑在接收端通过估计信道信息，构建一个置零滤波（Zero-Forcing Pre-Filtering，ZFPF）矩阵消除极化相关衰减效应，即

$$\boldsymbol{W}=\boldsymbol{G}^{-1}=\frac{\boldsymbol{G}^*}{\det(\boldsymbol{G})} \tag{3-9}$$

式中：$\boldsymbol{G}$为信道估计矩阵，由于信道估计并不是本节主题，这里假设合法接收节点能获得准确的信道信息，即$\boldsymbol{G}=\boldsymbol{H}$。那么

$$\boldsymbol{G}^*=\begin{bmatrix} h_{22} & -h_{12} \\ -h_{21} & h_{11} \end{bmatrix} \tag{3-10}$$

假设合法节点和窃听节点均能获得信道信息。那么，经过置零滤波矩阵处理后的信号可以表示为

$$\tilde{\boldsymbol{y}}_k^{\mathrm{o}}=\begin{bmatrix} \tilde{\boldsymbol{y}}_{1\mathrm{k}}^{\mathrm{o}} \\ \tilde{\boldsymbol{y}}_{2\mathrm{k}}^{\mathrm{o}} \end{bmatrix}=\sqrt{P}\boldsymbol{s}_k+\boldsymbol{W}^{\mathrm{o}}\boldsymbol{n}_k \tag{3-11}$$

式中：o=B，E，其中B表示合法节点Bob，E表示窃听节点Eve。显然，极化相关衰减效应被消除，然而置零滤波矩阵处理后的噪声功率发生改变，其带来的影响在后面的章节结合具体信道矩阵分析。

本节采用的极化状态调制星座图如图3-3所示：星座点之间最小间距为d_{T}，星座点关于g_1轴对称分布在球面上。相关映射规则可以参照2.1.1节。

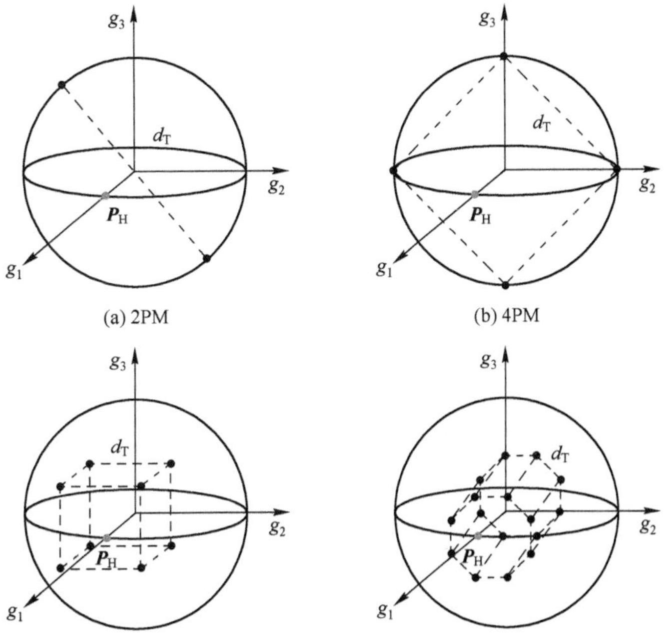

(a) 2PM　(b) 4PM　(c) 8PM　(d) 16PM

图 3-3　M_p阶极化状态调制星座图

3.3　基于星座旋转和加权类分数傅里叶变换的物理层安全传输技术

3.3.1　CR-WFRFT 技术原理

图 3-4 给出了 CR-WFRFT 发射机的结构，秘密信息 I_x 首先通过串并转换控制（S/P）分解成 I_Q 和 I_P 两路信息。I_P 经过极化状态调制单元映射为 K 个极化状态调制符号，$\{P_k\}_{k=1}^{K}=\left\{\begin{matrix}\cos\gamma_k\\ \sin\gamma_k\mathrm{e}^{\mathrm{j}\eta_k}\end{matrix}\right\}_{k=1}^{K}$。$I_Q$ 通过幅相调制单元映射为 K 个幅相调制符号，$\{Q_k\}_{k=1}^{K}=\{A_k\mathrm{e}^{\mathrm{j}\phi_k}\}_{k=1}^{K}$，且分为相同的两路，分别乘以极化状态调制符号两个分量。其次左旋极化分量$\{\cos\gamma_k\}_{k=1}^{K}$乘以随机旋转相位，旋转星座。进而对两路信号进行$\alpha$阶和$\beta$阶的加权类分数傅里叶变换处理。最后，信号经过变频处理和射频放大，分别用左旋圆极化天线（L）和右旋极圆化天线（R）发射出去。

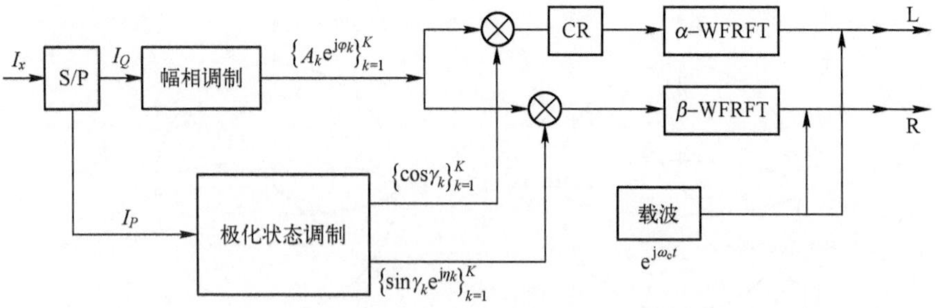

图 3-4　发射机结构

结合第 2 章对 PAPM 星座旋转优化方法的分析，将旋转量与水平极化相乘能实现同时旋转极化状态调制星座和幅相调制星座。假设第 k 个符号的随机旋转量为 $e^{j\theta_k}$，其中，θ_k 为随机旋转相位，根据式（3-7）的 PAPM 信号模型，旋转后的信号为

$$\boldsymbol{s}_k^{r}=\begin{bmatrix} s_{1k}^{r} \\ s_{2k}^{r} \end{bmatrix}=\begin{bmatrix} \cos\gamma_k e^{j\theta_k} \\ \sin\gamma_k e^{j\eta_k} \end{bmatrix} A_k e^{j(\omega_c t+\varphi_k)} \tag{3-12}$$

假设信道理想并忽略噪声，极化状态参数可以解调为

$$\begin{aligned} \gamma_{Rk} &= \arctan\left(\frac{\text{abs}(y_{2k})}{\text{abs}(y_{1k})}\right)=\gamma_k \\ \eta_{Rk} &= \angle(y_{2k})-\angle(y_{1k})=\eta_k-\theta_k \end{aligned} \tag{3-13}$$

可见，极化状态调制信号幅度比不变，而相位差随机变化，极化状态调制星座点围绕 g_1 坐标轴旋转。通过极化状态匹配，幅相调制信号可以表示为

$$\begin{aligned} \boldsymbol{y}_k^{\text{APM}} &= \begin{bmatrix} \cos\gamma_{Rk} \\ \sin\gamma_{Rk} e^{j\eta_{Rk}} \end{bmatrix}^{H} \boldsymbol{y}_k \\ &= \sqrt{PY}\begin{bmatrix} \cos\gamma_{Rk} \\ \sin\gamma_{Rk} e^{j\eta_{Rk}} \end{bmatrix}^{H} \begin{bmatrix} \cos\gamma_k e^{j\theta_k} \\ \sin\gamma_k e^{j\eta_k} \end{bmatrix} A_k e^{j(\omega_c t+\varphi_k)} \\ &= \sqrt{PY} A_k e^{j\theta_k} e^{j(\omega_c t+\varphi_k)} \end{aligned} \tag{3-14}$$

根据式（3-14）可知，幅相调制信号的相位也受随机相位影响而随机变化。这种情况下，两个星座同时旋转。

WFRFT 变换前信号调制阶数越高，相同变换阶数条件下，变换后信号越趋近于高斯分布[129]。CR-WFRFT 技术中通过星座旋转方法提高了信号的随机性，相当于提高了信号的调制阶数，那么，WFRFT 变换后信号类高斯化效果越好；另外，也提高了随机旋转相位和 WFRFT 阶数的破解难度。为破解信号，需要获得 WFRFT 处理前信号，在未知 WFRFT 阶数情况下，假设窃听节点通过阶数扫描方法获取 WFRFT 处理前信号。在 CR－WFRFT 技术中，WFRFT 处理前的信号为随机信号，星座点随机分布。假如窃听节点通过阶数扫描方法破解 WFRFT 阶数，得到扫描后的信号为随机旋转后的信号，难以确定星座旋转相位，也难以确定 WFRFT 变换阶数。因此，CR－WFRFT 技术中，有限长随机序列如 M 序列、Gold 序列等均能有效增强信息传输安全性能。

CR－WFRFT 技术中合法节点的接收机结构如图 3－5 所示。接收信号经过下变频、采样和滤波后，采用置零滤波矩阵进一步处理，消除极化相关衰减效应。进而利用变换阶数$-\alpha$ 和$-\beta$ 对两路极化信号分别进行加权类分数傅里叶变换。接着对左旋极化分量进行逆旋转（Inverse Constellation Rotation，ICR），得到 PAPM 信号。进而根据 2.3.1 节介绍的 PAPM 信号解调方法，恢复发送信息。

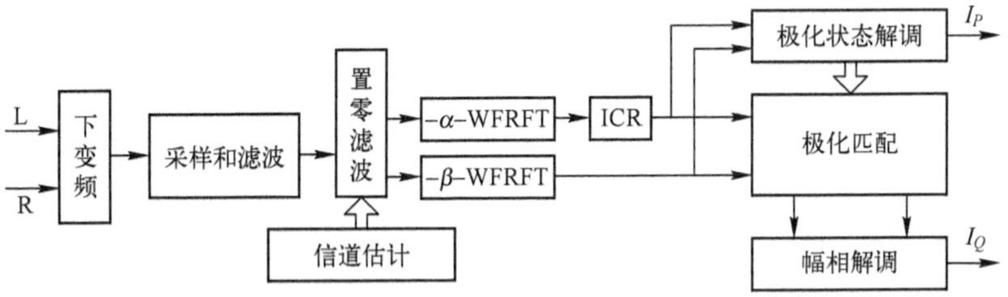

图 3－5　合法接收机结构

3.3.2　CR－WFRFT 技术抗阶数扫描性能分析和仿真

1. 理论分析

假设窃听节点未知 WFRFT 变换阶数，且通过 WFRFT 阶数扫描破解信号。本节考虑随机旋转相位长度有限情况下，CR－WFRFT 技术的安全传输性能。

为消除极化相关衰减效应，接收端可通过置零滤波处理信号，为简化分析，假设信道为理想高斯信道，接收端得到的信号可以表示为

$$\boldsymbol{y}=\sqrt{P}\begin{bmatrix}\Psi_4^{\alpha}(\boldsymbol{x}_1^{\mathrm{r}})\\ \Psi_4^{\beta}(\boldsymbol{x}_2)\end{bmatrix}+\begin{bmatrix}\boldsymbol{n}_1\\ \boldsymbol{n}_2\end{bmatrix} \tag{3-15}$$

式中：$\boldsymbol{x}_1^{\mathrm{r}}=[s_{11}^{\mathrm{r}},s_{12}^{\mathrm{r}},\cdots,s_{1K}^{\mathrm{r}}]$为旋转后信号的左旋分量；$\boldsymbol{x}_2=[s_{21}^{\mathrm{r}},s_{22}^{\mathrm{r}},\cdots,s_{2K}^{\mathrm{r}}]$为右旋分量；$\boldsymbol{n}_1$ 和 $\boldsymbol{n}_2$ 为高斯白噪声。

假设接收端对左旋和右旋分量分别利用 α_1阶和 β_1阶 WFRFT 处理，得

$$\boldsymbol{y}=\begin{bmatrix}\boldsymbol{y}_1\\ \boldsymbol{y}_2\end{bmatrix}=\sqrt{P}\begin{bmatrix}\Psi_4^{\alpha_1}(\Psi_4^{\alpha}(\boldsymbol{x}_1^{\mathrm{r}}))\\ \Psi_4^{\beta_1}(\Psi_4^{\beta}(\boldsymbol{x}_2))\end{bmatrix}+\begin{bmatrix}\Psi_4^{\alpha_1}(\boldsymbol{n}_1)\\ \Psi_4^{\beta_1}(\boldsymbol{n}_2)\end{bmatrix}$$

$$
= \sqrt{P}\begin{bmatrix} \Psi_4^{\Delta\alpha}(\boldsymbol{x}_1^{\mathrm{r}}) \\ \Psi_4^{\Delta\beta}(\boldsymbol{x}_2) \end{bmatrix} + \begin{bmatrix} \hat{\boldsymbol{n}}_1 \\ \hat{\boldsymbol{n}}_2 \end{bmatrix} \tag{3-16}
$$

式中：$\Delta\alpha$、$\Delta\beta$ 为阶数扫描误差，$\Delta\alpha = |\alpha-\alpha_1|$，$\Delta\beta = |\beta-\beta_1|$；$\hat{\boldsymbol{n}}_1$ 和 $\hat{\boldsymbol{n}}_2$ 为 WFRFT 处理后的噪声，由于 WFRFT 为酉变换，噪声分布不变。

为分析变换阶数对解调性能的影响，忽略噪声，第 k 个信号的极化状态调制参数可以解调为

$$
\begin{cases} \gamma_{\mathrm{R}k} = \arctan\left(\dfrac{|\Psi_4^{\Delta\beta}(\boldsymbol{x}_2)_k|}{|\Psi_4^{\Delta\alpha}(\boldsymbol{x}_1^{\mathrm{r}})_k|}\right) \\ \eta_{\mathrm{R}k} = \Xi(\Psi_4^{\Delta\beta}(\boldsymbol{x}_2)_k) - \Xi(\Psi_4^{\Delta\alpha}(\boldsymbol{x}_1^{\mathrm{r}})_k) \end{cases} \tag{3-17}
$$

式中：$|\cdot|$和 $\Xi(\cdot)$分别为取模值和取相位运算；$\Psi_4^{\Delta\alpha}(\boldsymbol{x}_1)_k$ 为 $\Psi_4^{\Delta\alpha}(\boldsymbol{x}_1)$的第 k 个元素；$\Psi_4^{\Delta\beta}(\boldsymbol{x}_2)_k$ 为 $\Psi_4^{\Delta\beta}(\boldsymbol{x}_2)$的第 k 个元素。

进一步利用解调的极化参数对两路信号进行极化状态匹配，从而获得幅相调制信号，即

$$
\boldsymbol{y}_k^{\mathrm{APM}} = \begin{bmatrix} \cos\gamma_{\mathrm{R}k} \\ \sin\gamma_{\mathrm{R}k}\mathrm{e}^{\mathrm{j}\eta_{\mathrm{R}k}} \end{bmatrix}^{\mathrm{H}} \boldsymbol{y}_k = \sqrt{P}\begin{bmatrix} \cos\gamma_{\mathrm{R}k} \\ \sin\gamma_{\mathrm{R}k}\mathrm{e}^{\mathrm{j}\eta_{\mathrm{R}k}} \end{bmatrix}^{\mathrm{H}} \begin{bmatrix} \Psi_4^{\Delta\alpha}(\boldsymbol{x}_1)_k \\ \Psi_4^{\Delta\beta}(\boldsymbol{x}_2)_k \end{bmatrix} \tag{3-18}
$$

当 $\Delta\alpha=\Delta\beta=0$ 时，可得

$$
\begin{cases} \gamma_{\mathrm{R}k} = \gamma_k \\ \eta_{\mathrm{R}k} = \eta_k - \theta_k \end{cases} \tag{3-19}
$$

进一步通过极化状态匹配可得幅相调制信号为

$$
\begin{aligned} \boldsymbol{y}_k^{\mathrm{APM}} &= \sqrt{P}\begin{bmatrix} \cos\gamma_{\mathrm{R}k} \\ \sin\gamma_{\mathrm{R}k}\mathrm{e}^{\mathrm{j}\eta_{\mathrm{R}k}} \end{bmatrix}^{\mathrm{H}} \left[\begin{bmatrix} \cos\gamma_k\mathrm{e}^{\mathrm{j}\theta_k} \\ \sin\gamma_k\mathrm{e}^{\mathrm{j}\eta_k} \end{bmatrix} A_k\mathrm{e}^{\mathrm{j}\phi_k}\right] \\ &= \sqrt{P}A_k\mathrm{e}^{\mathrm{j}\phi_k}\mathrm{e}^{\mathrm{j}\theta_k} \end{aligned} \tag{3-20}
$$

根据以上分析可知，当 $\Delta\alpha=\Delta\beta=0$ 时，解调出的极化状态相位差随机变化，星座点随机分布在垂直于 g_1 的圆周上；通过极化状态匹配解调出的幅相调制信号相位随机变化，幅相调制星座点随机分布在二维圆周上。当 $\Delta\alpha$、$\Delta\beta\neq0$ 时，$\Psi_4^{\Delta\alpha}(\boldsymbol{x}_1^{\mathrm{r}})_k$ 和 $\Psi_4^{\Delta\beta}(\boldsymbol{x}_2)_k$ 的幅度和相位均发生变化，通过式（3-17）和式（3-18）解调得到的极化状态参数和幅相调制参数进一步畸变，信号解调难度增大。因此，通过阶数扫描的方法，即使利用正确的阶数对接收信号进行 WFRFT 处理，得到的信号为随机信号，得不到理想星座图，较难解调出信号。值得注意的是，假如省略星座旋转处理，仅利用 WFRFT 对接收信号进行处理，当 $\Delta\alpha=\Delta\beta=0$ 时，根据式（3-19）和式（3-20）可知，是可以得到理

想星座图的，此时信号有可能被破解。因此，星座旋转是 CR-WFRFT 技术中不可或缺的信号处理过程，可显著提高 CR-WFRFT 技术抗阶数扫描性能。下一节通过仿真进一步分析 CR-WFRFT 技术性能。

2. 仿真分析

1）星座畸变

在 CR-WFRFT 中，发送信号的左旋分量先乘以随机旋转相位，使极化状态调制星座和幅相调制星座旋转，然后进行 WFRFT，其星座图变化如图 3-6 所示。仿真中随机产生 1024 个极化状态调制符号和幅相调制符号，图 3-6（a）、（b）、（g）给出了 4PM、8PM 和 QPSK 星座图；图 3-6（c）、（d）、（h）给出了旋转后星座点分布；图 3-6（e）、（f）、（i）给出了经过 WFRFT 处理后的星座分布。可见，对左旋极化分量乘以随机旋转相位后，极化状态调制星座和幅相调制星座均发生了旋转。经过加权类分数傅里叶变换处理后，QPSK 星座

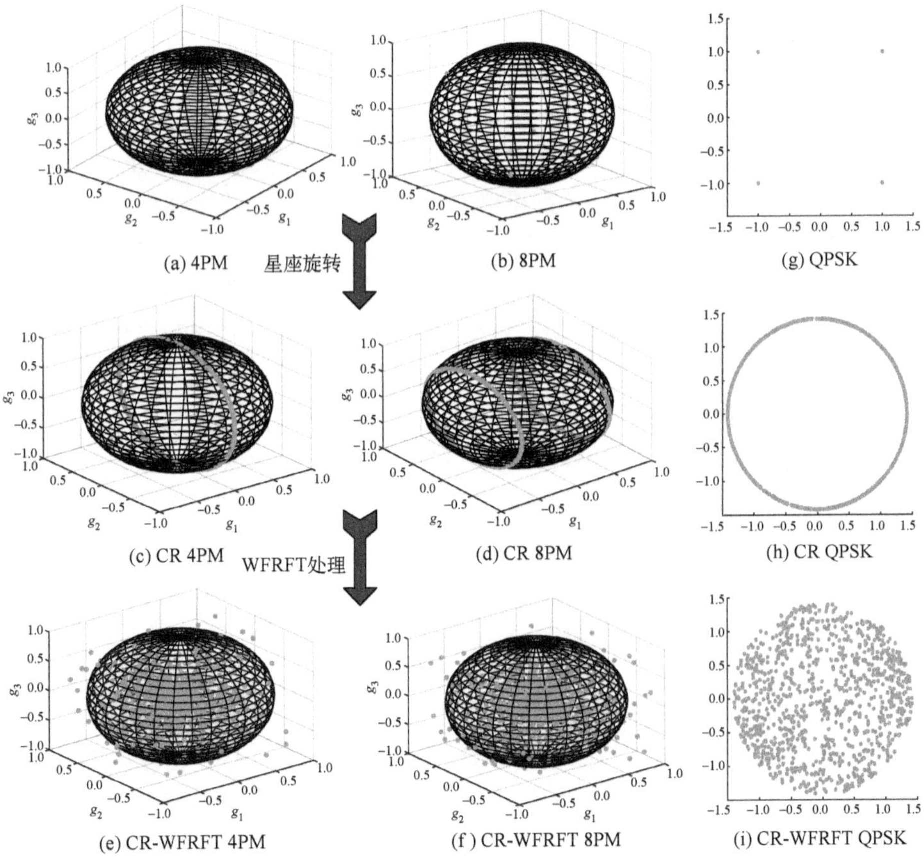

图 3-6　星座旋转和 WFRFT 变换星座畸变示意图（$\alpha=\beta=0.7$）

点随机分布在二维平面，4PM 和 8PM 星座点随机分布在球内、球面和球外。值得注意的是，从图 3-6 中可见，即使窃听节点扫描到正确的变换阶数对接收信号进行 WFRFT 处理，恢复出的信号星座点依然是随机分布的，难以确定变换阶数和随机的星座旋转相位。

2）CR-WFRFT 技术抗 WFRFT 阶数扫描性能仿真

仿真通过误符号率衡量 CR-WFRFT 技术的抗扫描性能。假设信道为理想信道（$\boldsymbol{H}=\boldsymbol{I}_2$），窃听节点已知发送端采用的调制模式和阶数，但是并不知道随机相位序列和 WFRFT 阶数。仿真中设置 $\alpha=\beta=0.7$，$\sigma_E=\sigma_B=1$，极化状态调制阶数为四阶，幅相调制采用 QPSK。4PM 理论值是根据第 2 章给出的公式计算得出的结果。幅相调制信号理论值可计算为[130]

$$\mathrm{SER_Q}=2(1-1/\sqrt{M_Q})\,\mathrm{erfc}\left(\sqrt{\frac{3\xi\log_2(M_Q)}{M_Q-1}}\right)-(1-1/\sqrt{M_Q})^2\mathrm{erfc}^2\sqrt{\frac{3\xi\log_2(M_Q)}{M_Q-1}} \tag{3-21}$$

式中：ξ 为信噪比；M_Q 为调制阶数。

首先，不考虑星座旋转处理，仅对发送信号左旋和右旋两分量采用 WFRFT 处理。图 3-7 画出了接收方采用不同变换阶数情况下 QPSK 信号和 4PM 误符号率曲线，当 $\Delta\alpha=\Delta\beta=0$ 时，QPSK 误符号率曲线比高斯信道下理论值差，这是因为极化状态解调受到噪声影响，而幅相调制信号恢复受到极化状态失配影响，通过比较图 3-7（a）和（b）可见，相同信噪比条件下极化状态调制信号误符号率相比于幅相调制更高，当解调出的极化状态存在误差，极化状态匹配后的幅相调制信号幅度和相位均会发生变化，这是误符号率性能下降的主要原因。此外，误符号率性能随 $\Delta\alpha$ 和 $\Delta\beta$ 增大而恶化，这是因为 α_1 阶和 β_1 阶 WFRFT 处理后，信号幅相畸变加剧。虽然误符号率性能随阶数误差增大而下降，当扫描误差较小的情况，仍然可以低误符号率解调信号。例如，扫描误差 $\Delta\alpha=\Delta\beta=0.1$ 时的误符号率曲线趋近于无扫描阶数误差情况下的误符号率曲线。

图 3-8（a）和（b）分别给出 CR-WFRFT 技术中，接收方采用不同变换阶数情况下 QPSK 信号和 4PM 误符号率曲线。由图 3-8（a）中可见，QPSK 仿真值比高斯信道下的理论值差，这是因为幅相调制信号误符号率受到极化状态失配影响而下降。窃听节点在变换阶数无误差和误差 $\Delta\alpha$ 和 $\Delta\beta$ 均为 0.1 时，误符号率较高，信号解调性能较差。图 3-8（b）给出了 4PM 信号误符号率性能曲线，可见合法节点误符号率的仿真值趋近于理论值。窃听节点在扫描无误差和扫描误差 $\Delta\alpha$ 和 $\Delta\beta$ 均为 0.1 时，误符号率较高，信号解调性能较差。仿真证明，通过阶数扫描方法难以正确解调信号，从而增强了信息传输安全。同

时也证明了即使利用正确的阶数处理信号，仍然得不到理想星座图，增强了对变换阶数和随机旋转相位的保护。

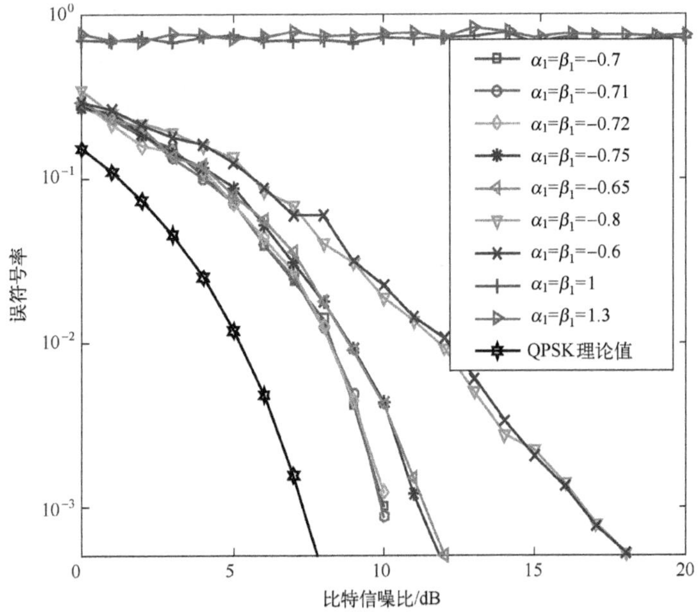

(a) QPSK 信号误符号率性能

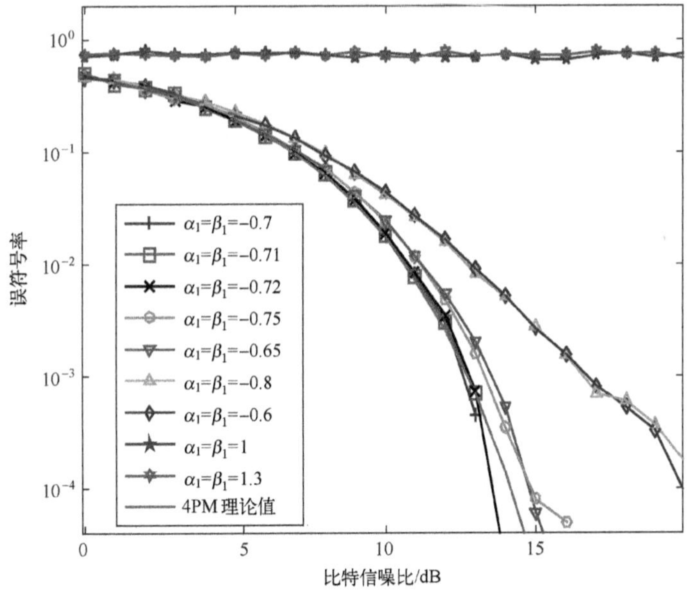

(b) 4PM 信号误符号率性能

图 3-7　WFRFT 抗阶数扫描性能（见彩插）

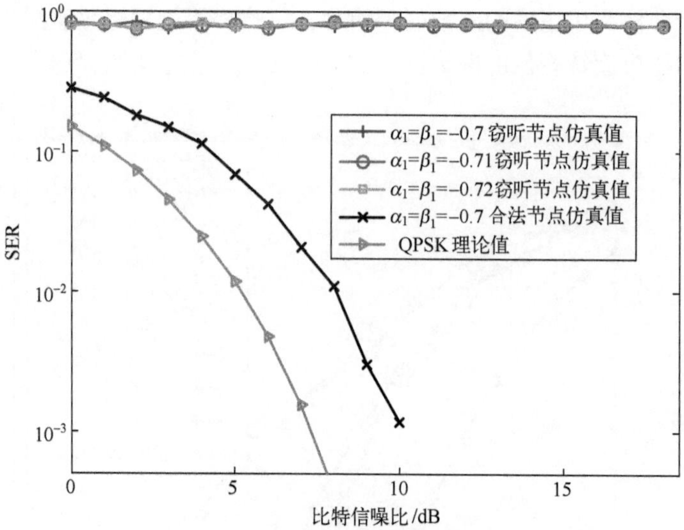

(a) QPSK信号误符号率性能

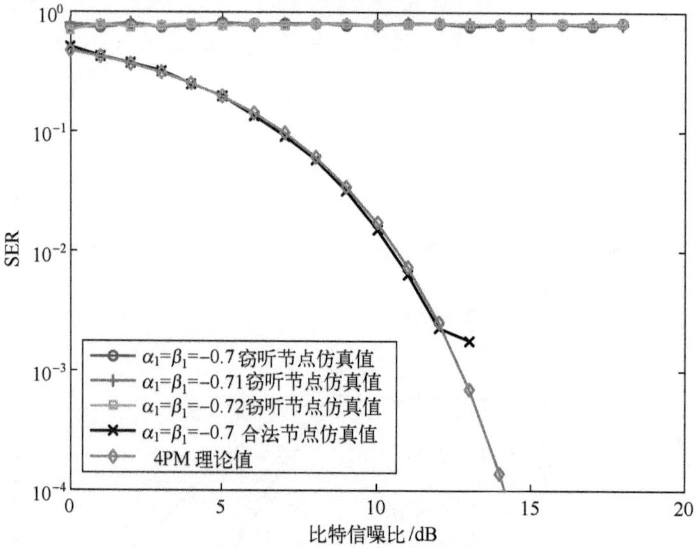

(b) 4PM信号误符号率性能

图 3-8　CR-WFRFT 抗阶数扫描性能

3）卫星移动双极化 MIMO 信道下误符号率性能

极化相关损耗效应是双极化通信的基本问题之一，需要考虑极化相关衰减效应对合法节点（Bob）的影响，以及置零滤波矩阵抗极化相关衰减效应的性能，从而达到对工程实践的指导目的。图 3-9 给出了 Bob 在 2.4 节介绍的卫星极化 MIMO 信道下，直接解调（DD）和置零滤波矩阵（ZFPF）处理后的误符号率性能，设置 $\mathrm{XPD_{ant}}=20\mathrm{dB}$，$\mathrm{XPC_{env}}=7.6\mathrm{dB}$，$K=10$，$\rho_t=1$，$\rho_r=0.2$，$\sigma^2_{\tilde{H}}=-12.7\mathrm{dB}$，理论值计算时视距和非视距信道均为理想信道，为了便于比较，同样设置 $K=10$。图 3-9（a）对比了利用 ZFPF 方法和直接解方法误符号率性能，可见 ZFPF 方法误符号率性能更好，然而，比理论值稍差，这是因为经过

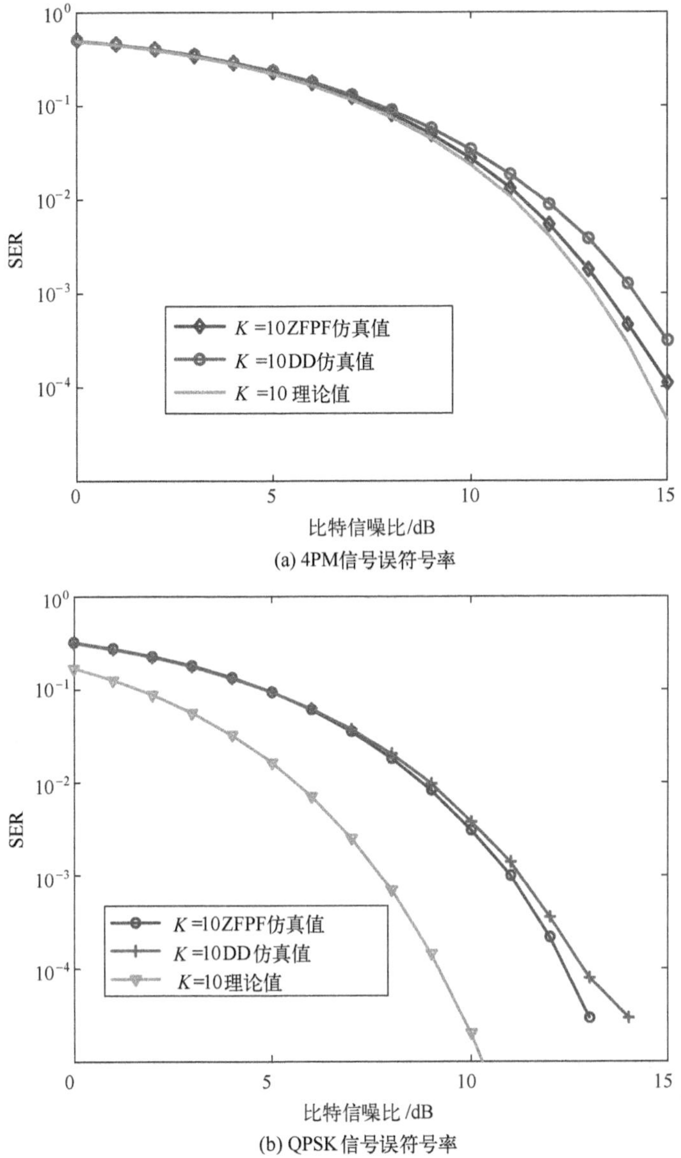

(a) 4PM信号误符号率

(b) QPSK 信号误符号率

图 3-9　存在极化相关衰减效应信道下 Bob 误符号率性能

置零滤波矩阵处理后消除了极化相关衰减效应，避免了极化状态畸变。另外，式（3-24）、式（3-38）和式（3-39）分析噪声经过置零滤波矩阵处理后，功率有所放大，导致信噪比下降，造成误符号率性能比理论值稍差。图3-9（b）在相同仿真场景下采用QPSK信号的误符号率性能曲线，直接解调误符号率性能和置零滤波矩阵处理后的误符号率性能均比理论值差，这是因为QPSK信号的解调受到极化状态失配影响，比较图3-9（a）和（b）可见，在同信噪比情况下，4PM误符号率理论值比QPSK理论值高，在极化状态解调错误情况下，影响QPSK信号解调。其次，由图3-9（b）中可见，置零滤波矩阵处理后的QPSK信号误符号率性能要比直接解调好，这是因为置零滤波矩阵处理后的极化状态解调正确概率比直接解调正确概率要高，极化状态匹配过程中对QPSK解调性能影响更小。

3.3.3 安全速率性能分析

1. 安全速率计算

假设合法节点和窃听节点均能通过信道估计获得信道信息，从而构建置零滤波矩阵消除极化相关衰减效应的影响。接收信号可以表示为

$$\begin{aligned}\widetilde{\boldsymbol{y}}^{\mathrm{o}}=\begin{bmatrix}\widetilde{\boldsymbol{y}}_1^{\mathrm{o}}\\ \widetilde{\boldsymbol{y}}_2^{\mathrm{o}}\end{bmatrix}&=\sqrt{P}\,\boldsymbol{W}^{\mathrm{o}}\boldsymbol{H}^{\mathrm{o}}\begin{bmatrix}\Psi_4^{\alpha}(\boldsymbol{x}_1^{\mathrm{r}})\\ \Psi_4^{\beta}(\boldsymbol{x}_2)\end{bmatrix}+\boldsymbol{W}^{\mathrm{o}}\begin{bmatrix}\boldsymbol{n}_1^{\mathrm{o}}\\ \boldsymbol{n}_2^{\mathrm{o}}\end{bmatrix}\\ &=\sqrt{P}\begin{bmatrix}\Psi_4^{\alpha}(\boldsymbol{x}_1^{\mathrm{r}})\\ \Psi_4^{\beta}(\boldsymbol{x}_2)\end{bmatrix}+\begin{bmatrix}\widetilde{\boldsymbol{n}}_1^{\mathrm{o}}\\ \widetilde{\boldsymbol{n}}_2^{\mathrm{o}}\end{bmatrix}\end{aligned}\tag{3-22}$$

式中：$\mathrm{o}=\mathrm{B},\mathrm{E}$；$\boldsymbol{x}_1^{\mathrm{r}}$ 为随机旋转后的水平极化分量；$\widetilde{\boldsymbol{n}}_1^{\mathrm{o}}$ 和 $\widetilde{\boldsymbol{n}}_2^{\mathrm{o}}$ 为置零滤波矩阵处理后的噪声矢量，第 k 个元素为

$$\widetilde{n}_{1k}^{\mathrm{o}}=\frac{h_{22}^{\mathrm{o}}n_{1k}^{\mathrm{o}}-h_{12}^{\mathrm{o}}n_{2k}^{\mathrm{o}}}{\det(\boldsymbol{H}^{\mathrm{o}})},\quad \widetilde{n}_{2k}^{\mathrm{o}}=\frac{h_{11}^{\mathrm{o}}n_{1k}^{\mathrm{o}}-h_{21}^{\mathrm{o}}n_{2k}^{\mathrm{o}}}{\det(\boldsymbol{H}^{\mathrm{o}})}\tag{3-23}$$

容易证明其分布为

$$\widetilde{n}_{1k}^{\mathrm{o}}\sim\left(0,\frac{|h_{22}^{\mathrm{o}}|^2+|h_{12}^{\mathrm{o}}|^2}{\det(\boldsymbol{H}^{\mathrm{o}})^2}\sigma_{\mathrm{o}}^2\right),\quad \widetilde{n}_{2k}^{\mathrm{o}}\sim\left(0,\frac{|h_{11}^{\mathrm{o}}|^2+|h_{21}^{\mathrm{o}}|^2}{\det(\boldsymbol{H}^{\mathrm{o}})^2}\sigma_{\mathrm{o}}^2\right)\tag{3-24}$$

对于合法节点，利用变换阶数 $-\alpha$ 和 $-\beta$ 对接收信号进行WFRFT处理，从而获得变换前的信号，即

$$\hat{\boldsymbol{y}}^{\mathrm{B}}=\begin{bmatrix}\hat{\boldsymbol{y}}_1^{\mathrm{B}}\\ \hat{\boldsymbol{y}}_2^{\mathrm{B}}\end{bmatrix}=\sqrt{P}\begin{bmatrix}\Psi_4^{-\alpha}(\Psi_4^{\alpha}(\boldsymbol{x}_1^{\mathrm{r}}))\\ \Psi_4^{-\beta}(\Psi_4^{\beta}(\boldsymbol{x}_2))\end{bmatrix}+\begin{bmatrix}\Psi_4^{-\alpha}(\widetilde{\boldsymbol{n}}_1^{\mathrm{B}})\\ \Psi_4^{-\beta}(\widetilde{\boldsymbol{n}}_2^{\mathrm{B}})\end{bmatrix}$$

$$= \sqrt{P}\begin{bmatrix} \boldsymbol{x}_1^{\mathrm{r}} \\ \boldsymbol{x}_2 \end{bmatrix} + \begin{bmatrix} \hat{\boldsymbol{n}}_1^{\mathrm{B}} \\ \hat{\boldsymbol{n}}_2^{\mathrm{B}} \end{bmatrix} \tag{3-25}$$

式中：$\hat{\boldsymbol{n}}_i^{\mathrm{B}}, i=1,2$ 为变换后的噪声，由于加权类分数傅里叶变换为酉变换，其分布并不发生改变。进而利用随机序列 $\boldsymbol{R}=[\mathrm{e}^{\mathrm{j}\theta_1},\mathrm{e}^{\mathrm{j}\theta_2},\cdots,\mathrm{e}^{\mathrm{j}\theta_K}]^{\mathrm{H}}$ 恢复旋转前的水平极化分量，有

$$\begin{aligned} \boldsymbol{y}_{\mathrm{R}}^{\mathrm{B}} = [\boldsymbol{y}_{\mathrm{R1}}^{\mathrm{B}},\boldsymbol{y}_{\mathrm{R2}}^{\mathrm{B}},\cdots,\boldsymbol{y}_{\mathrm{R}K}^{\mathrm{B}}] &= \begin{bmatrix} \boldsymbol{y}_{\mathrm{1R}}^{\mathrm{B}} \\ \boldsymbol{y}_{\mathrm{2R}}^{\mathrm{B}} \end{bmatrix} = \sqrt{P}\begin{bmatrix} \boldsymbol{x}_1^{\mathrm{r}}\boldsymbol{R} \\ \boldsymbol{x}_2 \end{bmatrix} + \begin{bmatrix} \hat{\boldsymbol{n}}_1^{\mathrm{B}}\boldsymbol{R} \\ \hat{\boldsymbol{n}}_2^{\mathrm{B}} \end{bmatrix} \\ &= \sqrt{P}\begin{bmatrix} \boldsymbol{x}_1 \\ \boldsymbol{x}_2 \end{bmatrix} + \begin{bmatrix} \breve{\boldsymbol{n}}_1^{\mathrm{B}} \\ \hat{\boldsymbol{n}}_2^{\mathrm{B}} \end{bmatrix} \end{aligned} \tag{3-26}$$

式中：$\breve{\boldsymbol{n}}_1^{\mathrm{B}}=\hat{\boldsymbol{n}}_1^{\mathrm{B}}\boldsymbol{R}$，$\boldsymbol{y}_{i\mathrm{R}}^{\mathrm{B}}=[y_{i\mathrm{R1}}^{\mathrm{B}},y_{i\mathrm{R2}}^{\mathrm{B}},\cdots,y_{i\mathrm{R}K}^{\mathrm{B}}], i=1,2$。第 k 个信号的极化状态调制参数可以解调为

$$\begin{cases} \gamma_{\mathrm{R}k} = \arctan\left(\dfrac{|y_{2\mathrm{R}k}|}{|y_{1\mathrm{R}k}|}\right) \\ \eta_{\mathrm{R}k} = \Xi(y_{2\mathrm{R}k}) - \Xi(y_{1\mathrm{R}k}) \end{cases} \tag{3-27}$$

式中：$|\cdot|$和 $\Xi(\cdot)$分别为取模值和取相位运算。进而根据最大似然准则判决发送信号极化状态。

进一步利用解调的极化参数对两路信号进行极化状态匹配，获得幅相调制信号，即

$$\begin{aligned} y_k^{\mathrm{APM}} &= \begin{bmatrix} \cos\gamma_{\mathrm{R}k} \\ \sin\gamma_{\mathrm{R}k}\mathrm{e}^{\mathrm{j}\eta_{\mathrm{R}k}} \end{bmatrix}^{\mathrm{H}} \boldsymbol{y}_{\mathrm{R}k}^{\mathrm{B}} \\ &= \sqrt{P}\begin{bmatrix} \cos\gamma_{\mathrm{R}k} \\ \sin\gamma_{\mathrm{R}k}\mathrm{e}^{\mathrm{j}\eta_{\mathrm{R}k}} \end{bmatrix}^{\mathrm{H}} \left[\begin{bmatrix} \cos\gamma_k \\ \sin\gamma_k\mathrm{e}^{\mathrm{j}\eta_k} \end{bmatrix} A_k\mathrm{e}^{\mathrm{j}\phi_k} + \begin{bmatrix} \breve{n}_{1k}^{\mathrm{B}} \\ \hat{n}_{2k}^{\mathrm{B}} \end{bmatrix}\right] \end{aligned} \tag{3-28}$$

由于信道噪声不可避免，解调出的极化状态会产生偏移，根据式（3-28）可知，当 $\gamma_{\mathrm{R}k}\neq\gamma_k, \eta_{\mathrm{R}k}\neq\eta_k$ 时，极化状态匹配后信号的幅度和相位将发生改变，导致解调性能下降。

合法节点信噪比可以计算为

$$\xi_{\mathrm{B}k} = P\frac{|\boldsymbol{x}_1(k)|^2+|\boldsymbol{x}_2(k)|^2}{|\breve{\boldsymbol{n}}_1^{\mathrm{B}}(k)|^2+|\hat{\boldsymbol{n}}_2^{\mathrm{B}}(k)|^2} = \frac{PA_k\det(\boldsymbol{H}^{\mathrm{B}})^2}{(|h_{22}^{\mathrm{B}}|^2+|h_{12}^{\mathrm{B}}|^2+|h_{11}^{\mathrm{B}}|^2+|h_{21}^{\mathrm{B}}|^2)\sigma_{\mathrm{B}}^2} \tag{3-29}$$

这里假设窃听节点已知信号经过 WFRFT 和星座旋转处理，为了解调信号，需要通过 WFRFT 阶数扫描对接收到的信号进行 WFRFT 处理，获取 WFRFT 变换前信号，可以表示为

$$\hat{\boldsymbol{y}}^{\mathrm{E}}=\begin{bmatrix}\hat{\boldsymbol{y}}_1^{\mathrm{E}}\\ \hat{\boldsymbol{y}}_2^{\mathrm{E}}\end{bmatrix}=\sqrt{P}\begin{bmatrix}\Psi_4^{\alpha_1}(\Psi_4^{\alpha}(\boldsymbol{x}_1^{\mathrm{r}}))\\ \Psi_4^{\beta_1}(\Psi_4^{\beta}(\boldsymbol{x}_2))\end{bmatrix}+\begin{bmatrix}\Psi_4^{\alpha_1}(\widetilde{\boldsymbol{n}}_1^{\mathrm{E}})\\ \Psi_4^{\beta_1}(\widetilde{\boldsymbol{n}}_2^{\mathrm{E}})\end{bmatrix}$$
$$=\sqrt{P}\begin{bmatrix}\Psi_4^{\Delta\alpha}(\boldsymbol{x}_1^{\mathrm{r}})\\ \Psi_4^{\Delta\beta}(\boldsymbol{x}_2)\end{bmatrix}+\begin{bmatrix}\Psi_4^{\alpha_1}(\widetilde{\boldsymbol{n}}_1^{\mathrm{E}})\\ \Psi_4^{\beta_1}(\widetilde{\boldsymbol{n}}_2^{\mathrm{E}})\end{bmatrix} \tag{3-30}$$

根据前文的分析，通过扫描阶数恢复的信号为随机信号，得不到理想星座图，较难确定变换参数，产生扫描阶数误差。根据式（3-5），式（3-30）可以进一步表示为

$$\begin{bmatrix}\Psi_4^{\Delta\alpha}(\boldsymbol{x}_1^{\mathrm{r}})\\ \Psi_4^{\Delta\beta}(\boldsymbol{x}_2)\end{bmatrix}=\begin{bmatrix}W_4^{\Delta a}\ (\boldsymbol{x}_1^{\mathrm{r}})^{\mathrm{T}}\\ W_4^{\Delta\beta}\ (\boldsymbol{x}_2)^{\mathrm{T}}\end{bmatrix}$$
$$=\begin{bmatrix}\underbrace{w_0(\Delta a)(\boldsymbol{x}_1^{\mathrm{r}})^{\mathrm{T}}}_{\text{信号}(f_{1\mathrm{U}})}+\underbrace{(w_1(\Delta a)\boldsymbol{F}_K(\boldsymbol{x}_1^{\mathrm{r}})^{\mathrm{T}}+w_2(\Delta a)\boldsymbol{P}_K(\boldsymbol{x}_1^{\mathrm{r}})^{\mathrm{T}}+w_3(\Delta a)\boldsymbol{PF}_K(\boldsymbol{x}_1^{\mathrm{r}})^{\mathrm{T}})}_{\text{自干扰}(f_{1\mathrm{I}})}\\ \underbrace{w_0(\Delta\beta)(\boldsymbol{x}_2)^{\mathrm{T}}}_{\text{信号}(f_{2\mathrm{U}})}+\underbrace{(w_1(\Delta\beta)\boldsymbol{F}_K(\boldsymbol{x}_2)^{\mathrm{T}}+w_2(\Delta\beta)\boldsymbol{P}_K(\boldsymbol{x}_2)^{\mathrm{T}}+w_3(\Delta\beta)\boldsymbol{PF}_K(\boldsymbol{x}_2)^{\mathrm{T}})}_{\text{自干扰}(f_{2\mathrm{I}})}\end{bmatrix} \tag{3-31}$$

式中：Δa 和 $\Delta\beta$ 为阶数误差。由式（3-31）右边可见，两个极化分量的第一项是期望信号（$\boldsymbol{f}_{1\mathrm{U}}$ 和 $\boldsymbol{f}_{2\mathrm{U}}$），剩下三项（$\boldsymbol{f}_{1\mathrm{I}}$ 和 $\boldsymbol{f}_{2\mathrm{I}}$）为变换阶数误差引起的自干扰。

星座旋转改变信号相位并不改变信号功率，窃听节点的信噪比可以表示为

$$\xi_{\mathrm{E}k}=\frac{P(|\boldsymbol{f}_{1\mathrm{U}}(k)|^2+|\boldsymbol{f}_{2\mathrm{U}}(k)|^2)}{P(|\boldsymbol{f}_{1\mathrm{I}}(k)|^2+|\boldsymbol{f}_{2\mathrm{I}}(k)|^2)+|\hat{\boldsymbol{n}}_1^{\mathrm{E}}(k)|^2+|\hat{\boldsymbol{n}}_2^{\mathrm{E}}(k)|^2}$$
$$=\frac{P(|\boldsymbol{f}_{1\mathrm{U}}(k)|^2+|\boldsymbol{f}_{2\mathrm{U}}(k)|^2)\det(\boldsymbol{H}^{\mathrm{E}})^2}{P\det(\boldsymbol{H}^{\mathrm{E}})^2(|\boldsymbol{f}_{1\mathrm{I}}(k)|^2+|\boldsymbol{f}_{2\mathrm{I}}(k)|^2)+(|h_{22}^{\mathrm{E}}|^2+|h_{12}^{\mathrm{E}}|^2+|h_{11}^{\mathrm{E}}|^2+|h_{21}^{\mathrm{E}}|^2)\sigma_{\mathrm{E}}^2}$$
$$=\frac{PA_k^2(|w_0(\Delta a)\cos\gamma_k|^2+|w_0(\Delta\beta)\sin\gamma_k|^2)\det(\boldsymbol{H}^{\mathrm{E}})^2}{\begin{pmatrix}PA_k^2\det(\boldsymbol{H}^{\mathrm{E}})^2(2-|w_0(\Delta a)\cos\gamma_k|^2-|w_0(\Delta\beta)\sin\gamma_k|^2)\\ +(|h_{22}^{\mathrm{E}}|^2+|h_{12}^{\mathrm{E}}|^2+|h_{11}^{\mathrm{E}}|^2+|h_{21}^{\mathrm{E}}|^2)\sigma_{\mathrm{E}}^2\end{pmatrix}} \tag{3-32}$$

由于 $w_0(\Delta a)>0$，$w_0(\Delta\beta)<1$，期望信号功率降低，加之产生自干扰的影响，窃听节点接收信号的信噪比下降，即 $\xi_{\mathrm{E}k}<\xi_{\mathrm{B}k}$。

安全速率是指合法节点能顺利解调的传输速率而窃听节点无法解调信息，在卫星通信系统中，通过波束形成技术和设计人工噪声恶化窃听节点信道是常用方法，然而在双极化卫星通信中，并没有多余的自由度形成波束以及设计人工噪声。通过理论分析可知，WFRFT 阶数误差可导致自干扰产生，使得信噪

比下降，其效果与人工噪声相同。因此，可以将全部功率均用来发送信号，而不需要额外的功率来设计人工噪声，这对功率资源宝贵的卫星通信来说，具有较大的应用价值。平均安全速率可以计算为

$$C_{\text{ave}} = \underset{\boldsymbol{H}_{\text{B}},\boldsymbol{H}_{\text{E}}}{E}\left[\frac{10}{K}\sum_{k=1}^{K}\lg\frac{1+\xi_{\text{B}k}}{1+\xi_{\text{E}k}}\right] \tag{3-33}$$

根据式（3-33）分析，容易得到平均安全速率（C_{ave}）大于零，即能够保证安全速率传输信号为正，从而保证信息传输安全。

2. 基于卫星统计信道安全速率分析

考虑卫星统计信道信息变化时间较瞬时信道长，用来分析噪声较为适合[131]。本节利用统计信道模型分析噪声对安全速率影响，给出信噪比数学表达式，信道模型可以表示为

$$\boldsymbol{H}^{\text{o}} = \sqrt{\frac{K}{K+1}}\overline{\boldsymbol{H}}^{\text{o}} + \sqrt{\frac{1}{K+1}}\widetilde{\boldsymbol{H}}^{\text{o}},\text{o}=\text{B},\text{E} \tag{3-34}$$

式中：$\overline{\boldsymbol{H}}^{\text{o}}$ 为视距分量；$\widetilde{\boldsymbol{H}}^{\text{o}}$ 为非视距分量；K 为莱斯系数；可得：

$$\begin{aligned} E[\boldsymbol{H}^{\text{o}}] &= \sqrt{\frac{K^{\text{o}}}{K^{\text{o}}+1}}E[\overline{\boldsymbol{H}}^{\text{o}}] + \sqrt{\frac{1}{K^{\text{o}}+1}}E[\widetilde{\boldsymbol{H}}^{\text{o}}] \\ &= \sqrt{\frac{K^{\text{o}}}{K^{\text{o}}+1}}\overline{\boldsymbol{H}}^{\text{o}} = \sqrt{\frac{K^{\text{o}}Y}{K^{\text{o}}+1}}\begin{bmatrix}\sqrt{1-\chi^{\text{o}}} & \sqrt{\chi^{\text{o}}} \\ \sqrt{\chi^{\text{o}}} & \sqrt{1-\chi^{\text{o}}}\end{bmatrix} \end{aligned} \tag{3-35}$$

式中：$E[\cdot]$表示取期望运算；χ 为衡量接收天线 XPD 的参数。

$$\text{XPD}_{\overline{\boldsymbol{H}}} = 10\lg\left(\frac{1-\chi^{\text{o}}}{\chi^{\text{o}}}\right) \tag{3-36}$$

把式（3-35）代入式（3-32），可得：

$$\frac{|h_{22}^{\text{o}}|^2+|h_{12}^{\text{o}}|^2+|h_{11}^{\text{o}}|^2+|h_{21}^{\text{o}}|^2}{\det(\boldsymbol{H}^{\text{o}})^2} = \frac{2(1+K^{\text{o}})}{(1-2\chi^{\text{o}})^2K^{\text{o}}Y} \tag{3-37}$$

将式（3-37）代入式（3-29）和式（3-32），可得信噪比公式为

$$\xi_{\text{B}k} = \frac{PA_k^2(1-2\chi^{\text{B}})^2K^{\text{B}}Y}{2(1+K^{\text{B}})\sigma_{\text{B}}^2} \tag{3-38}$$

$$\xi_{\text{E}k} = \frac{PA_k^2(|w_0(\Delta a)\cos\gamma_k|^2+|w_0(\Delta\beta)\sin\gamma_k|^2)}{PA_k^2(2-|w_0(\Delta a)\cos\gamma_k|^2-|w_0(\Delta\beta)\sin\gamma_k|^2)+\dfrac{2(1+K^{\text{E}})}{(1-2\chi^{\text{E}})^2K^{\text{E}}Y}\sigma_{\text{E}}^2} \tag{3-39}$$

根据式（3-38）和式（3-39），可以得到相同的结论，即合法节点和窃听节点的信噪比均受到 XPD 影响，且 XPD 越小，信噪比越低。当 $K^{\text{E}}=K^{\text{B}}$时，受到阶数误差影响，窃听节点信号功率下降同时产生自干扰，信噪比下降，可得 $\xi_{\text{E}k}<\xi_{\text{B}k}$。

3. 安全速率性能仿真

图3-10对比了不同调制阶数情况下平均安全速率，图3-10（a）中为4PM和QPSK构建的PAPM信号；图3-10（b）中为8PM和16QAM构建的PAPM信号。仿真中采用统计信道模型，接收端采用置零滤波矩阵处理信号，$XPD_{ant}=23dB$，$K=10$。图中可见，随着信噪比增大，平均安全速率随之增大。并且随着扫描阶数误差增大，平均安全速率也随之增大，这是因为扫描阶数误差越大，式（3-31）中信号功率越小，自干扰功率越大，信噪比越小，所以式（3-33）中分母越小，平均安全速率越大。本书所提技术和方法中，窃听节点难以获得准确的变换阶数，阶数误差大于零，总能保证一个正的安全速率，增强信息传输安全性。

基于星座旋转和加权类分数傅里叶变换安全传输技术中发送信号首先经过随机相位序列旋转，进而通过加权类傅里叶变换处理，这种技术使得通过变换阶数扫描恢复的信号为随机信号，变换阶数无法确定，进而导致信号难以破解，是造成窃听节点误符号率性能下降的主要原因。进一步导致自干扰产生，降低接收信号信噪比，提高安全速率，从而增强信息传输安全性能。此外，该技术将所有的功率用来发送信号，而不需要用额外的功率设计人工噪声，对于功率资源宝贵的双极化卫星通信，具有现实应用价值。

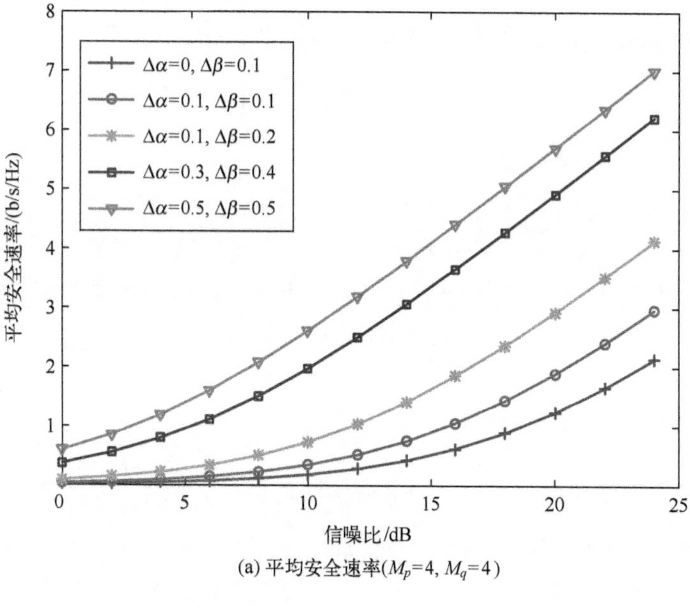

(a) 平均安全速率($M_p=4$, $M_q=4$)

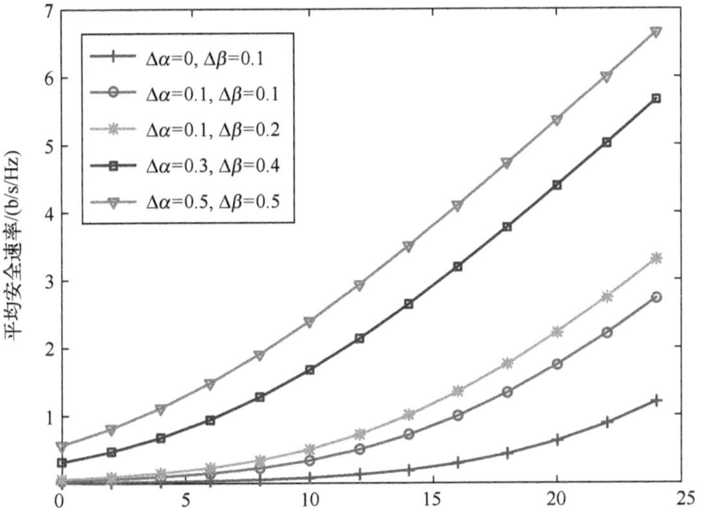

(b) 平均安全速率(M_p=8, M_q=16)

图 3-10　平均安全速率

3.4　基于极化状态调制和 WFRFT 的隐蔽安全传输技术

本节介绍极化状态调制技术在隐蔽传输方面的应用，即基于 PM 和 WFRFT 的物理层安全传输（PM-WFRFT）技术。信号极化域信息与幅频域信息相互独立，可分别传输信息而不会产生相互干扰。因此，可以利用幅相调制符号承载普通信息，将秘密信息通过极化状态传输，通过极化状态调制星座设计，使引入极化状态后的联合调制信号功率谱与幅相调制信号功率谱相同，提高极化状态调制信号的隐蔽性；通过加权类分数傅里叶变换调整信号分布，使之趋近于高斯分布，同时设计变换阶数更新技术，可以实现提高 LPD 性能和 LPI 性能，增强信息传输安全性。最后，极化相关损耗效应同样需要考虑，本节设计了一种信号发送策略，避免极化间干扰，进一步提高 PM-WFRFT 技术鲁棒性。

3.4.1　PM-WFRFT 发射机结构

发射机结构如图 3-11 所示，信息序列分为普通信息(I_Q,I_b)和秘密信息(I_P)两个部分：I_Q经过幅相调制单元，映射为幅相调制符号$\{Q_k\}_{k=1}^{K}$：$Q_k=A_k\mathrm{e}^{\mathrm{j}\phi_k}$，$k$=1,2,…,$K$，其中，$K$ 为符号个数，A_k和 ϕ_k分别表示第 k 个符号的幅度和相位，假设其调制阶数为 M_Q。随后 Q_k分为相同的两路。秘密信息 I_P经过极化状态调制单元，映射为 K 个极化状态调制符号$\{P_k\}_{k=1}^{K} \in \{P_i\}_{i=1}^{M_P}$。其中，$M_P$表示极化状态调制阶数。第 k 个 PM 符号可以表示为

$$\boldsymbol{v}_k = \begin{bmatrix} v_{1k} \\ v_{2k} \end{bmatrix} = \begin{bmatrix} \cos\gamma_k \\ \sin\gamma_k \mathrm{e}^{\mathrm{j}\eta_k} \end{bmatrix}, \quad k=1,2,\cdots,K \tag{3-40}$$

式中：$\gamma_k \in \left[0, \frac{\pi}{2}\right]$，$\eta_k \in [0, 2\pi]$为极化状态参数。随后，极化状态调制符号的两个分量分别与 Q_k相乘，得到极化状态-幅相联合调制（PAPM）符号为

$$\begin{cases} x_{1k} = A_k v_{1k} \mathrm{e}^{\mathrm{j}\phi_k} = A_k \cos\gamma_k \mathrm{e}^{\mathrm{j}\phi_k} \\ x_{2k} = A_k v_{2k} \mathrm{e}^{\mathrm{j}\phi_k} = A_k \sin\gamma_k \mathrm{e}^{\mathrm{j}\eta_k} \mathrm{e}^{\mathrm{j}\phi_k} \end{cases} \tag{3-41}$$

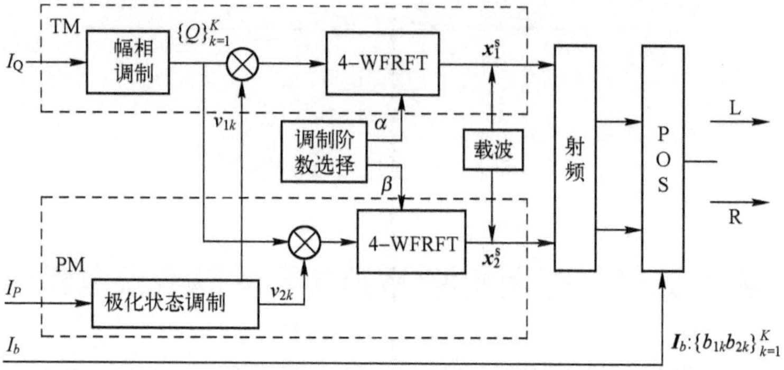

图 3-11 发射机结构

两路符号分别经过阶数为 α 和 β 的 4 项加权类分数傅里叶变换，得

$$\begin{aligned} \boldsymbol{x}_1^{\mathrm{W}} &= \Psi_4^{\alpha}(\boldsymbol{x}_1) \\ \boldsymbol{x}_2^{\mathrm{W}} &= \Psi_4^{\beta}(\boldsymbol{x}_2) \end{aligned} \tag{3-42}$$

式中：$\boldsymbol{x}_m = [x_{m1}, x_{m2}, \cdots, x_{mK}]^{\mathrm{T}}, m=1,2$。根据式（3-5），式（3-42）可以进一步表示为

$$\begin{cases} \boldsymbol{x}_1^{\mathrm{W}} = \boldsymbol{W}_4^{\alpha} \boldsymbol{x}_1 \\ \boldsymbol{x}_2^{\mathrm{W}} = \boldsymbol{W}_4^{\beta} \boldsymbol{x}_2 \end{cases} \tag{3-43}$$

发送信号可以表示为

$$\begin{cases} \boldsymbol{x}_1^{\mathrm{s}} = \boldsymbol{x}_1^{\mathrm{W}} \mathrm{e}^{\mathrm{j}\omega_c t} = \Psi_4^{\alpha}(\boldsymbol{x}_1) \mathrm{e}^{\mathrm{j}\omega_c t} \\ \boldsymbol{x}_2^{\mathrm{s}} = \boldsymbol{x}_2^{\mathrm{W}} \mathrm{e}^{\mathrm{j}\omega_c t} = \Psi_4^{\beta}(\boldsymbol{x}_2) \mathrm{e}^{\mathrm{j}\omega_c t} \end{cases} \tag{3-44}$$

式中：ω_c为载波频率。两路信号经过射频（Radio Frequency，RF）发送到天线选择单元（Polarization Selection，POS）。然后根据 $\boldsymbol{I}_b: \{b_{1k}b_{2k}\}_{k=1}^{K}$，在两个符

号时间分别依次发送 $\boldsymbol{x}_1^s$ 和 $\boldsymbol{x}_2^s$。表 3-1 给出了如何根据 $\boldsymbol{I}_b$ 选择发送极化天线，如当发送第 k 个符号，如果 $\{b_{1k}b_{2k}\}=\{10\}$，$\boldsymbol{x}_{1k}^s$ 在第一个符号周期通过左旋圆极化天线（L）发送，$\boldsymbol{x}_{2k}^s$ 在第二个符号周期通过右旋圆极化天线（R）发送。将信号分两个符号时间发送的思想来源于文献［102-103］，这里将两路信号先后通过两个符号周期发送是为了避免极化相关衰减效应，相关内容将在后续章节介绍。

表 3-1　发射天线与承载信息之间关系

$\{b_{1k}b_{2k}\}$	$\{00\}$	$\{01\}$	$\{10\}$	$\{11\}$
$\boldsymbol{x}_{1k}^s$	R	R	L	L
$\boldsymbol{x}_{2k}^s$	R	L	R	L

3.4.2　高斯信道下安全性能分析

本小节在理想高斯信道下分析 PM-WFRFT 技术的安全传输性能。调制信号的谱特性、中心频率、带宽以及功率谱形状等是信号识别的关键因素，一方面要求极化状态调制不影响信号的中心频率和带宽，另一方面要求极化状态调制信号对幅相调制信号功率谱形状的影响也应当尽可能小。因此，首先要对发送信号功率谱进行分析，设计极化状态调制星座，使极化状态调制信号不影响幅相调制信号的功率谱，以保证极化状态调制信号的隐蔽性。进一步，通过加权类分数傅里叶变换，调整信号分布，降低被检测概率，进而控制变换阶数，提高低截获概率。

1. 极化状态调制星座设计

根据式（3-41），调制信号序列可以表示为

$$\{x_m^n\}=\sum_{n=-\infty}^{\infty}p_m^n q_m^n\delta(t-nT) \tag{3-45}$$

式中：$m=1,2$，n 为整数，$p_m^n=v_m^n$，$q_m^n=A_n\mathrm{e}^{\mathrm{j}\phi_n}$；$T$ 为符号周期；$\delta(t)$ 为冲激函数。低通等效信号可以表示为

$$\ell_m(t)=\sum_{n=-\infty}^{\infty}x_m^n g(t-nT) \tag{3-46}$$

式中：$g(t)$ 为脉冲成型滤波器的脉冲响应，其传递函数为 $G(f)$。功率谱密度可以表示为

$$\begin{cases} S_{\ell,m}(f) = \dfrac{1}{T}\,|G(f)|^2 \sum\limits_{n=-\infty}^{\infty} R_{x,m}(n)\,\mathrm{e}^{-\mathrm{j}2\pi kfT} = \dfrac{1}{T}\,|G(f)|^2 S_{x,m}(f) \\ S_{x,m}(f) = \sum\limits_{n=-\infty}^{\infty} R_{x,m}(n)\,\mathrm{e}^{-\mathrm{j}2\pi kfT} \\ R_{x,m}(n) = E[x_m^{n+z}x_m^n] = E[p_m^{n+z}p_m^n]E[q_m^{n+z}q_m^n] \end{cases} \tag{3-47}$$

式中：$R_{x,m}(n)$为自相关函数；$E[\cdot]$和$|\cdot|$分别为取均值和取模值运算。$S_{\ell,m}(f)$可以进一步表示为

$$\begin{aligned} S_{\ell,m}(f) = & \frac{E[x_m^n]^2}{T} \sum_{n=-\infty}^{\infty} \left| G\left(\frac{n}{T}\right) \right|^2 \delta\left(f - \frac{n}{T}\right) \quad (\mathrm{a}) \\ & + \frac{E[x_m^n]^2 + E[(x_m^n)^2]}{T}\,|G(f)|^2 \quad (\mathrm{b}) \end{aligned} \tag{3-48}$$

式中：式（3-48）（a）表示离散谱，频率间隔为$\frac{1}{T}$；式（3-48）（b）表示连续谱。又因为幅相调制信号和极化状态调制信号均为统计独立信号，且相互独立，可得：

$$R_{x,m}(n) = \begin{cases} E[|p_m^n|^2]E[|q_m^n|^2], & z=0 \\ E[|p_m^n|]^2 E[|q_m^n|]^2, & z \neq 0 \end{cases} \tag{3-49}$$

根据式（3-48）和式（3-49），为了避免离散谱，幅相调制符号的均值应为零。本节采用的幅相调制星座关于原点对称，此时功率谱密度为连续谱，为了使极化状态调制对功率谱的影响最小，极化状态调制星座设计应该满足：

$$\min \quad \Lambda = |E[|p_m^n|^2] - 1| \tag{3-50}$$

显然，当$\Lambda = 0$，即$\begin{cases} |E[|\sin\gamma_n \mathrm{e}^{\mathrm{j}\eta_n}|^2] = 1| \\ |E[|\cos\gamma_n|^2] = 1| \end{cases} \Rightarrow \gamma_n = \frac{\pi}{4}$时得到最优解，此时星座点在垂直于$g_1$轴的大圆上，如图 3-12 所示。每个星座点表示一个极化状态，可用参数$(\gamma_n, \eta_n, \varphi_n, t_n)$表示，其中，$2\gamma_n$和$\eta_n$分别表示星座点$\boldsymbol{P}_{M_p}$到水平极化$\boldsymbol{P}_{\mathrm{H}}$的球面距离和该球面曲线和水平大圆之间的夹角。$\varphi_n$和$t_n$分别为$\boldsymbol{P}_{M_p}$的经度和纬度。显然，极化状态的改变是连续的，这样的星座产生的功率谱密度主瓣比相同阶数的传统调制（幅度调制、相位调制、幅相调制）星座要窄，所设计的极化状态调制星座不会对传统调制信号的功率谱产生影响。

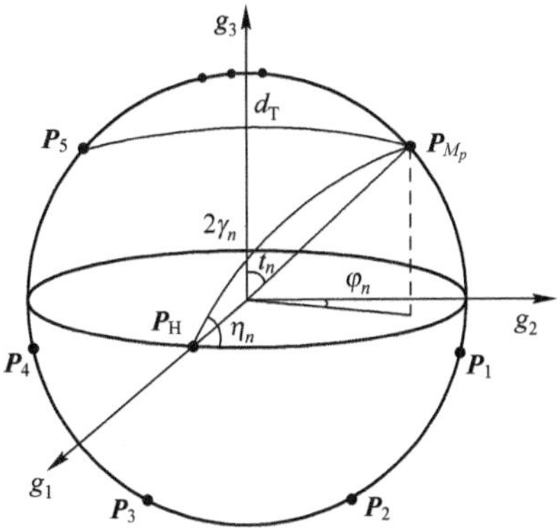

图 3-12　极化状态调制星座图

2. 功率谱密度仿真分析

通过仿真进一步分析引入极化状态调制前后功率谱变化。仿真中随机产生两组比特序列，分别映射为 1024 个 QPSK 符号和四阶极化状态调制符号（4PM）。

图 3-13 给出了 QPSK 信号功率谱和经过 WFRFT 变换后 QPSK 信号和 $\boldsymbol{x}_2^W$（$\boldsymbol{x}_1^W$得到的结果相似）的功率谱密度曲线。可见，图 3-13（a）、（b）、（c）中功率谱曲线基本相同。图 3-13（a）和图（b）相同是因为 WFRFT 是酉变换，不改变信号功率谱。图 3-13（c）中功率谱密度没有变化，这也证明了所设计的极化状态调制信号不改变幅相信号的功率谱。此外，值得注意的是功率谱曲线存在不规则谱线，这是因为产生的随机符号均值不为零导致的。通过仿真，也证明了所设计的极化状态调制星座图不会对幅相调制信号的功率谱产生影响。

3. 低检测性能和低截获性能分析

根据式（3-5）和式（3-43），变换后的信号可以表示为

$$\begin{aligned}\boldsymbol{W}_4^{\alpha}\boldsymbol{x}_m&=\boldsymbol{X}_{1m}+\boldsymbol{X}_{2m}+\boldsymbol{X}_{3m}+\boldsymbol{X}_{4m}\\&=w_0(\alpha)\boldsymbol{x}_m+w_1(\alpha)\boldsymbol{F}_K\boldsymbol{x}_m+w_2(\alpha)\boldsymbol{P}_K\boldsymbol{x}_m+w_3(\alpha)\boldsymbol{P}\boldsymbol{F}_K\boldsymbol{x}_m\end{aligned}\tag{3-51}$$

根据前一小节分析，传统调制星座图和极化状态调制星座图均关于原点对称，即发送信号序列$\{x_m^n\}$星座点空间分布是关于原点对称的，则有

$$\mu=E[\boldsymbol{X}_{1m}]=E[\boldsymbol{X}_{3m}]=0\tag{3-52}$$

式中：μ 为均值。极化状态调制星座和幅相调制星座均是随机的且关于原点对称，那么，序列$\{x_m^n\}$是随机的，且在二维平面上规则分布，则其傅里叶变换服从均值为 μ 的高斯分布[132]，即

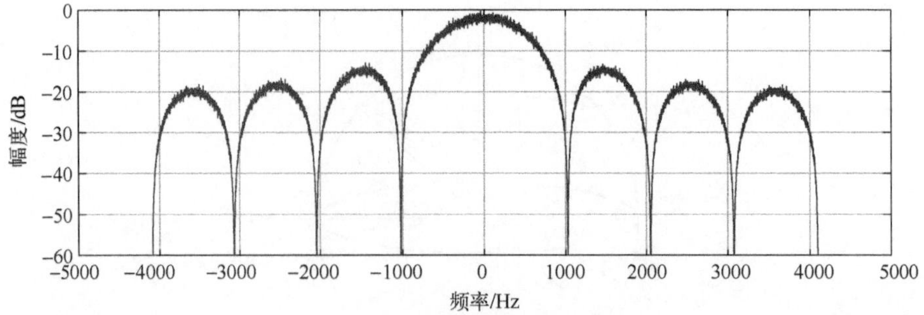

(a) QPSK 信号功率谱密度

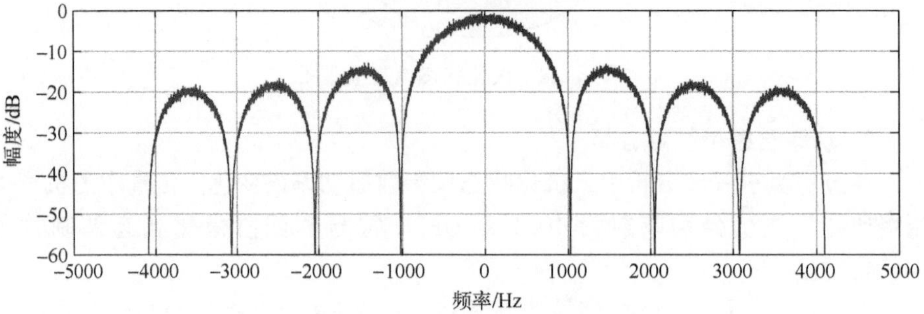

(b) WFRFT 变换后 QPSK 信号功率谱密度

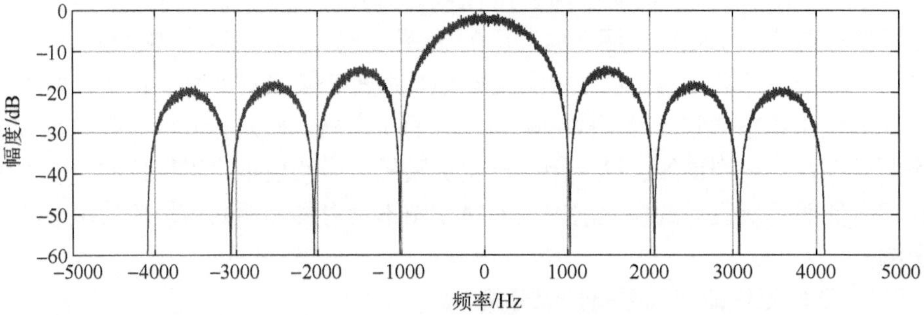

(c) WFRFT 变换后信号 $\boldsymbol{x}_2^W$ 功率谱密度

图 3-13　功率谱密度比较

$$\mu=E[\boldsymbol{X}_{2m}]=E[\boldsymbol{X}_{4m}]=0 \tag{3-53}$$

显然，根据式（3-52）和式（3-53）可得 $E[\boldsymbol{W}_4^{\alpha}\boldsymbol{x}_m]=0$。WFRFT 是一种酉变换，变换前后信号能量 σ^2 不变。根据式（3-51）可知，变换后信号的能量分布在 4 项中，当 $\boldsymbol{X}_{1m}$ 和 $\boldsymbol{X}_{3m}$ 能量大时，信号趋近于规则分布；当 $\boldsymbol{X}_{2m}$ 和 $\boldsymbol{X}_{4m}$ 能量较大时，信号越趋近于高斯分布。而信号的能量分布可以通过控制变换阶数 α 实现，当变换阶数 α 由偶数渐变为奇数时，信号由规则分布逐渐向正态分布 $N(\mu,\sigma^2)$ 趋近。此外，信号的调制阶数越高，相同阶数 WFRFT 变换后的信号分布越趋近于高斯分布[133]。

为了定量分析 WFRFT 处理后信号分布与高斯分布的趋近程度，这里引入峰度（kurtosis）概念对信号统计特性进行分析，假设发送的 PAPM 信号为

$$\boldsymbol{x}=[\boldsymbol{x}_1,\boldsymbol{x}_2,\cdots,\boldsymbol{x}_K]=\begin{bmatrix}\boldsymbol{x}_1\\ \boldsymbol{x}_2\end{bmatrix}=\begin{bmatrix}x_{11},x_{12},\cdots,x_{1K}\\ x_{21},x_{22},\cdots,x_{2K}\end{bmatrix} \tag{3-54}$$

对两路信号分别进行 α 阶和 β 阶 WFRFT 处理得到变换后的信号为 $\Psi_4^{\alpha}(\boldsymbol{x}_1)$ 和 $\Psi_4^{\beta}(\boldsymbol{x}_2)$，峰度的定义是（以 $\Psi_4^{\alpha}(\boldsymbol{x}_1)$ 为例）：

$$J=\frac{E[(\Psi_4^{\alpha}(\boldsymbol{x}_1))^4]}{E[(\Psi_4^{\alpha}(\boldsymbol{x}_1))^2]^2}-3 \tag{3-55}$$

如果 $J=0$，该信号分布趋近于高斯信号分布；如果 $J>0$，该信号分布趋近于超高斯信号分布；如果 $J<0$，该信号分布趋近于亚高斯信号分布。

图 3-14 显示了 WFRFT 信号在不同变换阶数 α 情况下采用不同调制技术信号的峰度曲线，以 $\Psi_4^{\beta}(\boldsymbol{x}_2)$（采用 $\Psi_4^{\beta}(\boldsymbol{x}_1)$ 得到的结果类似）为例。实部和虚部的峰度曲线基本相同，这是因为所用的调制星座图实部和虚部关于原点对称。比较图 3-14（a）、（b）和图 3-14（c）~（f），可见幅相调制和极化状态调制结合的信号分布相比于幅相调制信号，其趋近于高斯分布效果更好。这是因为引入极化状态调制，相当于提高了信号调制阶数，在相同变换阶数情况下，更趋近于高斯分布。比较图 3-14（a）、（c）、（e）和（b）、（d）、（f），能够发现后者的峰度曲线更接近于零，同样是因为后者信号调制阶数高，变换后的信号分布更趋近于高斯分布。因此，WFRFT 处理前信号调制阶数越高，相同变换阶数 WFRFT 处理后信号趋近于高斯分布的效果越好。此外，由图 3-14 中可见，无论选用何种调制方式，总有变换阶数 α 使得 WFRFT 处理后的信号趋于高斯分布。

基于上述结论，可以考虑构建变换阶数 α 的集合，使阶数也能够随机化，增加破解难度，提高抗截获性能。需要注意的是，该集合内的阶数均可较好地调整信号分布，使之趋近于高斯分布。在实际应用时，可采用两组收发端共享的随机序列控制两路 WFRFT 变换阶数，每隔 K 个符号变换一次，增加变换阶数随机性，实现收发端共享且随机变化的变换阶数。此外，根据式（3-3）可知，每一路控制 WFRFT 变换的参数有 9 个，两路有 18 个。如果 18 个参数均用来控制加权因子，单纯对参数 α 和 β 进行扫描将无法恢复信号，此时必须对 MV 和 NV 同时进行扫描[129]。对于窃听节点而言，每隔 K 个符号，在实数域扫描 18 个参数是个庞大的工程。实际通信场景中，可根据需要选择控制变换阶数参数的数量。

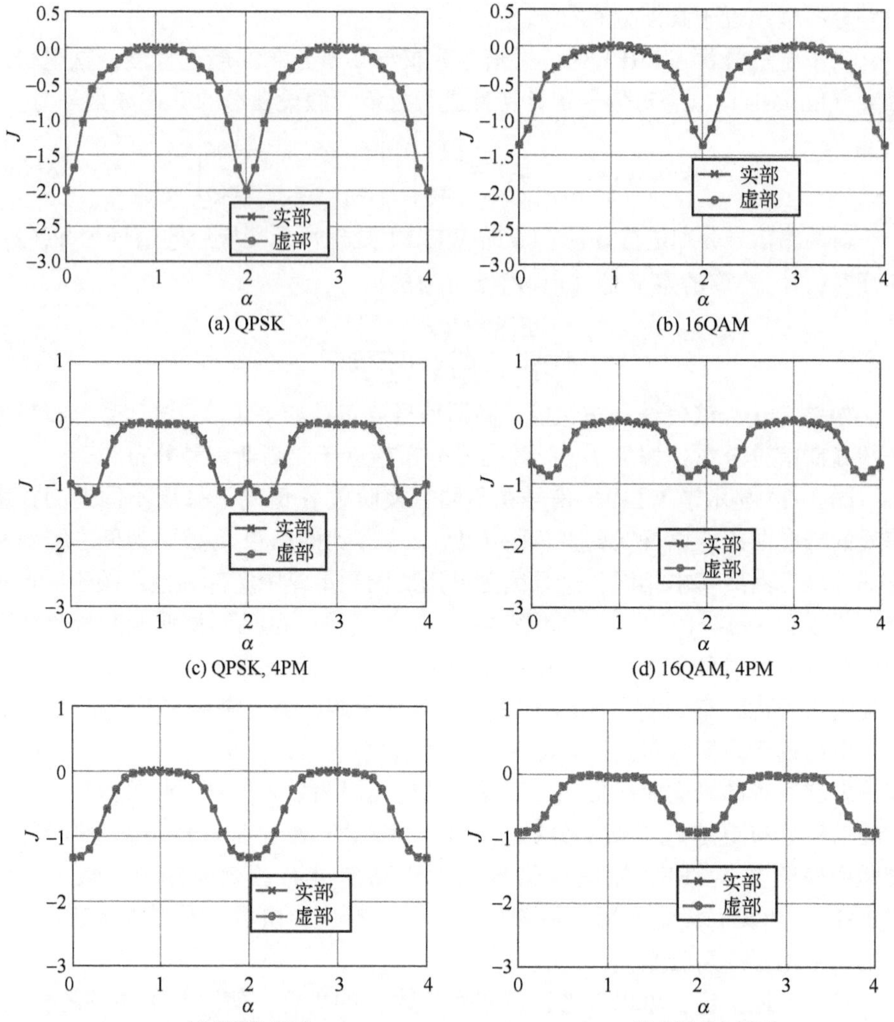

图 3-14　不同 α 情况下 WFRFT 处理后信号峰度

3.4.3　卫星移动信道下 PW-WFRFT 技术性能分析

假设卫星移动信道响应矩阵为 $\boldsymbol{H}$，其模型如 2.4 节介绍的莱斯信道模型。正交双极化天线同时传输信号，合法节点接收到的信号为

$$\boldsymbol{y}^{\mathrm{B}}=\sqrt{P}\boldsymbol{H}\begin{bmatrix}\Psi_4^{\alpha}[\boldsymbol{x}_1]\\ \Psi_4^{\beta}[\boldsymbol{x}_2]\end{bmatrix}+\begin{bmatrix}\boldsymbol{n}_1^{\mathrm{B}}\\ \boldsymbol{n}_2^{\mathrm{B}}\end{bmatrix}$$

$$=\sqrt{P}\begin{bmatrix} h_{11} & h_{12} \\ h_{21} & h_{22} \end{bmatrix}\begin{bmatrix} \Psi_4^{\alpha}[\boldsymbol{x}_1] \\ \Psi_4^{\beta}[\boldsymbol{x}_2] \end{bmatrix}+\begin{bmatrix} \boldsymbol{n}_1^{\mathrm{B}} \\ \boldsymbol{n}_2^{\mathrm{B}} \end{bmatrix}$$

$$=\sqrt{P}\begin{bmatrix} h_{11}\Psi_4^{\alpha}[\boldsymbol{x}_1]+h_{12}\Psi_4^{\beta}[\boldsymbol{x}_2] \\ h_{21}\Psi_4^{\alpha}[\boldsymbol{x}_1]+h_{22}\Psi_4^{\beta}[\boldsymbol{x}_2] \end{bmatrix}+\begin{bmatrix} \boldsymbol{n}_1^{\mathrm{B}} \\ \boldsymbol{n}_2^{\mathrm{B}} \end{bmatrix} \tag{3-56}$$

由于 XPD 并非无穷大，h_{12}和 h_{21}不为零。经过$-\alpha$，$-\beta$ 阶变换后信号可以表示为

$$\boldsymbol{y}^{\mathrm{B}}=\sqrt{P}\begin{bmatrix} h_{11}\boldsymbol{x}_1+h_{12}\Psi_4^{-\alpha}[\Psi_4^{\beta}[\boldsymbol{x}_2]] \\ h_{22}\boldsymbol{x}_2+h_{21}\Psi_4^{-\beta}[\Psi_4^{\alpha}[x_1]] \end{bmatrix}+\begin{bmatrix} \hat{\boldsymbol{n}}_1^{\mathrm{B}} \\ \hat{\boldsymbol{n}}_2^{\mathrm{B}} \end{bmatrix} \tag{3-57}$$

由式（3-57）可见，不理想的 XPD 导致干扰产生。当 XPD 减小，期望信号功率下降，干扰功率增大，造成信噪比下降，且极化状态发生改变。

1. 交替发射法和基于信号功率的检测技术

为避免极化间相互干扰，在 PM-WFRFT 技术中，通过 $\boldsymbol{I}_b:\{b_{1k}b_{2k}\}_{k=1}^{K}$ 控制，将两路信号分两个符号时间发送：一方面能避免极化间相互干扰；另一方面能进一步提高安全性。以第 k 个符号为例，合法接收节点接收到的符号为

$$\begin{aligned}\boldsymbol{y}_{mk}^{\mathrm{B}}&=\begin{bmatrix} y_1 \\ y_2 \end{bmatrix}=\begin{bmatrix} h_{11} & h_{12} \\ h_{21} & h_{22} \end{bmatrix}\underbrace{\sqrt{P}\begin{bmatrix} b_{mk} \\ 1-b_{mk} \end{bmatrix}\boldsymbol{x}_{mk}^{\mathrm{W}}}_{\text{发送信号}}+\begin{bmatrix} \boldsymbol{n}_{1k}^{\mathrm{B}} \\ \boldsymbol{n}_{2k}^{\mathrm{B}} \end{bmatrix} \\ &=\sqrt{P}\begin{bmatrix} h_{11}\boldsymbol{x}_{mk}^{\mathrm{W}}+\boldsymbol{n}_{1k}^{\mathrm{B}} \\ h_{21}\boldsymbol{x}_{mk}^{\mathrm{W}}+\boldsymbol{n}_{2k}^{\mathrm{B}} \end{bmatrix},\quad b_{mk}=1;\quad \sqrt{P}\begin{bmatrix} h_{12}\boldsymbol{x}_{mk}^{\mathrm{W}}+\boldsymbol{n}_{1k}^{\mathrm{B}} \\ h_{22}\boldsymbol{x}_{mk}^{\mathrm{W}}+\boldsymbol{n}_{2k}^{\mathrm{B}} \end{bmatrix},\quad b_{mk}=0\end{aligned} \tag{3-58}$$

式中：$m=1,2$。显然，每个符号周期只发送一路信号，发送第 k 个符号需要两个符号周期。这里假设接收信号的顺序即为信号发送的顺序，即发送端先发送 $\boldsymbol{x}_{1k}^{\mathrm{W}}$再发送 $\boldsymbol{x}_{2k}^{\mathrm{W}}$，接收端先接收到 $\boldsymbol{x}_{1k}^{\mathrm{W}}$，再接收到 $\boldsymbol{x}_{2k}^{\mathrm{W}}$，不存在先发后到的情况。由于存在极化相关损耗效应，无论是何种极化的发送天线，发送的信号在接收端的正交双极化天线处均有响应，不同之处是两者的功率。因此，有必要对发送天线的极化方式进行分辨，本节介绍一种基于接收信号功率的检测技术，首先通过两个符号周期正交极化天线接收到的信号计算功率比，即

$$\wp_k=\|y_2\|^2/\|y_1\|^2 \tag{3-59}$$

进而，可以根据下式判断发送天线极化形式

$$\Lambda_{mk}=[1+\mathrm{sign}(\log(\wp_k))]/2 \tag{3-60}$$

如果 $\Lambda_{mk}>1$，那么 $y_{mk}^{\mathrm{B}}=y_2$，$b_{mk}=0$；否则 $y_{mk}^{\mathrm{B}}=y_1$，$b_{mk}=1$，据此判断两路极化符号。假设接收端可以通过信道估计等手段获得信道信息[134]，当解调出 $b_{mk}=1$，则 $y_{mk}^{\mathrm{B}}=h_{11}\boldsymbol{x}_{mk}^{\mathrm{W}}+\boldsymbol{n}_{1k}^{\mathrm{B}}$，根据信道系数 h_{11}，可得

$$\frac{h_{11}^*}{|h_{11}|^2}y_{mk}^{\mathrm{B}}=\boldsymbol{x}_{mk}^{\mathrm{W}}+\frac{h_{11}^*}{|h_{11}|^2}\boldsymbol{n}_{1k}^{\mathrm{B}} \tag{3-61}$$

当获得两个符号之后，对接收数据进行$-\alpha$阶和$-\beta$阶 WFRFT 变换，从而获得原始发送信号，解调出发送信号的极化状态。

此外，当窃听节点未知秘密信息隐藏在极化状态中，虽然两路发送的幅相信号相同，由于其中一路受到极化状态调制相位的影响，先后发送的两个符号相位不同，有一定的概率是不同的幅相调制信号，导致信号解调失败。

2. PM-WFRFT 技术性能仿真分析

本节通过仿真验证 PM-WFRFT 技术性能，引入衡量极化相关衰减效应参量，衡量双极化间传输不平衡性，即

$$\mathrm{DE}=10\lg(\lambda_1/\lambda_2),\quad \lambda_1\geqslant\lambda_2 \tag{3-62}$$

式中：λ_1，λ_2为信道矩阵 $\boldsymbol{H}$ 特征值，当 XPD→∞ 时，$\lambda_1=\lambda_2$，此时 DE=0；当 XPD 减小，双极化间传输不均衡性加大，λ_1和 λ_2之间差距变大，DE 也越大。

1）PW-WFRFT 技术理想信道下误符号率性能

首先通过仿真验证 PW-WFRFT 中交替发射方法的有效性。图 3-15 给出了 PW-WFRFT 和文献［6］中极化调制方案（Polarization state Modulation，PM）不同阶数情况下误符号率曲线。PM 后的数字表示极化状态调制阶数，PW-WFRFT 后的 $4\times M_p$分别表示自天线选择参数$\{b_{1k}b_{2k}\}$的 2b 和 M_p 阶极化状态调制。图中可见两者的误符号率随着信噪比增大而趋于一致，即 PW-WFRFT 中双极化交替发射方法与 PM 方案在理想信道下有近似的误符号率性能，说明交替极化天线发射结合功率检测的方法能够有效消除极化相关损耗效应。

2）PW-WFRFT 技术卫星移动双极化 MIMO 信道下性能分析

图 3-16 给出了在卫星移动信道下极化状态调制（PM）方案[6]，PM-WFRFT 技术误符号率性能曲线。仿真中随机产生一组极化状态调制符号，并假设信道更新时间为 200 个符号时间，以文献［123］为参照设置参数：$\mathrm{XPD_{ant}}=15\mathrm{dB}$，$\mathrm{XPC_{env}}=15\mathrm{dB}$，$K=10$，$\rho_{\mathrm{t}}=1$，$\rho_{\mathrm{r}}=0.2$，$\sigma_{\tilde{H}}^2=-12.7\mathrm{dB}$。极化状态调制阶数为四阶。可见，PM 方案误符号率性能下降，受到极化相关衰减效应影响较为明显，而 PM-WFRFT 技术中误符号率性能曲线趋近于理想情况下曲线，这是因为极化信号两个分量分两个符号周期发出，避免了正交极化之间的相互干扰。PM-WFRFT 技术误符号率性能曲线比理论值稍差，是因为交叉极化鉴别率不理想，接收端利用信道信息处理接收信号后导致噪声功率增大，信噪比下降所致。

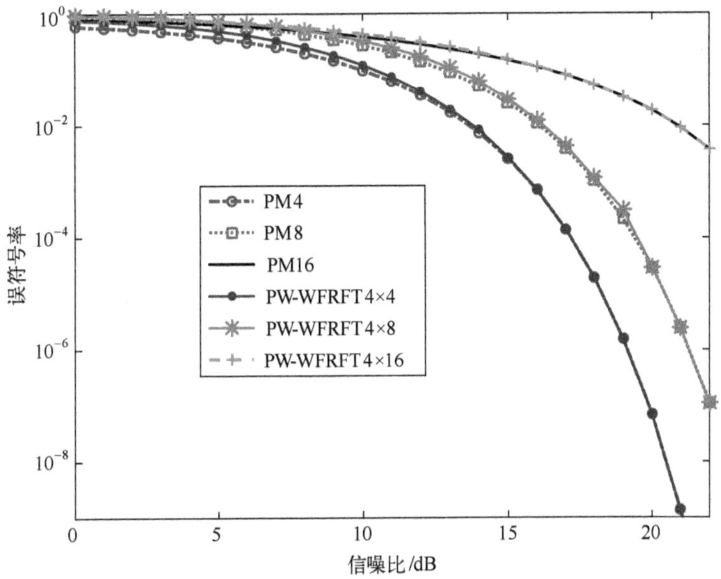

图 3-15　PM-WFRFT 和 PM 误符号率性能比较（见彩插）

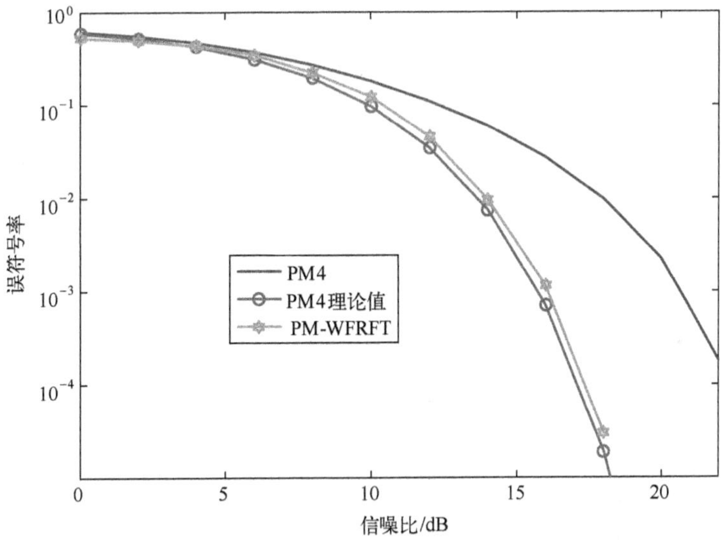

图 3-16　卫星移动双极化 MIMO 信道下误符号率性能

3）极化相关衰减补偿技术比较

图 3-17 给出了 PM-WFRFT 中双极化交替发送技术，PM 方案[6]以及采取预补偿技术的 PM 方案（Pre-compensation Polarization Modulation，PPM）对抗

极化相关衰减效应的误符号率性能。为了公平比较，假设两个时隙共发送 4b 信息，三种技术中极化状态调制阶数均为 4，仿真中采用统计信道模型，信噪比设为 18dB，$K=10$。由图 3-17 可见，随着 DE 增大，误符号率增大，对于 PM 方案，是由极化相关衰减效应导致的极化状态改变和信号功率衰减；补偿技术虽然能消除极化相关衰减效应引起的星座畸变，但会造成信噪比下降；PM-WFRFT 中交替发送信号技术，避免了极化相关衰减效应影响，其抗极化相关衰减效应性能最好。

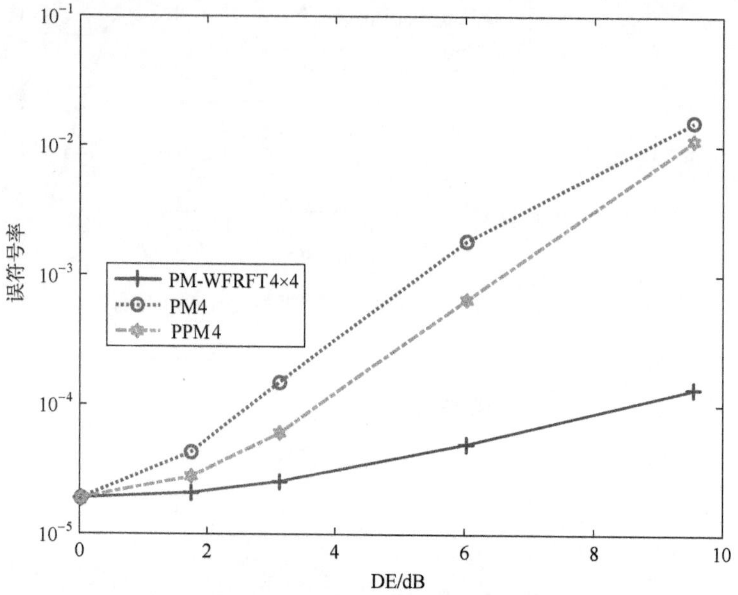

图 3-17　三种技术对抗极化相关衰减性能比较（$K=10$）

PM-WFRFT 安全传输技术以幅相调制信号作为主信号承载普通信息，将秘密信息通过极化状态调制信号传输。所设计的极化状态调制星座，需要保证极化状态调制信号不影响主信号功率谱，并首先通过控制 WFRFT 变换阶数，使发送信号分布趋于高斯分布，提高低检测和低截获概率。其次，通过利用收发端共享的随机序列控制 WFRFT 变换参数，提高低截获概率。最后，通过交替极化发射技术将两路正交极化信号分两个符号周期发射，避免极化间相互干扰，并与 PM 方案以及采用预补偿技术的 PM 方案比较，体现其在极化相关衰减效应影响下的鲁棒性。

本章针对极化状态-幅相联合调制信号承载秘密信息的安全传输问题，结合 WFRFT 技术增强随机序列有限长条件下安全传输性能。通过方案设计，提高变换阶数和随机旋转相位的破解难度。同时，变换阶数误差进一步导致自干扰产生，加剧星座畸变，同时造成信噪比下降，使得平均安全速率为一个正值，增强信息传输的安全性。

基于 PM 和 WFRFT 的隐蔽物理层安全传输技术采用幅相调制等常规调制方式传输普通信息，而极化状态调制用于承载秘密信息。通过极化状态调制星座设计，使引入极化状态调制后的联合调制信号功率谱与幅相调制信号功率谱相同。通过控制加权类分数傅里叶变换阶数，使信号分布趋近于高斯分布，提高信号低检测概率。进而利用随机序列控制变换阶数，每 K 个符号更新一次变换阶数，提高传输信号低截获概率。本小节提出的采用交替极化发射技术能有效避免极化相关衰减效应，提高技术鲁棒性，是一种极化复用技术的拓展。

第4章 基于极化状态跳变的卫星混合极化信号安全传输技术

由上一章的分析可知，利用极化状态承载极化域信息的极化状态调制技术，在提高传输效率的同时，也可增强信息传输安全性。本章介绍基于极化状态跳变的双极化卫星 MIMO 物理层安全传输技术，这里信号的极化状态并非用于调制，而是作为信号的特征，用于将特定极化特性的信号从混合信号中分离[135]。利用信号极化状态实现信号分离的思想来源于基于极化滤波技术[9,11,112-113,136]，如文献［11］中介绍，已知目标信号极化状态，未知干扰极化状态，在已知噪声功率基础上，利用信号极化状态，通过盲滤波方法，可将目标信号从混合信号中提取出来。文献［112］分析了目标信号和两个干扰的极化状态已知且相互不同时，通过构建极化滤波矩阵，将目标信号从混合信号中分离出来。利用这个特点，本章在卫星通信场景下，将待传输信息分为两个部分独立调制，对每个部分赋予不同的极化状态，线性叠加后形成传输信号。接收端通过共享的极化状态构建滤波矩阵，分离两极化信号，进而分开解调，恢复发送信息。与此同时，为提高信号传输的安全性能，对每个发送的符号都赋予不同的极化状态，且利用收发端共享的随机序列控制极化状态跳变。混合后的信号为一个随机变化复数，组成这个复数的可能性有无数种，在未知极化状态的情况下，两路极化信号分开难度较大，信号解调难度也较大，从而增强信息传输安全。此外，由于极化状态随机跳变，混合极化信号也随机变化，通过穷举法搜索极化状态无法破解信号。因此，实现复杂度低的序列如 M 序列、Gold 序列等均能满足本章要求。

本章后续章节安排如下：4.1 节研究基于极化状态跳变的安全传输技术，首先从理论上分析基于极化状态跳变的安全传输技术的性能，再通过仿真分析其有效性和安全性；4.2 节研究基于极化滤波的三路信号无干扰传输技术。

4.1 基于极化状态跳变的安全传输技术

4.1.1 信号模型

系统模型与上一章系统模型相同，一个发送者节点（Alice），一个合法节点（Bob），一个被动窃听节点（Eve）。为发送和接收双极化信号，发送端和两个接收端均配置一个双极化天线。考虑窃听节点与合法节点都有相同的信号解调能力，当极化信号发射出去，窃听节点同样能解调出信息，造成信息泄露。与前一章不同的是，本章中极化状态并非用来传输信息，而是作为信号的基本特征，用于将某种极化状态的信号从混合极化信号中分离。假设卫星发射端有 K 个符号需要发送，第 k 个幅相调制信号可以表示为

$$x_k = A_k \mathrm{e}^{\mathrm{j}(\omega_c t+\varphi_k)} \tag{4-1}$$

式中：A_k为幅度；φ_k为相位；ω_c为载波频率。将幅度比为 γ_k，相位差为 η_k的极化状态 $\boldsymbol{P}_k:(\gamma_k,\eta_k)$与 x_k相乘，得到极化信号为

$$\boldsymbol{s}_k = \begin{bmatrix} s_{1k} \\ s_{2k} \end{bmatrix} = \begin{bmatrix} \cos\gamma_k \\ \sin\gamma_k \mathrm{e}^{\mathrm{j}\eta_k} \end{bmatrix} A_k \mathrm{e}^{\mathrm{j}(\omega_c t+\varphi_k)} \tag{4-2}$$

式中：$\gamma \in \left[0,\dfrac{\pi}{2}\right]$，$\eta \in [0,2\pi]$。接收信号可以表示为

$$\begin{aligned} \boldsymbol{y}_k = \begin{bmatrix} y_{1k} \\ y_{2k} \end{bmatrix} &= \sqrt{P}\boldsymbol{H}\boldsymbol{s}_k+\boldsymbol{n}_k \\ &= \sqrt{P}\boldsymbol{H}\begin{bmatrix} \cos\gamma_k \\ \sin\gamma_k \mathrm{e}^{\mathrm{j}\eta_k} \end{bmatrix} A_k \mathrm{e}^{\mathrm{j}(\omega_c t+\varphi_k)} + \begin{bmatrix} n_{1k} \\ n_{2k} \end{bmatrix} \end{aligned} \tag{4-3}$$

式中：$\boldsymbol{H}$ 为双极化卫星移动信道响应矩阵；$\boldsymbol{n}_k = \begin{bmatrix} n_{1k} \\ n_{2k} \end{bmatrix}$为噪声矢量，服从 $\mathcal{CN}(0,\sigma^2\boldsymbol{I}_2)$分布，$\boldsymbol{I}_2$为二阶单位矩阵；$P$ 为发送信号功率，为简化公式，方便分析，对信号功率归一化，随机噪声矢量服从 $\mathcal{CN}(0,\bar{\sigma}^2\boldsymbol{I}_2)$分布，其中，$\bar{\sigma}^2$为归一化后的噪声功率。

根据式（4-2），信号模型与上一章 PAPM 信号模型相同，然而不同的是，作为信号基本特征的极化状态 $\boldsymbol{P}_k:(\gamma_k,\eta_k)$不再承载信息，其用途发生了变化。

4.1.2 基于极化状态跳变的安全传输技术原理

本节给出基于极化状态跳变的安全传输技术原理，信号处理流程如图 4-1 所示，首先将发送信息序列 I_O 通过数据速率分配单元（Data Rate Allocation Unit, DRAU）分为 I_x 和 I_l 两个部分，分别独立进行幅相调制，得到幅相调制符号 $x_k, l_k, k=1,2,\cdots,K$，进而将幅相调制符号分为相同两路。对于第 k 个符号，利用极化状态选择单元产生两个极化状态：$\boldsymbol{P}_x^k=\begin{pmatrix}\cos\gamma_x^k\\ \sin\gamma_x^k \mathrm{e}^{\mathrm{j}\eta_x^k}\end{pmatrix}$ 和 $\boldsymbol{P}_l^k=\begin{pmatrix}\cos\gamma_l^k\\ \sin\gamma_l^k \mathrm{e}^{\mathrm{j}\eta_l^k}\end{pmatrix}$，分别与幅相调制符号 x_k, l_k 相乘。对于每一组幅相调制符号 x_k 和 l_k，极化状态选择单元产生的极化状态 $\boldsymbol{P}_x^k$ 和 $\boldsymbol{P}_l^k$ 均不同，且受随机序列控制，以符号速率变化。将对应的左旋（右旋）分量相加后，经过射频放大和变频处理后，通过左旋极化天线（L）和右旋极化天线（R）分别发送。

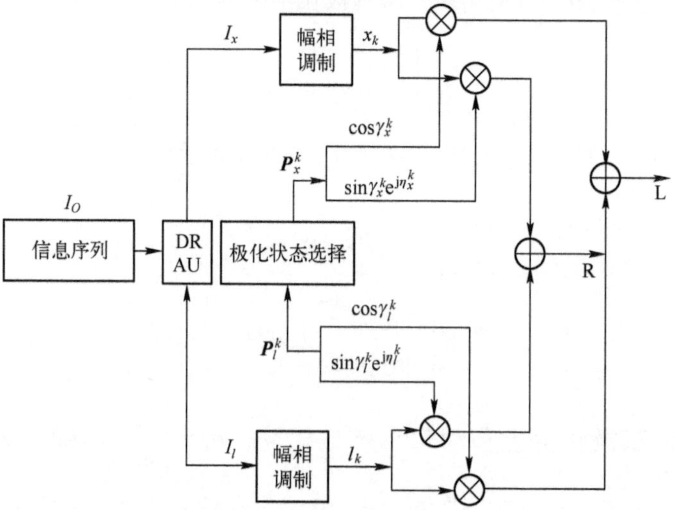

图 4-1 信号处理流程

在第 k 个符号周期，接收端接收到的信号可以表示为

$$\begin{aligned}\boldsymbol{y}_k&=\boldsymbol{H}\boldsymbol{s}_x^k+\boldsymbol{H}\boldsymbol{s}_l^k+\boldsymbol{n}_k\\&=\boldsymbol{H}\begin{bmatrix}\cos\gamma_x^k\\ \sin\gamma_x^k \mathrm{e}^{\mathrm{j}\eta_x^k}\end{bmatrix}A_x^k\mathrm{e}^{\mathrm{j}(\omega_c t+\varphi_x^k)}+\boldsymbol{H}\begin{bmatrix}\cos\gamma_l^k\\ \sin\gamma_l^k \mathrm{e}^{\mathrm{j}\eta_l^k}\end{bmatrix}A_l^k\mathrm{e}^{\mathrm{j}(\omega_c t+\varphi_l^k)}+\boldsymbol{n}_k\end{aligned}\tag{4-4}$$

根据式（4-4）可以发现，接收信号 $\boldsymbol{y}_k$ 为两个极化信号加噪声混合后的信号，数学上表示为一个复矢量，这个复矢量的组合形式有无数种。混合信号 $\boldsymbol{y}_k$ 的极化状态与两路极化信号极化状态（$\boldsymbol{P}_x^k$ 和 $\boldsymbol{P}_l^k$）不同且以符号速率不断更新。假如，先通过盲解调得到极化状态信息，再通过极化状态匹配解调幅相调制信号，得到的解调信息是混合信号的幅度和相位，承载的并不是传输信息。为解调信号，首先需要将两个极化信号分开，其次进行解调。那么，如何将两个极化信号分开是本章介绍的技术核心，下一节将详细介绍将两个极化信号分开的极化滤波技术。

4.1.3　极化滤波技术

本小节主要探讨混合极化信号分离技术，即利用组成混合极化信号的两极化信号不同的极化状态特征，将两路信号分开。首先介绍传统极化滤波技术，其次介绍斜投影滤波技术。

1. 传统极化滤波技术

假设信道为理想信道，为将两个极化信号分离，首先考虑解调信号 $\boldsymbol{s}_x^k$，此时信号 $\boldsymbol{s}_l^k$ 可以被当作干扰，传统的极化滤波矩阵可以表示为

$$\boldsymbol{E}_r^k=\begin{bmatrix}\cos\gamma_r^k\\ \sin\gamma_r^k \mathrm{e}^{\mathrm{j}\eta_r^k}\end{bmatrix} \tag{4-5}$$

通过滤波矩阵后的信号可以表示为

$$\begin{aligned}\boldsymbol{y}_k&=\boldsymbol{E}_r^k\boldsymbol{s}_x^k+\boldsymbol{E}_r^k\boldsymbol{s}_l^k+\boldsymbol{E}_r^k\boldsymbol{n}_k\\ &=\begin{bmatrix}\cos\gamma_r^k\\ \sin\gamma_r^k \mathrm{e}^{\mathrm{j}\eta_r^k}\end{bmatrix}^{\mathrm{H}}\left[\begin{bmatrix}\cos\gamma_x^k\\ \sin\gamma_x^k \mathrm{e}^{\mathrm{j}\eta_x^k}\end{bmatrix}A_x^k\mathrm{e}^{\mathrm{j}(\omega_c t+\varphi_x^k)}+\begin{bmatrix}\cos\gamma_l^k\\ \sin\gamma_l^k \mathrm{e}^{\mathrm{j}\eta_l^k}\end{bmatrix}A_l^k\mathrm{e}^{\mathrm{j}(\omega_c t+\varphi_l^k)}\right]+\begin{bmatrix}\cos\gamma_r^k\\ \sin\gamma_r^k \mathrm{e}^{\mathrm{j}\eta_r^k}\end{bmatrix}\boldsymbol{n}_k\end{aligned} \tag{4-6}$$

式中：$[\cdot]^{\mathrm{H}}$ 为矩阵共轭转置。容易证明当

$$\begin{cases}\gamma_l^k+\gamma_r^k=\dfrac{\pi}{2}\\ \eta_l^k-\eta_r^k=\pm\pi\end{cases} \tag{4-7}$$

或者

$$\begin{cases}\gamma_l^k-\gamma_r^k=\pm\dfrac{\pi}{2}\\ \eta_l^k=\eta_r^k\end{cases} \tag{4-8}$$

时 $\boldsymbol{E}_r^k\boldsymbol{s}_l^k=0$，干扰消除，留下期望信号，此时信号可以表示为

$$\begin{aligned}\boldsymbol{E}_r^k\boldsymbol{s}_x^k &= \begin{bmatrix}\cos\gamma_r^k\\ \sin\gamma_r^k e^{j\eta_r^k}\end{bmatrix}^{\mathrm{H}}\begin{bmatrix}\cos\gamma_x^k\\ \sin\gamma_x^k e^{j\eta_x^k}\end{bmatrix}A_x^k e^{j(\omega_c t+\varphi_x^k)}\\ &= (\cos\gamma_r^k\cos\gamma_x^k+\sin\gamma_r^k\sin\gamma_x^k e^{j(\eta_x^k-\eta_r^k)})A_x^k e^{j(\omega_c t+\varphi_x^k)}\end{aligned} \tag{4-9}$$

可见，在消除信号$\boldsymbol{s}_l^k$的同时，信号$\boldsymbol{s}_x^k$的幅度和相位也受到影响。当$\gamma_x^k=\gamma_r^k=\frac{\pi}{2}$时，期望信号也同样消除。容易证明，只有当信号和干扰相互正交的情况下，才能有效消除干扰而不影响期望信号幅度和相位。为了将非正交极化信号分开，下一节将介绍斜投影滤波技术。

2. 斜投影滤波技术

斜投影滤波技术最早在 1994 年由 Richard T. Behrens 提出[136]，主要解决如何利用投影技术将两个非正交矩阵分开的问题，具体分析如下：

假设$\boldsymbol{S}$、$\boldsymbol{J}$分别为$n\times m$和$n\times t$阶满秩矩阵，并且$m+t\leqslant n$。构建一个矩阵$[\boldsymbol{S}\quad \boldsymbol{J}]$，$\langle \boldsymbol{S}\quad \boldsymbol{J}\rangle$表示矩阵$[\boldsymbol{S}\quad \boldsymbol{J}]$所有不相关列构建的子空间。那么，线性子空间$\langle \boldsymbol{S}\quad \boldsymbol{J}\rangle$的正交投影矩阵可以表示为

$$\boldsymbol{\Omega}_{SJ}=(\boldsymbol{J}\quad \boldsymbol{S})\begin{pmatrix}\boldsymbol{J}^{\mathrm{H}}\boldsymbol{J} & \boldsymbol{J}^{\mathrm{H}}\boldsymbol{S}\\ \boldsymbol{S}^{\mathrm{H}}\boldsymbol{J} & \boldsymbol{S}^{\mathrm{H}}\boldsymbol{S}\end{pmatrix}\begin{pmatrix}\boldsymbol{J}^{\mathrm{H}}\\ \boldsymbol{S}^{\mathrm{H}}\end{pmatrix} \tag{4-10}$$

式（4-10）可以进一步分解为

$$\begin{cases}\boldsymbol{\Omega}_{SJ}=\boldsymbol{E}_{JS}+\boldsymbol{E}_{SJ}\\ \boldsymbol{E}_{JS}=(\boldsymbol{J}\quad 0)\begin{pmatrix}\boldsymbol{J}^{\mathrm{H}}\boldsymbol{J} & \boldsymbol{J}^{\mathrm{H}}\boldsymbol{S}\\ \boldsymbol{S}^{\mathrm{H}}\boldsymbol{J} & \boldsymbol{S}^{\mathrm{H}}\boldsymbol{S}\end{pmatrix}\begin{pmatrix}\boldsymbol{J}^{\mathrm{H}}\\ \boldsymbol{S}^{\mathrm{H}}\end{pmatrix}\\ \boldsymbol{E}_{SJ}=(0\quad \boldsymbol{S})\begin{pmatrix}\boldsymbol{J}^{\mathrm{H}}\boldsymbol{J} & \boldsymbol{J}^{\mathrm{H}}\boldsymbol{S}\\ \boldsymbol{S}^{\mathrm{H}}\boldsymbol{J} & \boldsymbol{S}^{\mathrm{H}}\boldsymbol{S}\end{pmatrix}\begin{pmatrix}\boldsymbol{J}^{\mathrm{H}}\\ \boldsymbol{S}^{\mathrm{H}}\end{pmatrix}\end{cases} \tag{4-11}$$

式中：$\boldsymbol{\Omega}_{SJ}$的子空间为$\langle \boldsymbol{S}\quad \boldsymbol{J}\rangle$，子空间$\langle \boldsymbol{S}\rangle$和$\langle \boldsymbol{J}\rangle$不相关，可得

$$\begin{aligned}&\boldsymbol{\Omega}_{SJ}(\boldsymbol{J}\quad 0)=\boldsymbol{E}_{JS}(\boldsymbol{J}\quad 0)+\boldsymbol{E}_{SJ}(\boldsymbol{J}\quad 0)\\ &\Rightarrow \boldsymbol{E}_{JS}(\boldsymbol{J}\quad 0)=(\boldsymbol{J}\quad 0);\boldsymbol{E}_{SJ}(\boldsymbol{J}\quad 0)=(0\quad 0)\\ &\boldsymbol{\Omega}_{SJ}(0\quad \boldsymbol{S})=\boldsymbol{E}_{JS}(0\quad \boldsymbol{S})+\boldsymbol{E}_{SJ}(0\quad \boldsymbol{S})\\ &\Rightarrow \boldsymbol{E}_{JS}(0\quad \boldsymbol{S})=(0\quad 0);\boldsymbol{E}_{SJ}(0\quad \boldsymbol{S})=(0\quad \boldsymbol{S})\end{aligned} \tag{4-12}$$

显然，$\boldsymbol{E}_{JS}$的子空间与子空间$\langle \boldsymbol{J}\rangle$相同，零空间包含子空间$\langle \boldsymbol{S}\rangle$。$\boldsymbol{E}_{SJ}$的子空间与子空间$\langle \boldsymbol{S}\rangle$相同，零空间包含子空间$\langle \boldsymbol{J}\rangle$。那么可进一步得

$$\boldsymbol{\Omega}_{SJ}^2=(\boldsymbol{E}_{JS}+\boldsymbol{E}_{SJ})(\boldsymbol{E}_{JS}+\boldsymbol{E}_{SJ})=\boldsymbol{E}_{JS}^2+\boldsymbol{E}_{SJ}^2 \tag{4-13}$$

式（4-13）中的交叉项消失，这是因为$\boldsymbol{E}_{JS}$和$\boldsymbol{E}_{SJ}$在相互的零空间，由于$\boldsymbol{\Omega}_{SJ}^2=\boldsymbol{\Omega}_{SJ}$，根据式（4-13）可以得

$$\begin{cases}\boldsymbol{E}_{JS}^2=\boldsymbol{E}_{JS}\\ \boldsymbol{E}_{SJ}^2=\boldsymbol{E}_{SJ}\end{cases} \tag{4-14}$$

可以认为 $\boldsymbol{E}_{JS}$ 为子空间 $\langle \boldsymbol{J}\rangle$ 的斜投影矩阵，$\boldsymbol{E}_{SJ}$ 为子空间 $\langle \boldsymbol{S}\rangle$ 的斜投影矩阵。斜投影矩阵可以进一步表示为

$$\begin{cases}\boldsymbol{E}_{JS}=\boldsymbol{J}(\boldsymbol{J}^{\mathrm{H}}\boldsymbol{\Omega}_S^{\perp}\boldsymbol{J})^{-1}\boldsymbol{J}^{\mathrm{H}}\boldsymbol{\Omega}_S^{\perp}\\ \boldsymbol{E}_{SJ}=\boldsymbol{J}(\boldsymbol{J}^{\mathrm{H}}\boldsymbol{\Omega}_S^{\perp}\boldsymbol{J})^{-1}\boldsymbol{J}^{\mathrm{H}}\boldsymbol{\Omega}_S^{\perp}\end{cases} \tag{4-15}$$

式中：$\boldsymbol{\Omega}_S^{\perp}=\boldsymbol{I}-\boldsymbol{S}(\boldsymbol{S}\boldsymbol{S}^{\mathrm{H}})^{-1}\boldsymbol{S}^{\mathrm{H}}$ 为子空间 $\langle \boldsymbol{S}\rangle$ 的正交投影矩阵；同理 $\boldsymbol{\Omega}_J^{\perp}=\boldsymbol{I}-\boldsymbol{J}(\boldsymbol{J}\boldsymbol{J}^{\mathrm{H}})^{-1}\boldsymbol{J}^{\mathrm{H}}$ 为子空间 $\langle \boldsymbol{J}\rangle$ 的正交投影矩阵。

为衡量两个子空间的正交性，引入主角概念。两个子空间之间的主角概念是线与平面之间主角概念的推广。对于由子空间 $\langle \boldsymbol{J}\rangle$ 和子空间 $\langle \boldsymbol{S}\rangle$ 构建的斜投影矩阵 $\boldsymbol{E}_{JS}$，投影矩阵的奇异值可以等价为子空间 $\langle \boldsymbol{J}\rangle$ 和子空间 $\langle \boldsymbol{S}\rangle$ 之间主角的正割函数，即

$$\boldsymbol{\lambda}_i=\frac{1}{\sin\theta_i} \tag{4-16}$$

由于 $\theta_i\in\begin{bmatrix}0 & \dfrac{\pi}{2}\end{bmatrix}$，$\sin\theta_i$ 值域范围为 0～1，斜投影矩阵的特征值值域为 1 到无穷。显然，斜投影矩阵是有可能将原矩阵模值放大的，在通信中表现为放大信号和噪声，这是在卫星通信中使用斜投影矩阵不得不考虑的因素。

3. 混合极化信号分离

为了将两极化信号分离，根据两极化信号的极化状态特征，构建斜投影矩阵处理信号。在理想信道情况下，接收信号可以表示为

$$\begin{aligned}\boldsymbol{y}_k&=\boldsymbol{s}_x^k+\boldsymbol{s}_l^k+\boldsymbol{n}_k\\ &=\begin{bmatrix}\cos\gamma_x^k\\ \sin\gamma_x^k\mathrm{e}^{\mathrm{j}\eta_x^k}\end{bmatrix}A_x^k\mathrm{e}^{\mathrm{j}(\omega_c t+\varphi_x^k)}+\begin{bmatrix}\cos\gamma_l^k\\ \sin\gamma_l^k\mathrm{e}^{\mathrm{j}\eta_l^k}\end{bmatrix}A_l^k\mathrm{e}^{\mathrm{j}(\omega_c t+\varphi_l^k)}+\boldsymbol{n}_k\end{aligned} \tag{4-17}$$

为了从混合信号中分离出两路极化信号，以第 k 个信号的两个极化状态为例 $\boldsymbol{P}_x^k:(\gamma_x^k,\eta_x^k)$ 和 $\boldsymbol{P}_l^k:(\gamma_l^k,\eta_l^k)$，其中，$\gamma_x^k\neq\gamma_l^k$ 或 $\eta_x^k\neq\eta_l^k$，根据式（4-15）构建极化滤波矩阵为

$$\begin{cases}\boldsymbol{Q}_{\boldsymbol{P}_x^k\mid\boldsymbol{P}_l^k}=\boldsymbol{P}_x^k((\boldsymbol{P}_x^k)^{\mathrm{H}}P_{\boldsymbol{P}_l^k}^{\perp}\boldsymbol{P}_x^k)^{-1}(\boldsymbol{P}_x^k)^{\mathrm{H}}P_{\boldsymbol{P}_l^k}^{\perp}\\ \boldsymbol{Q}_{\boldsymbol{P}_l^k\mid\boldsymbol{P}_x^k}=\boldsymbol{P}_l^k((\boldsymbol{P}_l^k)^{\mathrm{H}}P_{\boldsymbol{P}_x^k}^{\perp}\boldsymbol{P}_l^k)^{-1}(\boldsymbol{P}_l^k)^{\mathrm{H}}P_{\boldsymbol{P}_x^k}^{\perp}\end{cases} \tag{4-18}$$

式中：$\boldsymbol{Q}_{\boldsymbol{P}_x^k\mid\boldsymbol{P}_l^k}$ 为将极化信号 $\boldsymbol{s}_x^k$ 分离出来的滤波矩阵；$\boldsymbol{Q}_{\boldsymbol{P}_l^k\mid\boldsymbol{P}_x^k}$ 为将极化信号 $\boldsymbol{s}_l^k$ 分离出来的滤波矩阵，极化状态正交投影矩阵可以表示为

$$\begin{cases}\boldsymbol{P}_{\boldsymbol{P}_l^k}^{\perp}=\boldsymbol{I}-\boldsymbol{P}_l^k((\boldsymbol{P}_l^k)^{\mathrm{H}}\boldsymbol{P}_l^k)^{-1}(\boldsymbol{P}_l^k)^{\mathrm{H}}\\ \boldsymbol{P}_{\boldsymbol{P}_x^k}^{\perp}=\boldsymbol{I}-\boldsymbol{P}_x^k((\boldsymbol{P}_x^k)^{\mathrm{H}}\boldsymbol{P}_x^k)^{-1}(\boldsymbol{P}_x^k)^{\mathrm{H}}\end{cases}\tag{4-19}$$

式中：$\boldsymbol{I}$ 为单位矩阵。根据式（4-18）和式（4-19）可得

$$\begin{cases}\boldsymbol{Q}_{\boldsymbol{P}_x^k|\boldsymbol{P}_l^k}\boldsymbol{P}_x^k=\boldsymbol{P}_x^k,\boldsymbol{Q}_{\boldsymbol{P}_x^k|\boldsymbol{P}_l^k}\boldsymbol{P}_l^k=\boldsymbol{0}\\ \boldsymbol{Q}_{\boldsymbol{P}_l^k|\boldsymbol{P}_x^k}\boldsymbol{P}_l^k=\boldsymbol{P}_l^k,\boldsymbol{Q}_{\boldsymbol{P}_l^k|\boldsymbol{P}_x^k}\boldsymbol{P}_x^k=\boldsymbol{0}\end{cases}\tag{4-20}$$

将斜投影矩阵代入式（4-17）可得

$$\begin{cases}\boldsymbol{P}_x^k x_x^k=\boldsymbol{Q}_{\boldsymbol{P}_x^k|\boldsymbol{P}_l^k}\boldsymbol{y}_k(t)=\begin{bmatrix}\cos\gamma_x^k\\ \sin\gamma_x^k\mathrm{e}^{\mathrm{j}\eta_x^k}\end{bmatrix}A_x^k\mathrm{e}^{\mathrm{j}(\omega_c t+\varphi_x^k)}+\boldsymbol{Q}_{\boldsymbol{P}_x^k|\boldsymbol{P}_l^k}\boldsymbol{n}_k\\ \boldsymbol{P}_l^k x_l^k=\boldsymbol{Q}_{\boldsymbol{P}_l^k|\boldsymbol{P}_x^k}\boldsymbol{y}_k(t)=\begin{bmatrix}\cos\gamma_l^k\\ \sin\gamma_l^k\mathrm{e}^{\mathrm{j}\eta_l^k}\end{bmatrix}A_l^k\mathrm{e}^{\mathrm{j}(\omega_c t+\varphi_l^k)}+\boldsymbol{Q}_{\boldsymbol{P}_l^k|\boldsymbol{P}_x^k}\boldsymbol{n}_k\end{cases}\tag{4-21}$$

可见，利用斜投影矩阵，两个极化信号均可以从混合信号中分离出来。根据极化状态匹配，得到两路幅相调制信号为

$$\begin{cases}\begin{bmatrix}\cos\gamma_x^k\\ \sin\gamma_x^k\mathrm{e}^{\mathrm{j}\eta_x^k}\end{bmatrix}^{\mathrm{H}}\boldsymbol{P}_x^k x_x^k=A_x^k\mathrm{e}^{\mathrm{j}(\omega_c t+\varphi_x^k)}+\begin{bmatrix}\cos\gamma_x^k\\ \sin\gamma_x^k\mathrm{e}^{\mathrm{j}\eta_x^k}\end{bmatrix}^{\mathrm{H}}\boldsymbol{Q}_{\boldsymbol{P}_x^k|\boldsymbol{P}_l^k}\boldsymbol{n}_k\\ \begin{bmatrix}\cos\gamma_l^k\\ \sin\gamma_l^k\mathrm{e}^{\mathrm{j}\eta_l^k}\end{bmatrix}^{\mathrm{H}}\boldsymbol{P}_l^k x_l^k=A_l^k\mathrm{e}^{\mathrm{j}(\omega_c t+\varphi_l^k)}+\begin{bmatrix}\cos\gamma_l^k\\ \sin\gamma_l^k\mathrm{e}^{\mathrm{j}\eta_l^k}\end{bmatrix}^{\mathrm{H}}\boldsymbol{Q}_{\boldsymbol{P}_l^k|\boldsymbol{P}_x^k}\boldsymbol{n}_k\end{cases}\tag{4-22}$$

值得注意的是，根据上节分析，结合式（4-16），当两个子空间之间的主角比较小，斜投影矩阵的特征值比较大时，对于式（4-21）中右侧噪声项来说，相当于放大了噪声，导致信噪比下降。虽然极化状态匹配不会造成信噪比下降，但是幅相调制信号的解调性能受噪声影响，仍会有所恶化。

4.1.4 极化状态选择

虽然利用斜投影矩阵能完全分开两种不同极化状态特征的极化信号，当两个极化状态矢量之间的主角较小的情况下，将造成噪声放大。以 $\boldsymbol{Q}_{\boldsymbol{P}_x^k|\boldsymbol{P}_l^k}\boldsymbol{n}_k$ 为例（$\boldsymbol{Q}_{\boldsymbol{P}_l^k|\boldsymbol{P}_x^k}\boldsymbol{n}_k$ 的分析方法类似），根据式（4-21），噪声功率经过斜投影矩阵处理后可以表示为

$$\tilde{\sigma}^2=\mathrm{tr}(\boldsymbol{Q}_{\boldsymbol{P}_x^k|\boldsymbol{P}_l^k}(\boldsymbol{Q}_{\boldsymbol{P}_x^k|\boldsymbol{P}_l^k})^{\mathrm{H}}\bar{\sigma}^2)=\frac{\bar{\sigma}^2}{\sin^2\theta}\tag{4-23}$$

式中：$\mathrm{tr}(\cdot)$ 为矩阵的迹。式（4-23）直观给出了主角对噪声功率的影响，随着主角变大，噪声功率减小。输入信噪比和输出信噪比之差可以计算为

$$\Delta = \mathrm{SNR}_{\mathrm{out}} - \mathrm{SNR}_{\mathrm{in}} = 20\log\sin\theta \tag{4-24}$$

图 4-2 显示不同主角情况下输入信噪比和输出信噪比差的性能曲线。可见，随着主角增大，输入和输出信噪比之差变小，说明主角越大，信噪比损失越小。当主角为 90°时，$\Delta=0$，没有信噪比损失。所以在选择极化状态时，两个极化状态主角为 90°时，信噪比最大，即

$$\begin{bmatrix} \cos\gamma_x^k \\ \sin\gamma_x^k \mathrm{e}^{\mathrm{j}\eta_x^k} \end{bmatrix}^{\mathrm{H}} \begin{bmatrix} \cos\gamma_l^k \\ \sin\gamma_l^k \mathrm{e}^{\mathrm{j}\eta_l^k} \end{bmatrix} = 0 \tag{4-25}$$

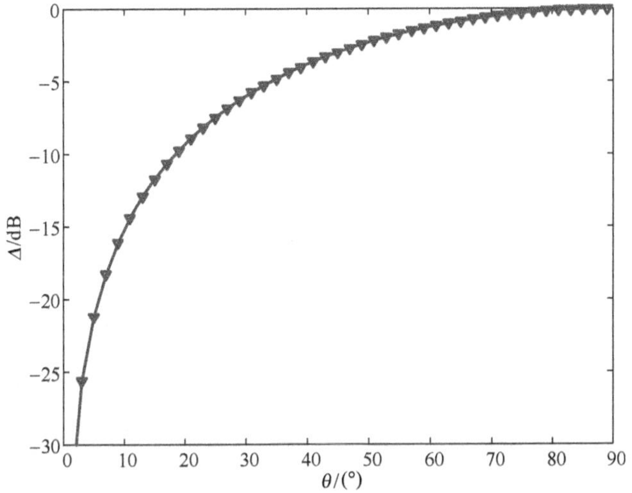

图 4-2　信噪比损失与主角之间关系

根据式（4-25）可知，两个极化状态矢量内积为零，即为正交极化状态。正交极化状态在庞加莱球上的点之间的连线穿过球心，如图 4-3 所示，极化状态对$(\boldsymbol{P}_1,\boldsymbol{P}_2)$和$(\boldsymbol{P}_3,\boldsymbol{P}_4)$即为正交极化状态。通过选择正交极化状态，斜投影矩阵处理后的噪声矢量功率不变。经过极化状态匹配后的幅相信号只受到噪声影响，其误码率性能将和高斯信道下理论值相同，相关内容将在后面仿真章节进一步分析。

在本章提出的技术中，极化状态的选取分为以下三个步骤：

（1）选取一个极化状态作为初始极化状态，并生成 PN1、PN2：两组随机序列。

（2）利用 PN1 控制极化状态幅度比参数 $\gamma_x^k \in \left(0,\dfrac{\pi}{2}\right)$的跳变，利用 PN2 控制相位差 $\eta_x^k \in (0,2\pi)$的跳变。

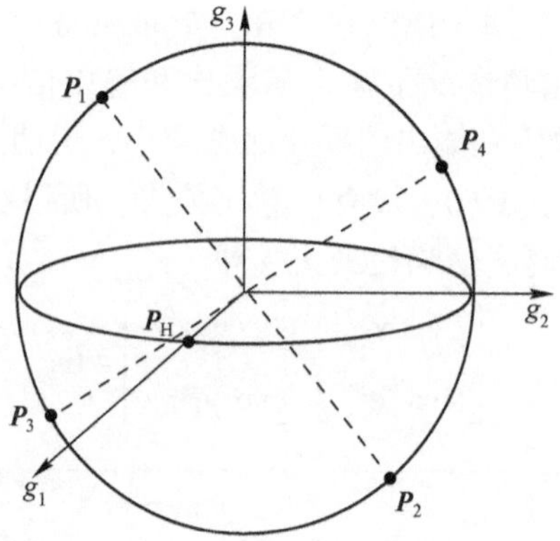

图 4-3 正交极化状态调制星座点

(3) 假设已经确定了一路信号的极化状态 $\boldsymbol{P}_x^k:(\gamma_x^k,\eta_x^k)$，另一路信号的极化状态可以计算为

$$\gamma_l^k=\frac{\pi}{2}-\gamma_x^k,\quad \eta_l^k=\pi+\eta_x^k \tag{4-26}$$

在本章介绍的技术中，极化状态选取规则是发送端和合法接收节点共享，合法节点可以根据极化状态构建斜投影矩阵，从而完全分离两路极化信号，且不会放大噪声功率，顺利解调出信号。窃听节点接收到的信号为混合信号，两路信号的极化状态以及幅相调制信号均以符号速率改变。假设窃听节点通过穷举极化状态的方法构建滤波矩阵，分开的两路信号也是随机跳变的极化信号，极化状态匹配后的幅相调制信号星座是畸变的，信号解调性能恶化，且难以破解控制极化状态跳变的随机序列。因此，即使是长度有限的随机序列，同样可以满足所提方法需求，增强信息传输安全。此外，窃听节点通过盲解调恢复出混合信号的极化状态和幅相信号承载的并非传输信息，同样会导致信号解调失败。

4.1.5 卫星移动信道下性能分析

理想信道下，合法节点根据共享极化状态信息构建滤波矩阵，可以将两路极化信号彻底分开，独立解调。然而，实际卫星移动双极化 MIMO 信道并非总是理想信道，复杂的电磁环境以及正交双极化天线之间无法做到完全隔离，造成极化间相互干扰，导致极化相关衰减效应[71]，此时信道矩阵交叉对角线上的数值不为零，即 h_{12}，$h_{21}\neq 0$，信道矩阵可以进一步表示为

$$\boldsymbol{H}=\begin{bmatrix} h_{11} & h_{12} \\ h_{21} & h_{22} \end{bmatrix}=\sqrt{Y}\boldsymbol{U\Sigma V}=\sqrt{Y}\boldsymbol{U}\begin{bmatrix} \sqrt{\lambda_1} & 0 \\ 0 & \sqrt{\lambda_2} \end{bmatrix}\boldsymbol{V} \tag{4-27}$$

式中：Y 为信道功率衰减系数；$\sqrt{\lambda_i}, i=1,2$ 为特征值；$\boldsymbol{U}$ 和 $\boldsymbol{V}$ 为信道矩阵特征值分解得到的单位矩阵。以一路极化信号为例，阐述极化相关衰减效应对极化状态的影响。式（4-3）可以进一步表示为

$$\begin{aligned}
\boldsymbol{H}\boldsymbol{s}_k &= \sqrt{Y}\boldsymbol{U}\begin{bmatrix}\sqrt{\lambda_1} & 0\\ 0 & \sqrt{\lambda_2}\end{bmatrix}\boldsymbol{V}\underbrace{\begin{bmatrix}\cos\gamma_k\\ \sin\gamma_k \mathrm{e}^{\mathrm{j}\eta_k}\end{bmatrix}}_{\boldsymbol{P}_j}A_k\mathrm{e}^{\mathrm{j}(\omega_c t+\varphi_k)}\\
&= \sqrt{Y}\boldsymbol{U}\begin{bmatrix}\sqrt{\lambda_1} & 0\\ 0 & \sqrt{\lambda_2}\end{bmatrix}\underbrace{\begin{bmatrix}\cos\overline{\gamma}_k\\ \sin\overline{\gamma}_k \mathrm{e}^{\mathrm{j}\overline{\eta}_k}\end{bmatrix}}_{\boldsymbol{P}_m}A_k\mathrm{e}^{\mathrm{j}(\omega_c t+\varphi_k)} = \sqrt{Y}\boldsymbol{U}\begin{bmatrix}\sqrt{\lambda_1}\cos\overline{\gamma}_k\\ \sqrt{\lambda_2}\sin\overline{\gamma}_k \mathrm{e}^{\mathrm{j}\overline{\eta}_k}\end{bmatrix}A_k\mathrm{e}^{\mathrm{j}(\omega_c t+\varphi_k)}\\
&= p_k\boldsymbol{U}\underbrace{\begin{bmatrix}\cos\widetilde{\gamma}_k\\ \sin\widetilde{\gamma}_k \mathrm{e}^{\mathrm{j}\widetilde{\eta}}\end{bmatrix}}_{\boldsymbol{P}_g}A_k\mathrm{e}^{\mathrm{j}(\omega_c t+\varphi_k)} = p_k\underbrace{\begin{bmatrix}\cos\widehat{\gamma}_k\\ \sin\widehat{\gamma}_k \mathrm{e}^{\mathrm{j}\widehat{\eta}_k}\end{bmatrix}}_{\boldsymbol{P}_f}A_k\mathrm{e}^{\mathrm{j}(\omega_c t+\varphi_k)}
\end{aligned} \tag{4-28}$$

式中：p_k 为功率归一化参数，可以表示为

$$p_k = \sqrt{Y((\sqrt{\lambda_1}\cos\overline{\gamma}_k)^2+(\sqrt{\lambda_2}\sin\overline{\gamma}_k)^2)} \tag{4-29}$$

可见，极化状态受到信道的影响发生了改变，为了进一步理解信道矩阵对极化状态改变的影响，用庞加莱球上的一个星座点 $\boldsymbol{P}_j$ 来图示极化状态转移的过程[19,75]。图 4-4 给出了极化状态转移示意图，其中，2γ 和 η 分别为星座点 $\boldsymbol{P}_j$ 到水平极化的球面弧长和该弧线与平面 g_1Og_2 之间的球面夹角。首先，受到酉矩阵 $\boldsymbol{V}$ 的影响，极化状态调制星座整体发生刚性旋转，$\boldsymbol{P}_j:(\gamma,\eta)$ 旋转到

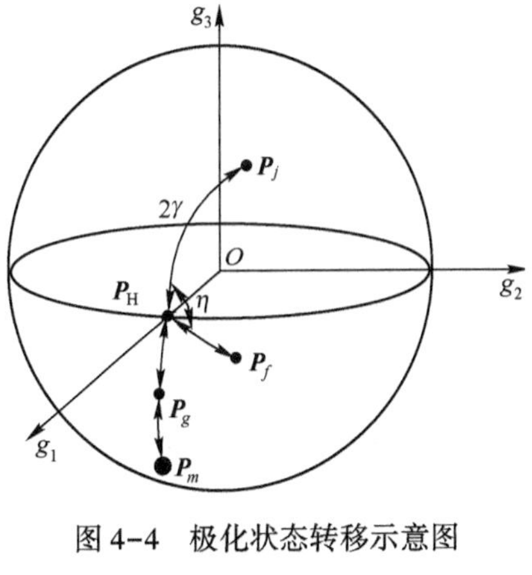

图 4-4　极化状态转移示意图

$\boldsymbol{P}_m:(\overline{\gamma},\overline{\eta})$；其次，受到对角矩阵 $\boldsymbol{\Sigma}$ 影响，星座点向水平极化 $\boldsymbol{P}_{\mathrm{H}}$ 转移，转移到 $\boldsymbol{P}_g:(\widetilde{\gamma},\overline{\eta})$，功率变为 p。最后，受到矩阵 $\boldsymbol{U}$ 影响，整体星座再次旋转，$\boldsymbol{P}_g$ 转移到 $\boldsymbol{P}_f:(\widehat{\gamma},\widehat{\eta})$，功率不发生改变。显然，只有当 $\lambda_1=\lambda_2=1$ 时，发送极化状态不发生改变 $\boldsymbol{P}_j=\boldsymbol{P}_f$。

根据分析，发送信号的极化状态在到达接收端，受到信道极化相关衰减效应影响而发生改变，这种情况下，即使合法节点已知发送信号的极化状态，仍然无法将两路极化信号彻底分开。如图 4-5 所示，以第一路信号发送 QPSK 信号，第二路发送 8PSK 信号为例，两路信号极化状态正交。假设两路极化信号的相位差不存在误差，观察不同幅度比误差 $\Delta\gamma$ 情况下两路信号误码率性能。以 $\Delta\gamma$ 为 0°、2°、4°、6°、8°、10°为例，可见，当误差为 0 时，QPSK 信号和 8PSK 信号的误码率仿真值趋于高斯信道下的理论值。当误差变大，误码率性能也下降，误差为 8°、10°时，几乎无法解调信号。此外，$\Delta\gamma=4°$时，为达到误码率 10^{-3}，QPSK 信号需要额外 3dB，而 8PSK 需要额外 4dB。表明高阶幅相调制技术对参数误差更敏感。实际通信中，受到极化相关衰减效应影响，相位差也可能存在误差，此时误码率性能将会更差。因此，在分离信号之前，有必要消除极化相关衰减效应的影响。

4.1.6 极化相关衰减补偿技术

本小节主要讨论两种常用的消除极化相关衰减效应的技术：预补偿技术（PC）和置零滤波技术（ZFPF）。

1. 预补偿技术

预补偿技术是一种在发射端对信号进行预处理的技术。基于信道响应矩阵 $\boldsymbol{H}$，对发送信号的极化状态进行预处理，以 $\boldsymbol{P}_x^k$ 为例，根据式（4-27），补偿矩阵可以表示为

$$\boldsymbol{\Psi}_x^k=\boldsymbol{V}^{\mathrm{H}}\begin{bmatrix}\dfrac{\sqrt{\lambda_2}}{\sqrt{\lambda_2\sin^2\gamma_x^k+\lambda_1\cos^2\gamma_x^k}} & 0\\ 0 & \dfrac{\sqrt{\lambda_1}}{\sqrt{\lambda_2\sin^2\gamma_x^k+\lambda_1\cos^2\gamma_x^k}}\end{bmatrix}\boldsymbol{U}^{\mathrm{H}} \tag{4-30}$$

把式（4-30）代入式（4-4）可得

$$\begin{aligned}\widehat{\boldsymbol{y}}_k(t)&=\boldsymbol{H}\boldsymbol{\Psi}_x^k\boldsymbol{s}_x^k(t)+\boldsymbol{H}\boldsymbol{\Psi}_l^k\boldsymbol{s}_l^k(t)+\boldsymbol{n}_k\\&=p_x^k\begin{bmatrix}\cos\gamma_x^k\\ \sin\gamma_x^k\mathrm{e}^{\mathrm{j}\eta_x^k}\end{bmatrix}A_x^k\mathrm{e}^{\mathrm{j}(\omega_c t+\varphi_x^k)}+p_l^k\begin{bmatrix}\cos\gamma_l^k\\ \sin\gamma_l^k\mathrm{e}^{\mathrm{j}\eta_l^k}\end{bmatrix}A_l^k\mathrm{e}^{\mathrm{j}(\omega_c t+\varphi_l^k)}+\boldsymbol{n}_k\end{aligned} \tag{4-31}$$

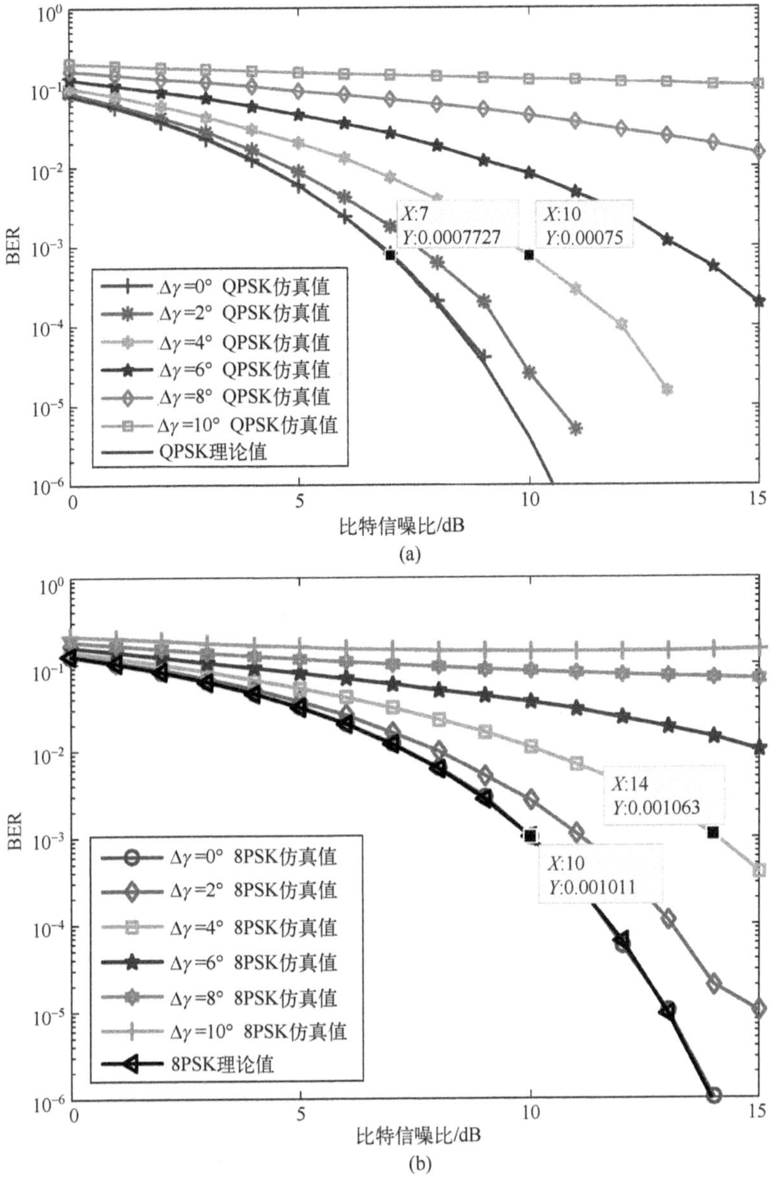

图 4-5　不同 γ 误差情况下误码率性能（见彩插）

$$p_z^k=\frac{\sqrt{Y\lambda_1\lambda_2}}{\sqrt{\lambda_2\sin^2\gamma_z^k+\lambda_1\cos^2\gamma_z^k}},\quad z=x,l$$

式（4-31）可见，两路信号的极化状态均没有发生变化。每个极化状态调制星座点受到的功率衰减不仅与极化相关衰减效应程度有关，还与 γ 有关，即与极化状态调制星座点到水平极化状态 $\boldsymbol{P}_{\mathrm{H}}$ 的球面距离有关。球面距离越大，功率衰减也就越大。预补偿技术有以下两个特点：

（1）要求发射端有准确的信道信息。

（2）预补偿矩阵更新频率为符号速率。

2. 置零滤波技术

置零滤波技术是接收端的一种信号处理技术，接收端利用信道信息构建滤波矩阵，在极化滤波之前，先对接收信号进行处理，即

$$\boldsymbol{W}=\boldsymbol{G}^{-1}=\frac{\boldsymbol{G}^{*}}{\det(\boldsymbol{G})} \tag{4-32}$$

式中：$\boldsymbol{G}$ 为信道估计矩阵，由于信道估计不是本节探讨内容，这里为了简化分析，假设接收端有完备的信道信息 $\boldsymbol{G}=\boldsymbol{H}$，那么

$$\boldsymbol{G}^{*}=\begin{bmatrix} h_{22} & -h_{12} \\ -h_{21} & h_{11} \end{bmatrix} \tag{4-33}$$

经过滤波矩阵处理后的信号可以表示为

$$\begin{aligned} \bar{\boldsymbol{y}}_{k}(t) &= \boldsymbol{W}\boldsymbol{H}\boldsymbol{s}_{x}^{k}(t)+\boldsymbol{W}\boldsymbol{H}\boldsymbol{s}_{l}^{k}(t)+\boldsymbol{W}\boldsymbol{n}_{k} \\ &=\boldsymbol{s}_{x}^{k}(t)+\boldsymbol{s}_{l}^{k}(t)+\boldsymbol{W}\begin{bmatrix} n_{1}^{k} \\ n_{2}^{k} \end{bmatrix} \\ &=\boldsymbol{s}_{x}^{k}(t)+\boldsymbol{s}_{l}^{k}(t)+\begin{bmatrix} \hat{n}_{1}^{k} \\ \hat{n}_{2}^{k} \end{bmatrix} \end{aligned} \tag{4-34}$$

式中：$\hat{n}_{1}^{k}=\dfrac{h_{22}n_{1}^{k}-h_{12}n_{2}^{k}}{\det(\boldsymbol{H})}$，$\hat{n}_{2}^{l}=\dfrac{h_{11}n_{2}^{k}-h_{21}n_{1}^{k}}{\det(\boldsymbol{H})}$，容易证明噪声分布为[137]

$$\begin{cases} \hat{n}_{1}^{k}\sim\left(0,\dfrac{|h_{22}|^{2}+|h_{12}|^{2}}{\det(\boldsymbol{H})^{2}}\bar{\sigma}^{2}\right) \\ \hat{n}_{2}^{k}\sim\left(0,\dfrac{|h_{11}|^{2}+|h_{21}|^{2}}{\det(\boldsymbol{H})^{2}}\bar{\sigma}^{2}\right) \end{cases} \tag{4-35}$$

显然，理想信道情况下，$\dfrac{|h_{22}|^{2}+|h_{12}|^{2}}{\det(\boldsymbol{H})^{2}}=\dfrac{|h_{11}|^{2}+|h_{21}|^{2}}{\det(\boldsymbol{H})^{2}}=1$；当 XPD 减小，$\dfrac{|h_{22}|^{2}+|h_{12}|^{2}}{\det(\boldsymbol{H})^{2}}$ 和 $\dfrac{|h_{11}|^{2}+|h_{21}|^{2}}{\det(\boldsymbol{H})^{2}}$ 均变大，使得噪声功率有所放大。置零滤波矩阵有两个重要特点：

（1）置零滤波是接收端的信号处理技术，要求接收端能准确获得信道信息。

（2）置零滤波矩阵更新频率是每次信道估计间隔。

若发送端较易获取信道信息，可以利用预补偿技术解决极化相关衰减效应。然而，在卫星通信中，由于卫星发射端和地面接收端通信距离较远，卫星收到接收端反馈的信道信息时，信道信息可能已经发生改变，这种情况下，置零滤波技术更为合适。合法节点对接收信号的处理流程可以通过图 4-6 表示，经过采样滤波后的信号首先通过置零滤波处理消除极化相关衰减效应；其次，根据收发端共享的极化状态构建滤波矩阵，将两路信号分开，分别进行极化状态匹配，得到幅相调制信号；最后，对幅相调制信号利用最大似然准则解调，恢复发送信号。

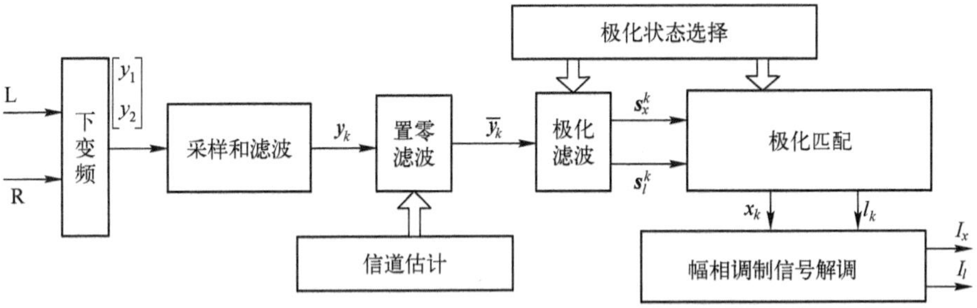

图 4-6　合法接收机信号处理流程

4.1.7　性能分析

假设合法节点和窃听节点均能通过信道估计获得信道信息，从而消除极化相关衰减效应。为了简化分析，这里假设理想信道，忽略噪声影响，窃听节点的接收信号可以表示为

$$\begin{aligned}\boldsymbol{y}_{\mathrm{E}}^k &= \boldsymbol{s}_x^k + \boldsymbol{s}_l^k = \left(\begin{bmatrix} \cos\gamma_x^k \\ \sin\gamma_x^k \mathrm{e}^{\mathrm{j}\eta_x^k} \end{bmatrix} A_x^k \mathrm{e}^{\mathrm{j}\varphi_x^k} + \begin{bmatrix} \cos\gamma_l^k \\ \sin\gamma_l^k \mathrm{e}^{\mathrm{j}\eta_l^k} \end{bmatrix} A_l^k \mathrm{e}^{\mathrm{j}\varphi_l^k} \right) \mathrm{e}^{\mathrm{j}\omega_c t} \\ &= \begin{bmatrix} \cos\gamma_x^k \\ \sin\gamma_x^k \mathrm{e}^{\mathrm{j}\eta_x^k} \end{bmatrix} A_x^k \mathrm{e}^{\mathrm{j}(\omega_c t+\varphi_x^k)} + \begin{bmatrix} \cos\left(\dfrac{\pi}{2}-\gamma_x^k\right) \\ \sin\left(\dfrac{\pi}{2}-\gamma_x^k\right) \mathrm{e}^{\mathrm{j}(\eta_x^k+\pi)} \end{bmatrix} A_l^k \mathrm{e}^{\mathrm{j}(\omega_c t+\varphi_l^k)} \qquad (4-36) \\ &= \begin{bmatrix} \cos\gamma_x^k \\ \sin\gamma_x^k \mathrm{e}^{\mathrm{j}\eta_x^k} \end{bmatrix} A_x^k \mathrm{e}^{\mathrm{j}(\omega_c t+\varphi_x^k)} + \begin{bmatrix} \sin(\gamma_x^k) \\ \cos(\gamma_x^k) \mathrm{e}^{\mathrm{j}(\eta_x^k+\pi)} \end{bmatrix} A_l^k \mathrm{e}^{\mathrm{j}(\omega_c t+\varphi_l^k)} \end{aligned}$$

极化状态的随机跳变增大了窃听节点获取两路信号极化状态的难度，即使通过穷举法，以搜索极化状态的技术构建滤波矩阵，分开后的两路幅相信号星座图是随机变化的，难以获得理想星座图，得不到正确的极化状态，难以将两路信号彻底分开。利用盲解调方法得到的极化参数可以表示为

$$\begin{cases}\gamma_{\mathrm{ER}}^{k}=\arctan\left(\dfrac{\left|A_{x}^{k}\sin(\gamma_{x}^{k})\mathrm{e}^{\mathrm{j}\eta_{x}^{k}}\mathrm{e}^{\mathrm{j}\varphi_{x}^{k}}-A_{l}^{k}\cos(\gamma_{x}^{k})\mathrm{e}^{\mathrm{j}\eta_{x}^{k}}\mathrm{e}^{\mathrm{j}\varphi_{l}^{k}}\right|}{\left|A_{x}^{k}\cos(\gamma_{x}^{k})\mathrm{e}^{\mathrm{j}\varphi_{x}^{k}}+A_{l}^{k}\mathrm{e}^{\mathrm{j}\varphi_{l}^{k}}\sin(\gamma_{x}^{k})\right|}\right)\\ \eta_{\mathrm{ER}}^{k}=\Xi(A_{x}^{k}\sin(\gamma_{x}^{k})\mathrm{e}^{\mathrm{j}\eta_{x}^{k}}\mathrm{e}^{\mathrm{j}\varphi_{x}^{k}}-A_{l}^{k}\cos(\gamma_{x}^{k})\mathrm{e}^{\mathrm{j}\eta_{x}^{k}}\mathrm{e}^{\mathrm{j}\varphi_{l}^{k}})\\ \qquad -\Xi(A_{x}^{k}\cos(\gamma_{x}^{k})\mathrm{e}^{\mathrm{j}\varphi_{x}^{k}}+A_{l}^{k}\mathrm{e}^{\mathrm{j}\varphi_{l}^{k}}\sin(\gamma_{x}^{k}))\end{cases} \tag{4-37}$$

极化状态匹配后的信号可以表示为

$$\begin{aligned}y_{\mathrm{ER}}^{k}=&\cos\gamma_{\mathrm{ER}}^{k}\cos\gamma_{x}^{k}A_{x}^{k}\mathrm{e}^{\mathrm{j}(\omega_{\mathrm{c}}t+\varphi_{x}^{k})}+\sin\gamma_{\mathrm{ER}}^{k}\sin\gamma_{x}^{k}\mathrm{e}^{\mathrm{j}(\eta_{x}^{k}-\eta_{\mathrm{ER}}^{k})}A_{x}^{k}\mathrm{e}^{\mathrm{j}(\omega_{\mathrm{c}}t+\varphi_{x}^{k})}\\ &+\cos\gamma_{\mathrm{ER}}^{k}\sin\gamma_{x}^{k}A_{l}^{k}\mathrm{e}^{\mathrm{j}(\omega_{\mathrm{c}}t+\varphi_{l}^{k})}+\sin\gamma_{\mathrm{ER}}^{k}\cos\gamma_{x}^{k}\mathrm{e}^{\mathrm{j}(\eta_{x}^{k}+\pi-\eta_{\mathrm{ER}}^{k})}A_{l}^{k}\mathrm{e}^{\mathrm{j}(\omega_{\mathrm{c}}t+\varphi_{l}^{k})}\end{aligned} \tag{4-38}$$

进一步分析两种特殊情况下的安全性能：

（1）假设对两路信号 I_x 和 I_l 均采用相位调制（Phase Shift Keying，PSK），同样两者调制阶数相同，那么 $A_x^k=A_l^k$，可以得

$$\begin{cases}\gamma_{\mathrm{ER}}^{k}=\arctan\left(\dfrac{\left|\sin(\gamma_{x}^{k})\mathrm{e}^{\mathrm{j}\varphi_{x}^{k}}-\cos(\gamma_{x}^{k})\mathrm{e}^{\mathrm{j}\varphi_{l}^{k}}\right|}{\left|\cos(\gamma_{x}^{k})\mathrm{e}^{\mathrm{j}\varphi_{x}^{k}}+\sin(\gamma_{x}^{k})\mathrm{e}^{\mathrm{j}\varphi_{l}^{k}}\right|}\right)\\ \eta_{\mathrm{ER}}^{k}=\eta_{x}^{k}+\Xi(\sin(\gamma_{x}^{k})\mathrm{e}^{\mathrm{j}\varphi_{x}^{k}}-\cos(\gamma_{x}^{k})\mathrm{e}^{\mathrm{j}\varphi_{l}^{k}})\\ \qquad -\Xi(\cos(\gamma_{x}^{k})\mathrm{e}^{\mathrm{j}\varphi_{x}^{k}}+\sin(\gamma_{x}^{k})\mathrm{e}^{\mathrm{j}\varphi_{l}^{k}})\end{cases} \tag{4-39}$$

由式（4-39）可见，γ_{ER}^k 和 η_{ER}^k 均随机变化，根据式（4-38）可得 y_{ER}^k 也是一个随机变化的复数，窃听节点无法通过盲解调恢复信号。

（2）假设对两路信号 I_x 和 I_l 均采用幅度调制（Amplitude Modulation，AM），同样两者调制阶数相同，那么 $\varphi_x^k=\varphi_l^k=0$，可得

$$\begin{cases}\gamma_{\mathrm{ER}}^{k}=\arctan\left(\dfrac{\left|A_{x}^{k}\sin(\gamma_{x}^{k})\mathrm{e}^{\mathrm{j}\eta_{x}^{k}}-A_{l}^{k}\cos(\gamma_{x}^{k})\mathrm{e}^{\mathrm{j}\eta_{x}^{k}}\right|}{\left|A_{x}^{k}\cos(\gamma_{x}^{k})+A_{l}^{k}\sin(\gamma_{x}^{k})\right|}\right)\\ \eta_{\mathrm{ER}}^{k}=\Xi(A_{x}^{k}\sin(\gamma_{x}^{k})\mathrm{e}^{\mathrm{j}\eta_{x}^{k}}-A_{l}^{k}\cos(\gamma_{x}^{k})\mathrm{e}^{\mathrm{j}\eta_{x}^{k}})-\Xi(A_{x}^{k}\cos(\gamma_{x}^{k})+A_{l}^{k}\sin(\gamma_{x}^{k}))=\eta_{x}^{k}\end{cases} \tag{4-40}$$

极化状态匹配后的信号可以表示为

$$\begin{aligned}y_{\mathrm{ER}}^{k}=&(\cos\gamma_{\mathrm{ER}}^{k}\cos\gamma_{x}^{k}+\sin\gamma_{\mathrm{ER}}^{k}\sin\gamma_{x}^{k})A_{x}^{k}\mathrm{e}^{\mathrm{j}\omega_{\mathrm{c}}t}\\ &+(\cos\gamma_{\mathrm{ER}}^{k}\sin\gamma_{x}^{k}-\sin\gamma_{\mathrm{ER}}^{k}\cos\gamma_{x}^{k})A_{l}^{k}\mathrm{e}^{\mathrm{j}\omega_{\mathrm{c}}t}\end{aligned} \tag{4-41}$$

可见，尽管在两路信号均采用幅相调制情况下，窃听节点能够获得相位差信息，然而信号的幅度同样是承载信息的参数，由于幅度难以准确获得，因此难以获得极化状态参数。

对于其他调制技术的结合，可以通过类似的方式进行分析，得到相似的结果。因此，对于两路极化信号，可以任意选择调制技术。

4.1.8　仿真分析

本节仿真分析中两路信号矢量分别用 $\boldsymbol{s}_x$ 和 $\boldsymbol{s}_l$ 表示，发射机和接收机的信号处理流程分别如图 4-1 和图 4-6 所示。假设窃听节点已知发送端所用的幅相调制技术以及调制阶数，并能利用置零滤波矩阵消除极化相关衰减效应。这样假设是因为窃听节点在获得这些先验信息的情况下如果无法解调信息，那么实际通信场景中难以获得这些信息的情况下，同样无法解调信息。为解调出信息，假设窃听节点利用盲信号解调方法解调极化状态，并利用极化状态匹配后的信号恢复幅相调制信号承载的信息。

1. 理想信道下采用不同调制技术情况下安全性能

假设理想高斯信道，首先生成一组随机比特序列，分成两部分 I_x 和 I_l，进而用不同的调制技术分别调制，极化状态选择方法如 4.1.4 节所述。幅相调制误码率理论值计算方法上一章中有介绍，也可参照文献 [138]，仿真值计算采用的符号数为 10^6。

首先利用 QPSK 对 I_x 和 I_l 进行调制，得到极化状态调制符号矢量 $\boldsymbol{s}_x$ 和 $\boldsymbol{s}_l$。解调后，Bob 和 Eve 误码率性能曲线分别画出。其次将 QPSK 换成 8PSK，进行同样的调制解调过程，画出误码率曲线。误码率随信噪比变化曲线分别如图 4-7 和图 4-8 所示，Bob 对信号 $\boldsymbol{s}_x$ 和 $\boldsymbol{s}_l$ 的解调性能趋近于高斯信道下理论值，这是因为两路极化信号通过极化滤波已经完全分开，且噪声功率没有放大。最后，Bob 已知发送信号的极化状态，极化状态匹配过程中没有信噪比损失，相当于在高斯信道下，对两路信道单独解调。然而 Eve 利用盲解调法解调信号，QPSK 信号和 8PSK 信号解调误码率均比较高。在信噪比较高的情况下，误码率仍然较高。

图 4-8 ~ 图 4-10 给出了不同调制技术组合情况下误码率性能曲线。图 4-8 中给出了用四阶幅度调制（4AM）调制两路信号和用 8AM 调制两路信号的误码率曲线。图 4-9 给出了用四阶正交幅度调制（Quadrature Amplitude Modulation，QAM）技术调制两路信号和用 16QAM 调制两路信号的误码率曲线。图 4-10 给出了用 QPSK 调制第一路信号，16QAM 调制第二路信号。无论采用何种调制方式，合法节点解调性能均能趋近于高斯信道下的理论值，窃听

节点误符号率较高且不随信噪比增大而有所改善。

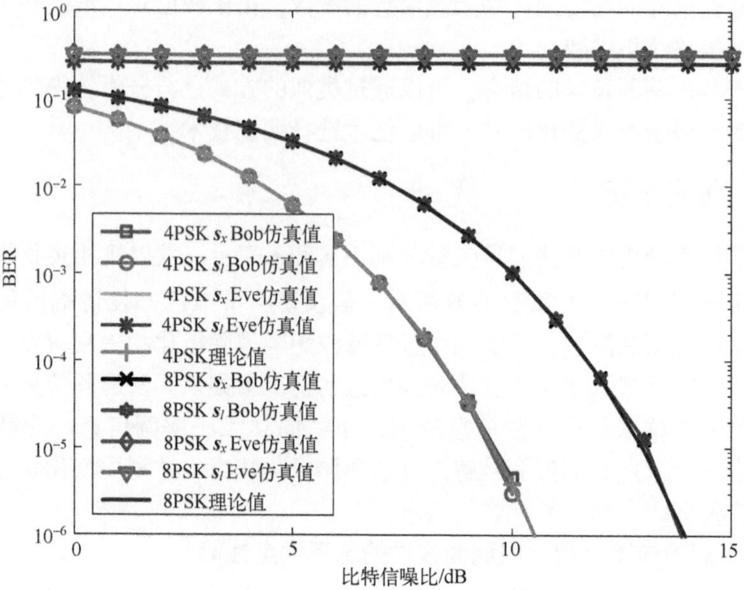

图 4-7　QPSK 和 8PSK 误码率随信噪比变化曲线（见彩插）

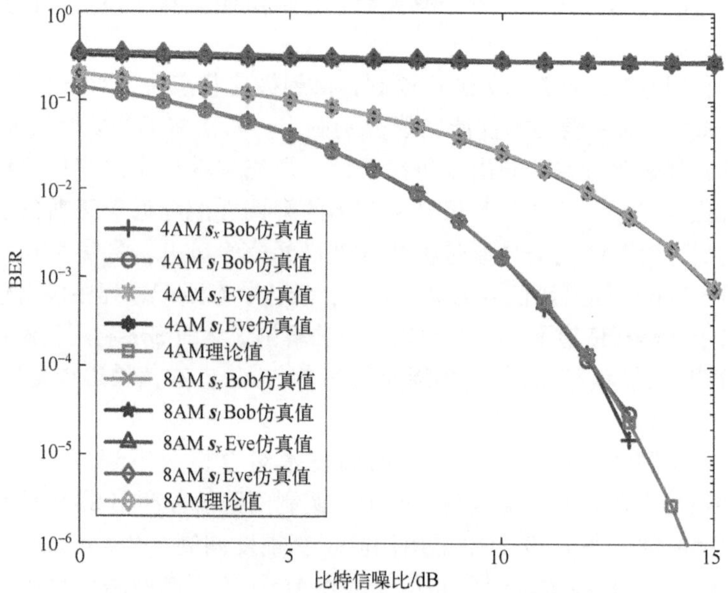

图 4-8　4AM 和 8AM 误码率随信噪比变化曲线（见彩插）

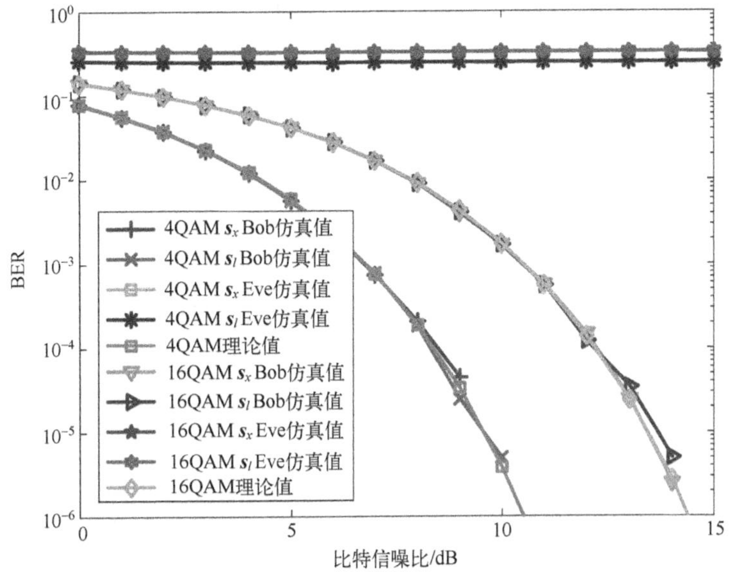

图 4-9　4QAM 和 16QAM 误码率随信噪比变化曲线（见彩插）

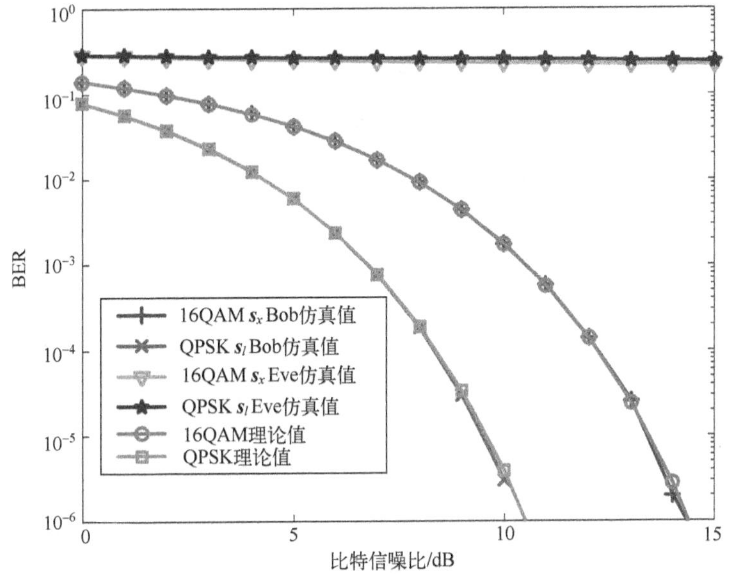

图 4-10　QPSK 和 16QAM 误码率随信噪比变化曲线（见彩插）

2. 卫星移动信道下传输性能分析

通过仿真比较预补偿技术和置零滤波技术对抗极化相关衰减效应性能。仿真中采用的信道模型为卫星移动信道模型（Rician 信道）[123-124]。Bob 信号解调误码率性能曲线如图 4-11 所示[124]，设置仿真中 $XPD_{ant}=15dB$，$XPC_{env}=7.6dB$，$K=10$，$\rho_t=1$，$\rho_r=0.2$，$\sigma_{\tilde{H}}^2=-12.7dB$，一路极化信号用 QPSK 调制方式，另一路用 8PSK 调制方式（其他调制方式组合得到的结果类似）。从图 4-11 中发现，两种技术的误码率性能均比理论值差，一方面是受到 K 的影响，另一方面是因为 PC 技术造成信号功率下降，而 ZFPF 技术放大了噪声，且随着 XPD 减小，PC 技术中信号功率下降越多，ZFPF 技术中噪声功率放大得越多，均导致信噪比下降。PC 更新补偿矩阵的频率是符号速率，而 ZFPF 更新滤波矩阵的频率是每个信道矩阵估计周期，相比 PC 计算量要小。此外，ZFPF 技术比 PC 技术误码率性能好，且在卫星通信中，收发端距离较远，通过接收端估计信道且利用信道信息处理信号的 ZFPF 技术相对而言更加适用。

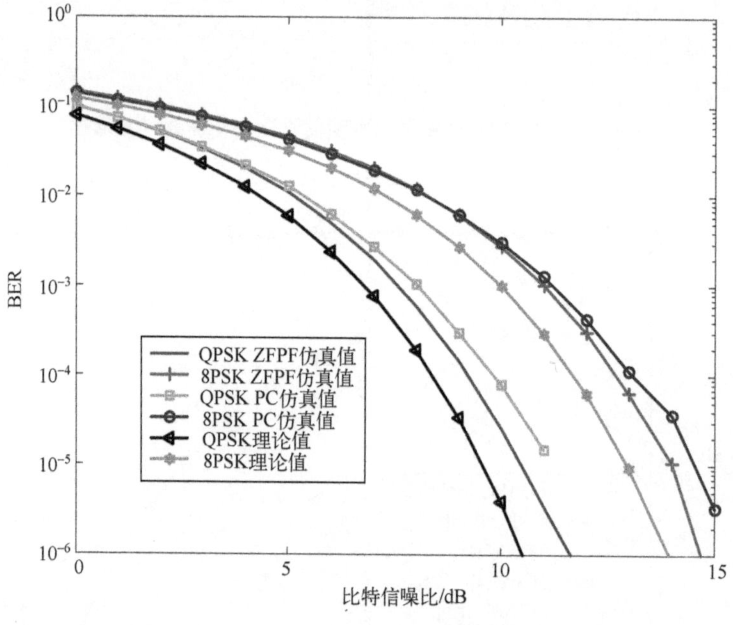

图 4-11　ZFPF 和 PC 性能比较

基于极化状态跳变的物理层安全传输技术利用两路极化信号同时传输信息，通过控制极化状态跳变实现传输安全，其中幅相调制技术可以任意选择。为了消除极化相关衰减效应，本书研究了 PC 技术和 ZFPF 技术。通过比较 PC 技术和 ZFPF 技术，得出 ZFPF 技术更适合在双极化卫星 MIMO 通信中用于消除极化相关衰减效应。

4.2　基于极化滤波的三路信号无干扰传输技术

在上一节提出的技术中，将信息分为两路传输，缩短了信息传输时间，提高了效率。那么，是否可以将待发送信息通过多路传输，进一步提高传输效率？为了搞清楚这个问题，首先将信息序列分为三路极化信号传输，探索三路信号无干扰传输技术，进一步探索多路信号无干扰传输的可行性。鉴于不理想信道引起的极化相关衰减效应，可以通过预补偿方法或者置零滤波方法消除，因此本节研究基于理想高斯信道。

4.2.1　信号模型

将待发送信息序列 I_0 分为 I_1、I_2 和 I_3 三路，假设调制后的三路符号为 $\boldsymbol{s}_i^k$，$i=1,2,3$，可以表示为

$$\boldsymbol{s}_i^k=\begin{bmatrix}\cos\gamma_i^k\\ \sin\gamma_i^k\mathrm{e}^{\mathrm{j}\eta_i^k}\end{bmatrix}A_i^k\mathrm{e}^{\mathrm{j}\varphi_i^k} \tag{4-42}$$

接收机接收到的信号可以表示为

$$\boldsymbol{y}_k=\sum_{i=1}^{3}\boldsymbol{s}_i^k+\boldsymbol{n}_k \tag{4-43}$$

为顺利解调信号，必须将三路极化信号分开，那么构建极化滤波矩阵是将三路极化信号分开的关键。上一节中利用斜投影矩阵可以将两路极化信号彻底分开，是否能够基于极化状态构建出能够将三个极化信号分开的滤波矩阵呢？

4.2.2　滤波矩阵构造

为了分开三路极化信号，需要构建一个三维满秩滤波矩阵。将式（4-42）重新写为

$$\begin{aligned}\boldsymbol{y}_k=\begin{bmatrix}y_1^k\\ y_2^k\end{bmatrix}&=[\boldsymbol{P}_1^k\quad\boldsymbol{P}_2^k\quad\boldsymbol{P}_3^k]\begin{bmatrix}x_1^k\\ x_2^k\\ x_3^k\end{bmatrix}+\boldsymbol{n}_k\\&=\begin{bmatrix}\cos\gamma_1^k & \cos\gamma_2^k & \cos\gamma_3^k\\ \sin\gamma_1^k\mathrm{e}^{\mathrm{j}\eta_1^k} & \sin\gamma_2^k\mathrm{e}^{\mathrm{j}\eta_2^k} & \sin\gamma_3^k\mathrm{e}^{\mathrm{j}\eta_3^k}\end{bmatrix}\begin{bmatrix}A_1^k\mathrm{e}^{\mathrm{j}\varphi_1^k}\\ A_2^k\mathrm{e}^{\mathrm{j}\varphi_2^k}\\ A_3^k\mathrm{e}^{\mathrm{j}\varphi_3^k}\end{bmatrix}+\boldsymbol{n}_k\end{aligned} \tag{4-44}$$

显然，极化状态矩阵为 2×3 维矩阵，为了满足斜投影矩阵的要求，需要构建一个 3×3 满秩矩阵，从而将三路极化信号分开。为此，需要构建一个新的极化矩阵行矢量，与原始极化状态矩阵两个行矢量独立。这里引入极化转换矩阵，将其中一路信号的极化状态转换为只有右旋分量的极化信号，即

$$\boldsymbol{\Phi}=\frac{1}{\sqrt{(|W_1|^2+|W_2|^2)(|\overline{W}_1|^2+|\overline{W}_2|^2)}}\times\begin{bmatrix} W_1^*\overline{W}_1+W_2^*\overline{W}_2, W_2^*\overline{W}_1-\overline{W}_2^*W_1 \\ W_1^*\overline{W}_2-\overline{W}_1^*W_2, \overline{W}_1^*W_1+W_2^*\overline{W}_2 \end{bmatrix} \tag{4-45}$$

式中：$(\cdot)^*$ 为共轭；

$$\boldsymbol{W}=\begin{bmatrix} W_1 \\ W_2 \end{bmatrix}=\begin{bmatrix} \cos\gamma_i^k \\ \sin\gamma_i^k \mathrm{e}^{\mathrm{j}\eta_i^k} \end{bmatrix},\quad \overline{\boldsymbol{J}}=\begin{bmatrix} \overline{W}_1 \\ \overline{W}_2 \end{bmatrix}=\begin{bmatrix} 0 \\ \mathrm{e}^{\mathrm{j}\eta_i^k} \end{bmatrix} \tag{4-46}$$

容易证明 $\boldsymbol{\Phi J}=\overline{\boldsymbol{J}}$，如果 $i=1$，那么第一路信号的极化状态只剩右旋极化分量，式（4-44）可表示为

$$\boldsymbol{\Phi y}_k=\begin{bmatrix} 0 \\ \sin\gamma_1^k \mathrm{e}^{\mathrm{j}\eta_1^k} \end{bmatrix}\boldsymbol{s}_1^k+\boldsymbol{\Phi P}_2^k x_2^k+\boldsymbol{\Phi P}_3^k x_3^k+\boldsymbol{\Phi n}_k \tag{4-47}$$

为了将第一路信号分离出来，其他两路信号可以看作为干扰，假设

$$\boldsymbol{\Phi P}_2^k=\begin{bmatrix} a_{11}^k+\mathrm{j}a_{12}^k \\ a_{21}^k+\mathrm{j}a_{22}^k \end{bmatrix},\quad \boldsymbol{\Phi P}_2^k=\begin{bmatrix} b_{11}^k+\mathrm{j}b_{12}^k \\ b_{21}^k+\mathrm{j}b_{22}^k \end{bmatrix} \tag{4-48}$$

取变换后极化状态的实部可得

$$\overline{\boldsymbol{\lambda}}_k=a_{11}^k x_2^k+b_{11}^k x_3^k+\mathcal{R}(\overline{n}_1^k) \tag{4-49}$$

式中：$\mathcal{R}(\cdot)$取实部；$\overline{n}_1^k$ 为变换后噪声分量。将$\overline{\boldsymbol{\lambda}}_k$ 作为式（4-44）的第三个行矢量，得

$$\begin{bmatrix} \boldsymbol{y}_k \\ \mathcal{R}(\boldsymbol{\Phi}y_k) \end{bmatrix}=\begin{bmatrix} y_1^k \\ y_2^k \\ \overline{\boldsymbol{\lambda}}_k \end{bmatrix}=\begin{bmatrix} \cos\gamma_1^k & \cos\gamma_2^k & \cos\gamma_3^k \\ \sin\gamma_1^k \mathrm{e}^{\mathrm{j}\eta_1^k} & \sin\gamma_2^k \mathrm{e}^{\mathrm{j}\eta_2^k} & \sin\gamma_3^k \mathrm{e}^{\mathrm{j}\eta_3^k} \\ 0 & a_{11}^k & b_{11}^k \end{bmatrix}\begin{bmatrix} A_1^k \mathrm{e}^{\mathrm{j}\varphi_1^k} \\ A_2^k \mathrm{e}^{\mathrm{j}\varphi_2^k} \\ A_3^k \mathrm{e}^{\mathrm{j}\varphi_3^k} \end{bmatrix}+\begin{bmatrix} \boldsymbol{n}_k \\ \mathcal{R}(\overline{n}_1^k) \end{bmatrix} \tag{4-50}$$

显然，式（4-50）成立的条件是 $\varphi_2^k=\varphi_3^k=0$，即为幅度调制信号。由于三路信号对称性得到 $\varphi_1^k=0$。那么 x_1^k、x_2^k 和 x_3^k 均为幅度调制符号。此外，式（4-49）中也可以用虚部，同样能达到类似的效果，然而调制方式只能是幅度调制。

根据斜投影技术，定义两个矩阵如下：

$$\boldsymbol{J}=\begin{bmatrix} \cos\gamma_1^k \\ \sin\gamma_1^k \mathrm{e}^{\mathrm{j}\eta_1^k} \\ 0 \end{bmatrix},\quad \boldsymbol{S}=\begin{bmatrix} \cos\gamma_2^k & \cos\gamma_3^k \\ \sin\gamma_2^k \mathrm{e}^{\mathrm{j}\eta_2^k} & \sin\gamma_3^k \mathrm{e}^{\mathrm{j}\eta_3^k} \\ a_{11}^k & b_{11}^k \end{bmatrix} \tag{4-51}$$

根据式（4-15）可得斜投影矩阵为

$$E_{JS}=J(J^{H}\Omega_{S}^{\perp}J)^{-1}J^{H}\Omega_{S}^{\perp} \tag{4-52}$$

式中：$\Omega_{S}^{\perp}=I-S(SS^{H})^{-1}S^{H}$。易证得 $E_{JS}J=J$，$E_{JS}S=0$。通过这样的方法可以将三路极化信号分开，进而分别解调。此外，根据上一节分析，当极化状态矢量之间的主角减小，会引起噪声功率的放大，那么在选择三路信号极化状态时，庞加莱球上代表极化状态的点相互之间球面距离应尽可能大。根据几何知识可知，星座点在同一个过球心的圆面上，且相互之间球面距离相等情况为最佳极化状态，如图 4-12 所示。

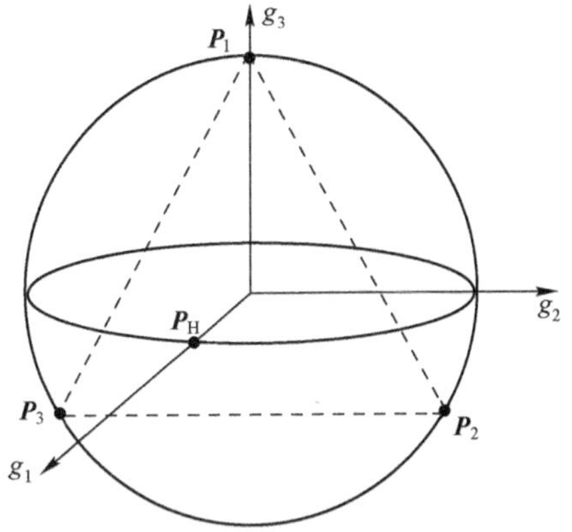

图 4-12　三极化状态选择

显然，这样选择的极化状态主角为 60°，根据式（4-24），输出信噪比将会有所损失，导致误码率性能下降，这是三路极化信号传输不可避免的问题。

4.2.3　仿真分析

本小节通过仿真进一步分析三路幅度调制信号传输性能。首先随机产生一组比特序列，分为三个部分，分别采用 4 阶、8 阶和 16 阶幅度调制。按照本节给出的方法随机选择三组极化状态，参数分别为 $\left[\frac{\pi}{4},0\right]$，$\left[\frac{\pi}{4},\frac{2\pi}{3}\right]$和 $\left[\frac{\pi}{4},\frac{4\pi}{3}\right]$（也可为其他极化状态，只要满足图 4-12 的选择方法）。图 4-13 给出了解调三路信号误码率性能曲线，分别与高斯信道下理论值比较。可见，仿真值比理论值性能略差，这是因为极化矢量之间主角小于$\frac{\pi}{2}$，造成噪声放大的结果，与理论分析一致，仿真证明了三路信号无干扰传输的可行性。

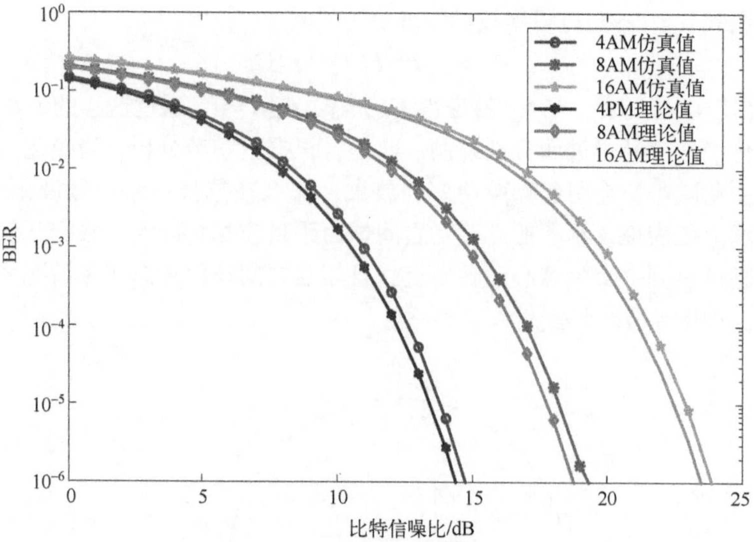

图 4-13　三路极化信号解调性能

4.2.4　多路信号传输可行性分析

利用幅度调制技术可以将信息序列分三路信号同时传输，那么，是否可以将信息序列分为四路甚至多路信号传输，关键问题是能否利用信号的极化状态信息构建出四维满秩矩阵，假设四路信号极化状态为 $\boldsymbol{P}_i=\begin{bmatrix}\cos\gamma_i^k\\ \sin\gamma_i^k \mathrm{e}^{\mathrm{j}\eta_i^k}\end{bmatrix}, i=1,2,3,4$，极化状态矩阵可以表示为

$$\begin{bmatrix}\boldsymbol{A}\\ \boldsymbol{B}\end{bmatrix}=\begin{bmatrix}\cos\gamma_1^k & \cos\gamma_2^k & \cos\gamma_3^k & \cos\gamma_4^k\\ \sin\gamma_1^k\mathrm{e}^{\mathrm{j}\eta_1^k} & \sin\gamma_2^k\mathrm{e}^{\mathrm{j}\eta_2^k} & \sin\gamma_3^k\mathrm{e}^{\mathrm{j}\eta_3^k} & \sin\gamma_4^k\mathrm{e}^{\mathrm{j}\eta_4^k}\end{bmatrix} \tag{4-53}$$

利用极化转换矩阵处理式（4-53），相当于对 $\boldsymbol{A}$ 和 $\boldsymbol{B}$ 进行初等矩阵变换，将左旋极化分量置零，可以将极化转换矩阵处理简化为 $u\boldsymbol{A}+v\boldsymbol{B}$。进而取模值可将矩阵秩变为 3，即

$$R\left(\begin{bmatrix}\boldsymbol{A}\\ \boldsymbol{B}\\ \boldsymbol{C}=\mathcal{R}(u\boldsymbol{A}+v\boldsymbol{B})\end{bmatrix}\right)=3 \tag{4-54}$$

根据文献［112］介绍，可以将第二个极化状态转换成只有右旋分量的矢量，同样将极化转化矩阵处理简化为 $u_1\boldsymbol{A}+v_1\boldsymbol{B}$，那么，极化状态矩阵可以表示为

$$\begin{bmatrix} \boldsymbol{A} \\ \boldsymbol{B} \\ \boldsymbol{C}=\mathcal{R}(u\boldsymbol{A}+v\boldsymbol{B}) \\ \boldsymbol{D}=\mathcal{R}(u_1\boldsymbol{A}+v_1\boldsymbol{B}) \end{bmatrix} \tag{4-55}$$

任意选取复数代入 u,v,u_1,v_1，易证得式（4-55）矩阵的秩等于 3。通过本节技术难以构建四维满秩矩阵，即无法分离四路极化信号。这是与文献［112］不同的结论。本节中选取极化转换矩阵处理后信号的实部，采用虚部或者模值，得出的结论相同，读者可以按照本节提出的技术自行证明。

三路极化信号无干扰传输技术关键在于设计将三路极化信号分开的滤波矩阵，并且利用随机序列控制极化状态跳变，结合 4.1.2 节提出的极化状态选择技术，同样可以增强信息传输的安全性。目前，三路信号无干扰传输研究只能采用幅度调制技术，是否可以采用其他幅相调制技术也是下一步研究的内容。同时，如何利用信号极化状态构建多维满秩矩阵，实现四路甚至多路信号同时传输，也是值得研究的内容。

第 5 章 基于方向-极化状态联合调制的物理层安全传输技术

随着无线通信技术的发展，人们对无线通信数据传输速率要求越来越高，越来越多设备接入互联网，导致无线频谱资源越发紧张。为缓解这个问题，第五代移动通信技术工作在微波高频频段，较宽的频谱使得 5G 通信有较大的系统容量，能有效提升信息传输速率。高频信号在传输过程中衰减较大，折射散射分量可忽略，主要为视距通信。另外，在高频卫星通信场景（Ku，Ka），视距分量占主导位置，散射折射分量可以忽略，也可等效为视距通信。由于视距信道之间相关性较大，无法利用 MIMO 技术提高传输效率，然而可以利用正交双极化间的隔离特性，在视距信道下获得两路独立的信道，利用极化信号处理技术提高传输效率。

视距通信场景下的物理层安全传输技术中，具有代表性的是方向调制技术[38-39]。该技术的主要思想是通过设计信号传输方案，在期望接收机方向综合出理想星座图，而使非期望方向星座图产生畸变，增大非期望接收机信号解调难度，从而增强信息传输安全性。本章将介绍如何结合极化状态调制技术和方向调制技术，研究基于联合调制技术的物理层安全增强技术。

本章安排如下：5.1 节介绍方向调制技术，5.2 节介绍双波束方向-极化状态联合调制安全传输技术，5.3 节介绍基于天线选择和人工加噪的方向-极化状态联合调制安全传输技术，5.4 节将方向-极化状态联合调制技术推广到卫星通信。

5.1 方向调制技术

传统无线通信发射机均是在基带实现信息的调制，通过上变频和射频放大，进而激励天线或天线阵列。这种方式辐射出的信号在空间范围内承载的信息相同，有相同的调制星座结构，不同的是信号的功率，如图 5-1（a）所示。当窃听接收机足够灵敏，仍然能从接收信号中解调出信息，造成信息泄露。针对这个问题，文献［139］提出了一种基于相控阵的方向调制技术，通过从阵列中随机选取子阵的方式形成波束发送信号，在期望接收机方向综合出理想调制星座图，而非期望方向星座结构畸变，恶化非期望方向接收机解调性能，如图 5-1（b）所示。对于第 k 个符号，方向调制信号的数学模型可以表示为

$$s=\sqrt{P}\frac{1}{L}(\boldsymbol{b}_k\odot\boldsymbol{h}_{\theta_s})x_k \tag{5-1}$$

式中：x_k 为第 k 个待发送符号；P 为功率；$\boldsymbol{b}_k$ 为 N 维阵元选择矢量，其中的元素为 0 或 1，N 为阵元数；L 为 $\boldsymbol{b}_k$ 中 1 的个数；θ_s 为期望方向角度；$\odot$为哈达玛积；$\boldsymbol{h}_{\theta_i}^{\mathrm{H}}$为 N 维阵列导向矢量，可以表示为

$$\boldsymbol{h}_{\theta_i}=[\mathrm{e}^{-\mathrm{j}\left(\frac{N-1}{2}\right)\frac{2\pi d}{\lambda}\cos\theta_i},\mathrm{e}^{\mathrm{j}\left(\frac{N-1}{2}-1\right)\frac{2\pi d}{\lambda}\cos\theta_i},\cdots,\mathrm{e}^{\mathrm{j}\left(\frac{N-1}{2}\right)\frac{2\pi d}{\lambda}\cos\theta_i}]^{\mathrm{T}} \tag{5-2}$$

式中：θ_i为信号来波方向，d 为阵元间距，λ 为波长。忽略噪声影响，接收信号可以表示为

$$\boldsymbol{h}_{\theta}^{\mathrm{H}}s=\sqrt{P}x_k\underbrace{\frac{\boldsymbol{h}_{\theta}^{\mathrm{H}}(\boldsymbol{b}_k\odot\boldsymbol{h}_{\theta_s})}{L}}_{f(\theta)} \tag{5-3}$$

显然，$f(\theta)$在期望方向为 1，非期望方向为幅度和相位随着 $\boldsymbol{b}_k$ 变化的复数，将导致接收信号幅相改变。这样的技术使得星座图具有方向性，在期望方向保持规则星座图，非期望方向星座图畸变，如图 5-1 所示，方向调制通过星座带有方向性发射的技术。

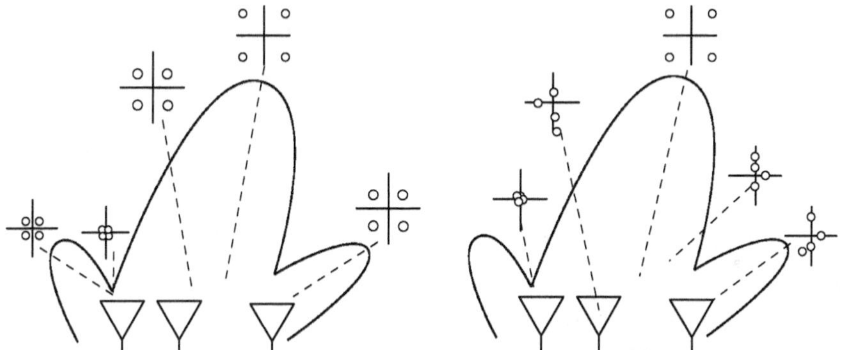

(a) 传统发射机辐射QPSK信号　　(b) 方向调制发射机辐射QPSK信号

图 5-1　传统发射机和方向调制发射机辐射 QPSK 信号对比

近年来，方向调制技术发展迅速，从而提出了各种各样具有方向性的信息传输技术，如文献［42］中提出了一种双波束方向调制技术，通过两个指向不同的波束分别发送幅相调制信号的同向分量和正交分量，使星座图结构与波束增益相关，在期望方向综合出规则方向图，非期望方向的星座图畸变。在文

献［140］和文献［141］中，作者分别通过投影的方法和波束形成的方法形成多个波束服务多个方向用户，使期望方向接收机能接收各自期望信号而屏蔽其他用户信号，非期望方向接收机接收信号为混合信号，干扰和噪声夹杂其中，很难分开。

当前，方向调制技术的相关研究大都基于标量阵列，而基于正交双极化天线的方向调制技术研究相对较少。本章将结合方向调制和极化状态调制，讨论一种新型的物理层安全传输技术。根据上文所述，方向调制技术通过产生多波束传输多路信号，在期望方向综合出理想星座图，使非期望方向星座图产生畸变。利用这个特点，本章利用双极化波束分别传输极化状态调制信号两分量，将极化状态调制星座与波束增益联系起来。首先介绍基于单极化天线阵的方向-极化状态联合调制技术，利用单极化天线设计波束，使得在期望方向两波束增益相同，可以获得理想星座图，非期望方向波束增益存在差异，使得非期望方向极化状态调制星座产生畸变，增强信息传输安全性。在信号传输过程中，正交双极化波束是不变的，畸变的星座图也是固定的，这样的技术成为静态方向调制技术。如果双波束是动态变化的，畸变的星座图也是随机变换的，这样的技术称为动态方向调制技术，相比较而言，动态方向调制技术的安全传输性能更好[44,142]。

从动态方向调制角度出发，进一步介绍基于双极化线阵的方向-极化状态联合调制安全传输技术。极化信号的两分量通过两个正交极化波束发射，通过两组权值使两波束增益最大方向均指向期望接收机方向，避免阵列增益造成的功率损失。进而利用两组选择矢量选择发送天线，使得发送极化波束随机变化，导致旁瓣方向星座畸变，且畸变的星座图随机变化，增大窃听节点解调信号难度。针对主瓣窃听问题，随机选择一路极化分量，注入人工噪声，恶化窃听节点信噪比的同时不影响合法节点信号解调性能，提高安全速率。

最后，将方向-极化状态联合调制技术推广到卫星双极化平面阵列，通过阵列设计和波束设计，构建安全通信链路。

5.2 基于单极化天线阵的方向-极化状态联合调制安全传输技术

5.2.1 系统模型

本节研究的系统模型如图 5-2 所示，包括一个发射节点（Alice），一个合法节点（Bob），并且已知方位信息，一个窃听节点（Eve），未知方位信息。

假设发射节点（Alice）配备双极化阵列，合法节点（Bob）和窃听节点（Eve）均配备一个双极化天线。为增强安全传输性能，本节研究了基于单极化天线阵的方向-极化状态联合调制（Directional Polarization State Modulation，DPM）的安全传输技术。利用双极化波束分别传输极化状态调制信号两分量，将极化状态调制星座与波束增益联系起来，通过波束设计，使得在期望方向两波束增益相同，可以获得理想星座图，非期望方向波束增益存在差异，使得极化状态调制星座在非期望方向产生畸变，从而增强信息传输安全性，恶化窃听节点解调性能。

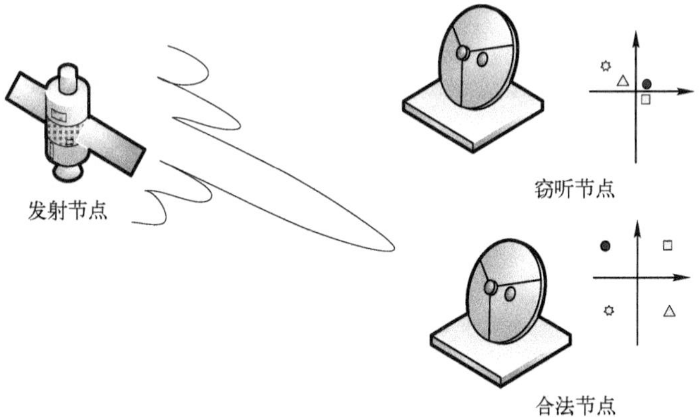

图 5-2　系统模型

5.2.2　信号模型

假设第 k 个发送信号矢量为 $\boldsymbol{x}_k=\begin{bmatrix}x_{1k}\\x_{2k}\end{bmatrix}$，经过自由空间传输，方位角为 θ 的节点接收的信号可以表示为

$$\boldsymbol{y}_k=\begin{bmatrix}y_{1\theta k}\\y_{2\theta k}\end{bmatrix}=\boldsymbol{HFx}_k+\boldsymbol{n}_k=\begin{bmatrix}h_{11}&h_{12}\\h_{21}&h_{22}\end{bmatrix}\begin{bmatrix}f_1(\theta)&0\\0&f_2(\theta)\end{bmatrix}\begin{bmatrix}x_{1k}\\x_{2k}\end{bmatrix}+\begin{bmatrix}n_{1k}\\n_{2k}\end{bmatrix}\tag{5-4}$$

式中：$\boldsymbol{n}_k$ 为高斯噪声矢量，服从 $\mathcal{CN}(0,\sigma^2\boldsymbol{I}_2)$ 分布；$f_1(\theta)$ 和 $f_2(\theta)$ 分别为两种正交极化波束方向图函数，其中，θ 为方位角；$\boldsymbol{H}$ 为信道响应矩阵，视距信道下，可以表示为

$$\boldsymbol{H}=\sqrt{Y}\begin{bmatrix}\sqrt{1-\chi}&\sqrt{\chi}\\\sqrt{\chi}&\sqrt{1-\chi}\end{bmatrix}=\sqrt{Y}\boldsymbol{U\Sigma V}=\sqrt{Y}\boldsymbol{U}\begin{bmatrix}\sqrt{\lambda_1}&0\\0&\sqrt{\lambda_2}\end{bmatrix}\boldsymbol{V}\tag{5-5}$$

式中：Y 为自由空间路径衰减；$\boldsymbol{U}$ 和 $\boldsymbol{V}$ 分别为奇异值分解的左右酉矩阵；$\boldsymbol{\Sigma}$ 为

特征值矩阵；λ_1 和 λ_2 为特征值。χ 为衡量接收天线交叉极化隔离鉴别率（XPD）性能参数，可以表示为

$$\zeta = 10\lg\left(\frac{1-\chi}{\chi}\right) \tag{5-6}$$

可见，当$\chi=0$时，$\lambda_1=\lambda_2=1$，信道矩阵为单位矩阵，为理想信道；当$\chi>0$时，$\lambda_1>1>\lambda_2(\lambda_2>1>\lambda_1)$，信道存在极化相关衰减效应，即存在交叉极化干扰。

5.2.3 极化状态调制星座图

本章所用的极化状态调制星座图如图5-3所示：星座点之间最小间距为d_T，星座点关于g_1轴对称且分布在球面上。极化状态调制映射规则可参照2.1节。

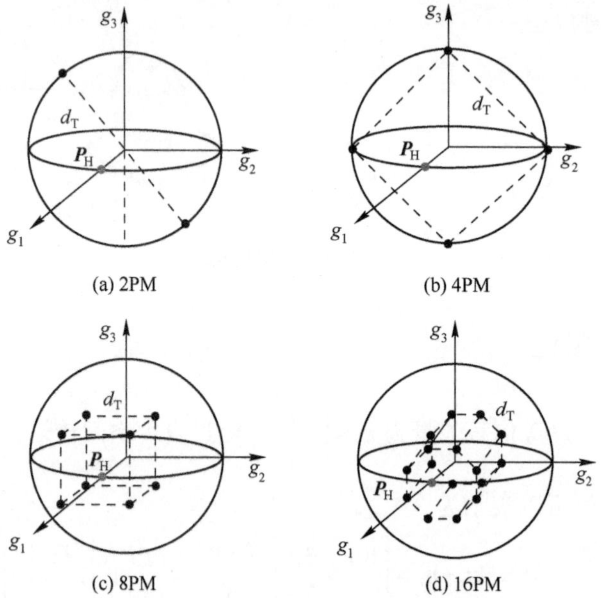

图5-3 M_p阶极化状态调制星座图

5.2.4 方向-极化状态联合调制原理

1. 联合调制信号处理流程

图5-4给出了方向-极化状态联合调制信号处理流程，信息序列经过极化状态调制单元，映射为K个极化状态调制符号，每个极化状态符号可以用一

组权矢量 $\boldsymbol{w}_k$ 表示

$$\boldsymbol{w}_k=\begin{bmatrix}w_{1k}\\w_{2k}\end{bmatrix}=\begin{bmatrix}\cos\gamma_k\\\sin\gamma_k e^{j\eta_k}\end{bmatrix},\quad k=1,2,\cdots,K \tag{5-7}$$

式中：$\gamma_k\in\left(0,\dfrac{\pi}{2}\right)$ 和 $\eta_k\in(0,2\pi)$。当 γ_k 和 φ_k 取不同值时，对应不同的极化状态 $\boldsymbol{P}_k$。

S_0 为载波信号，可表示为

$$S_0=\sqrt{P}e^{j\omega_c t} \tag{5-8}$$

式中：P 为信号功率；ω_c 为载波频率。进而将 S_0 分为相同的两部分，分别与极化状态权值 $\boldsymbol{w}_k$ 的两个分量相乘，得到 S_1 和 S_2，经过射频后通过相互正交的极化波束发射出去。S_1 和 S_2 在远场会耦合成一种特定的极化状态，该极化状态由极化状态调制支路产生的加权因子 $\boldsymbol{w}_k$ 决定。水平极化状态信号 S_1 和垂直极化状态信号 S_2 分别表示为

$$\begin{cases}S_1=\sqrt{P}\cos\gamma_k e^{jw_c t}\\S_1=\sqrt{P}\sin\gamma_k e^{j\eta_k}e^{jw_c t}\end{cases} \tag{5-9}$$

根据式（5-4）可得接收信号为

$$\boldsymbol{y}_{\theta k}=\begin{bmatrix}y_{1\theta k}\\y_{2\theta k}\end{bmatrix}=\sqrt{P}\begin{bmatrix}h_{11}&h_{12}\\h_{21}&h_{22}\end{bmatrix}\begin{bmatrix}f_1(\theta)\cos\gamma_k\\f_2(\theta)\sin\gamma_k e^{j\eta_k}\end{bmatrix}e^{j\omega_c t}+\begin{bmatrix}n_{1k}\\n_{2k}\end{bmatrix} \tag{5-10}$$

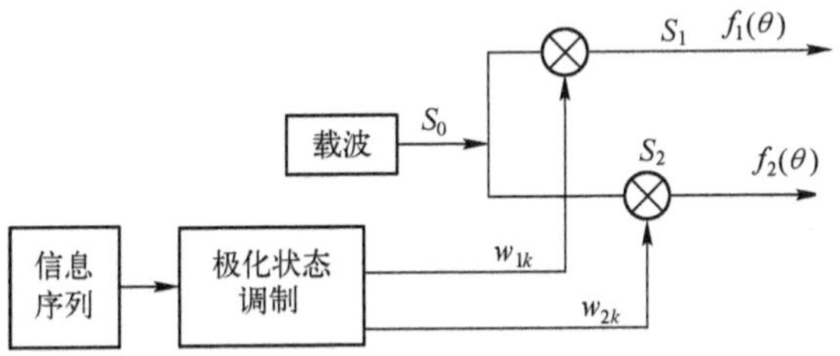

图 5-4　方向-极化状态联合调制信号处理流程

2. 联合调制信号解调

由式（5-10）可见，接收信号同时受到波束增益和不理想信道影响。根据前两章分析，不理想信道造成的极化相关衰减效应，将导致发送信号极化状态改变。消除极化相关衰减效应的方法有发送端的预补偿方法和接收端的置零滤波矩阵技术。地面移动通信中相比于卫星通信，通信距离较近，信道具有互易性，可以利用导频信号进行信道估计以及更新，通过发射端利用补偿矩阵处

理信号，消除极化相关衰减效应并且达到发射端复杂化、接收端简化的目的，符合地面蜂窝通信要求。那么，本节采用预补偿方法消除极化相关衰减效应，补偿矩阵可以表示为

$$\boldsymbol{\Psi}_k = \boldsymbol{V}^{\mathrm{H}} \begin{bmatrix} \dfrac{\sqrt{\lambda_2}}{\sqrt{\lambda_2 \cos^2\gamma_k + \lambda_1 \sin^2\gamma_k}} & 0 \\ 0 & \dfrac{\sqrt{\lambda_1}}{\sqrt{\lambda_2 \cos^2\gamma_k + \lambda_1 \sin^2\gamma_k}} \end{bmatrix} \boldsymbol{U}^{\mathrm{H}} \tag{5-11}$$

补偿后的接收信号为

$$\tilde{\boldsymbol{y}}_{\theta k} = \frac{\sqrt{YP\lambda_1\lambda_2}}{\sqrt{\lambda_2 \cos^2\gamma_k + \lambda_1 \sin^2\gamma_k}} \begin{bmatrix} f_1(\theta)\cos\gamma_k \\ f_2(\theta)\sin\gamma_k \mathrm{e}^{\mathrm{j}\eta_k} \end{bmatrix} \mathrm{e}^{\mathrm{j}\omega_c t} + \begin{bmatrix} n_{1k} \\ n_{2k} \end{bmatrix} \tag{5-12}$$

此时信噪比可以计算为

$$\xi_k = \frac{YP\lambda_1\lambda_2}{2\sigma^2(\lambda_2 \cos^2\gamma_k + \lambda_1 \sin^2\gamma_k)} \tag{5-13}$$

可见，补偿后的信号信噪比有所下降，然而信道极化相关衰减效应被消除，接收信号只受到波束增益的影响。为更好观察波束增益对星座图的影响，忽略噪声因素，极化状态可以解调为

$$\begin{cases} \gamma_{\mathrm{R}}^k = \arctan\left(\dfrac{|f_2(\theta)\sin\gamma_k \mathrm{e}^{\mathrm{j}\eta_k}|}{|f_1(\theta)\cos\gamma_k|}\right) \\ \eta_{\mathrm{R}}^k = \phi(f_2(\theta)\sin\gamma_k \mathrm{e}^{\mathrm{j}\eta_k}) - \phi(f_1(\theta)\cos\gamma_k) \end{cases} \tag{5-14}$$

根据合法节点空间方位信息 θ_{B}，可以通过波束设计使得 $f_1(\theta_{\mathrm{B}})=f_2(\theta_{\mathrm{B}})$，从而得到 $\gamma_{\mathrm{R}}^k=\gamma_k, \eta_{\mathrm{R}}^k=\eta_k$。然后，根据最大似然判决准则恢复发送信号极化状态。当 $\theta \neq \theta_{\mathrm{B}}$ 时，$f_1(\theta) \neq f_2(\theta)$，那么 $\gamma_{\mathrm{R}}^k \neq \gamma_k$。为了不失一般性，假设 $f_1(\theta) > f_2(\theta)$，那么 $\gamma_{\mathrm{R}}^k < \gamma_k$。通过图 5-5 给出了波束增益对极化状态调制星座的影响。假设初始星座点为 $\boldsymbol{P}_m$ 和 $\boldsymbol{P}_n$，星座点间球面距离为 d_{T}，经过波束影响后，星座点向水平极化 $\boldsymbol{P}_{\mathrm{H}}$ 偏移，变为 $\boldsymbol{P}_g$ 和 $\boldsymbol{P}_l$，其星座点之间球面间距变小。整个星座结构星座点之间的最小球面间距变小，造成误符号率性能恶化，且波束增益差别越大，恶化越严重。

因此，在设计双极化波束时，应保证两波束增益在合法节点方向增益相同。而窃听节点空间方位角未知，可能在除了期望方向的任何位置。那么，非期望方向波束增益应尽可能有较大差异，从而增大窃听节点信号解调难度，提高信息传输安全性。下一节将介绍两种波束设计方法。

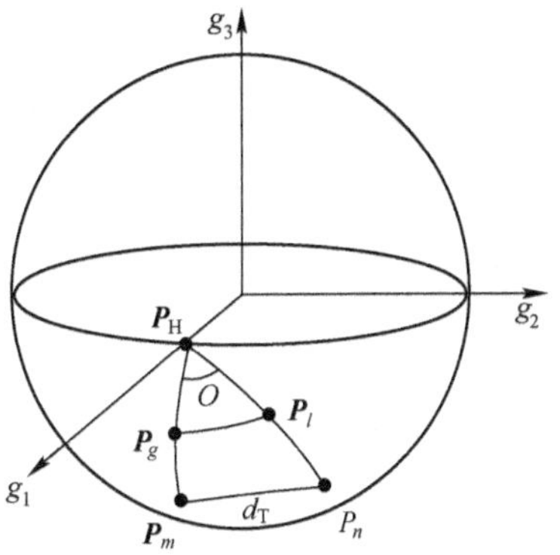

图 5-5　波束增益对极化状态调制星座图影响

5.2.5　波束设计

1. 四阵元阵列

四极化阵元（简称四阵元）阵列模型如图 5-6 所示，两种正交极化阵元分别放在 x 轴和 y 轴。利用反向激励分别激励相同极化阵元，阵列 N-S 辐射方向图计算公式为

$$f_1(\theta)=\sin\left(\frac{\pi d}{\lambda}\sin(\theta)\right) \tag{5-15}$$

式中：λ 为波长；d 为阵元间距；θ 为方位角。同理，W-E 方向图计算公式为

$$f_2(\theta)=\sin\left(\frac{\pi d}{\lambda}\cos(\theta)\right) \tag{5-16}$$

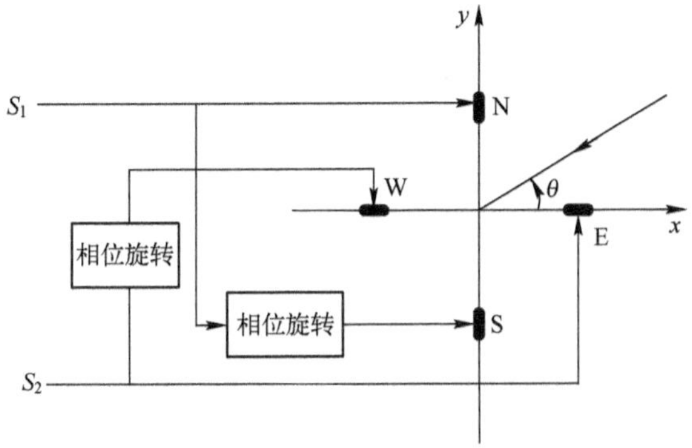

图 5-6　四极化阵元阵列

综合方向图可以表示为

$$f(\theta)=\sqrt{f_1(\theta)^2+f_2(\theta)^2} \tag{5-17}$$

$f_1(\theta)$、$f_2(\theta)$和$f(\theta)$归一化增益方向图如图 5-7 所示。

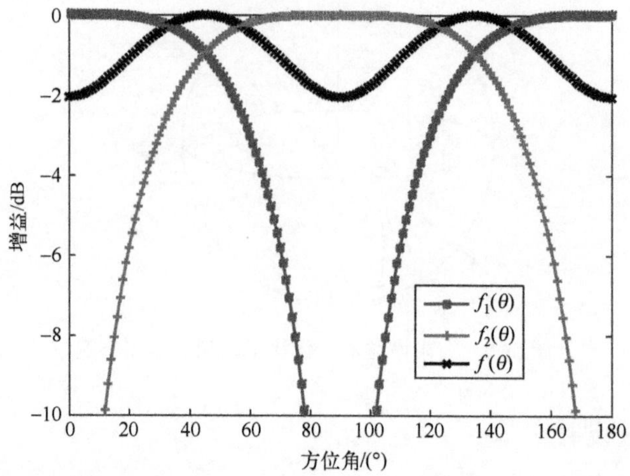

图 5-7　波束增益方向图

2. 角型反射器

图 5-8 所示的角型反射器[42]，相互正交的极化天线放在 90°角型反射器中，天线 1 和天线 2 与坐标原点距离分别为 $d_1=2.2\lambda$ 和 $d_2=2.2\lambda$，天线之间距离 $d_{12}=1.2128\lambda$，与 x 轴夹角分别为 $\theta_1=\theta_2=16°$。极化状态调制信号的两个分量分别通过两根天线发射。

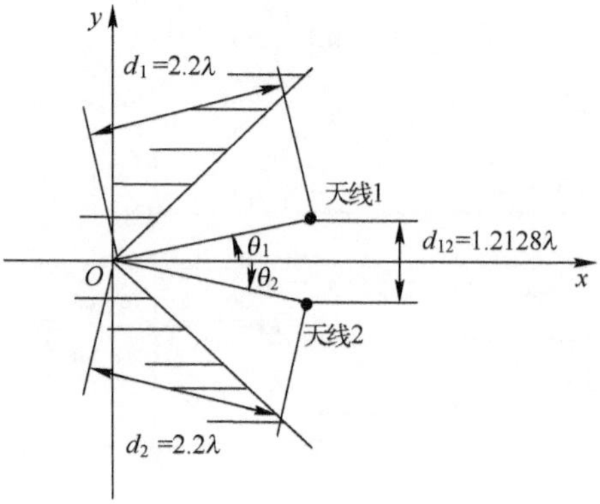

图 5-8　角型反射器

根据镜像理论，角型反射器两个天线阵元辐射波束方向图分别为

$$f_1(\theta)=|\cos[\beta d_1\cos(\theta-\theta_1)]-\cos[\beta d_1\sin(\theta+\theta_1)]| \tag{5-18}$$

$$f_2(\theta)=|\cos[\beta d_2\cos(\theta-\theta_2)]-\cos[\beta d_2\sin(\theta+\theta_2)]| \tag{5-19}$$

式中：β 为电磁波自由空间传播常数，$\beta=2\pi/\lambda$，λ 为波长；θ 为方位角。那么，$f_1(\theta)$、$f_2(\theta)$ 以及合成方向图的归一化增益方向图如图 5-9 所示。

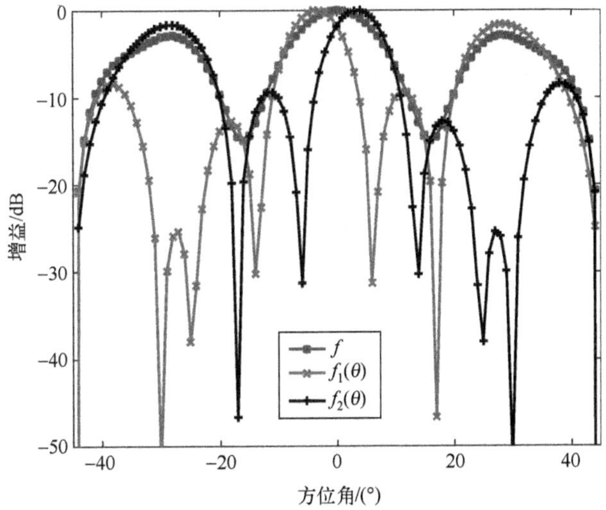

图 5-9　角型反射器波束方向图

由图 5-7 和图 5-9 可见，$f_1(\theta)$ 和 $f_2(\theta)$ 均能在期望方向（四阵元期望方位角 135°和 45°，角型反射器 0°）有相同的增益而在其他方向增益不同。根据上一节分析，非期望方向接收机接收调制信号星座图发生畸变，解调难度增大。

5.2.6　仿真分析

本节将通过仿真分析 DPM 方法在提高信息传输安全方面的性能。仿真中假设极化状态调制阶数为八阶，利用八阶相位调制（8PSK 利用综合方向图传输）作为参照。极化信号的两个极化分量分别通过两个正交极化波束发射，8PSK 信号通过综合方向图发射。比较 $\zeta\rightarrow\infty$ 和 $\zeta\rightarrow 30\text{dB}$ 两种情况误符号率（Symbol Error Rate，SER）性能，假设发送端已知信道信息并利用预补偿方法补偿极化相关衰减效应，信噪比设置为 22dB。

图 5-10 给出了四极化阵元阵列发射信号在不同方位角接收机误符号率性能，图 5-11 给出了角型反射器发射信号在不同方位角接收机误符号率性能。由两图中可见，在期望方向双波束方法误符号率比 8PSK 低，当接收机角度偏离期望信号方向，双波束方法误符号率迅速恶化，这是由于受到阵列增益影响，旁瓣波束增益较低，导致信号功率较低，且两波束增益不同，使得星座图发生畸变，非期望方向信号解调难度增大。图 5-10 中，8PSK 信号在空间范

围内误符号率均比较低，使得信号较容易被窃听。图 5-11 中，双波束方法具有相对较窄的主瓣，指向性较好，旁瓣误符号率相比于 8PSK 方法也相对较高，能为信息传输提供更好的保护。观察 $\zeta=30\text{dB}$ 时误符号率曲线，利用补偿方法处理后，误符号率变大，这是因为补偿后虽然极化状态没变，然而其功率下降，导致误符号率性能有所下降。在实际应用中，可以通过阵列设计，达到控制保密区域的效果，保证在保密区域内信号解调误码率比较低，保密区域外，信号解调误码率较高，达到增强信号传输安全性的目的。

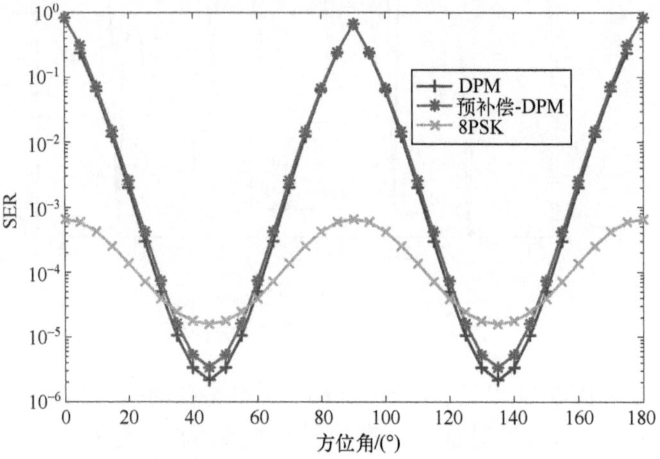

图 5-10　四阵元阵列误符号率曲线

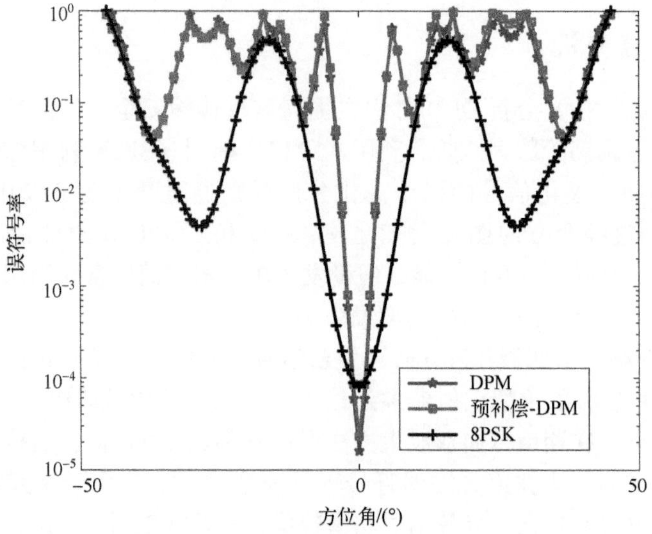

图 5-11　角型反射器误符号率曲线

利用正交极化波束分别发送极化状态调制信号的两个分量，将极化状态调制符号和阵列增益联系起来。通过波束设计，在期望接收机方向两波束增益相同，其他方位角波束增益不同，形成空间不同角度的差异化星座发射，增大窃听接收机信号解调难度。本小节采用四阵元阵列和角型反射器设计双波束，正交极化波束最大增益并不是期望方向，会造成一定的功率损失，在提高安全性的同时，也牺牲了一部分功率。

5.3　基于双极化线阵的方向-极化状态联合调制安全传输技术

上一小节给出两种发射技术均是利用单极化天线阵列设计波束，信号在传输过程中波束增益不变，畸变的星座也是固定的，为静态方向调制。若波束是动态变化的，畸变的星座是随机变化的，则为动态方向调制。动态变化的波束能进一步提高非期望方向信号的随机性，增大解调难度，相比于静态方向调制技术，安全性能更好。本节将从动态方向调制角度考虑，基于正交双极化天线阵列，介绍一种基于双极化天线阵列的方向-极化状态联合调制安全传输技术。极化信号的两分量通过两个正交极化波束发射，通过两组权值使两波束增益最大方向均指向期望接收机方向，避免阵列增益造成的功率损失。进而利用两组选择矢量选择发送天线，使得发送极化波束随机变化，造成旁瓣方向星座畸变，且畸变的星座图随机变化的结果，从而增大窃听节点解调信号难度。针对主瓣窃听问题，随机选择一路极化分量，注入人工噪声，恶化窃听节点信噪比的同时不影响合法节点信号解调性能，提高安全速率，从而增强信息传输安全。

5.3.1　阵列模型

本节研究的系统模型与 5.2 节系统模型类似，不同的是发射机配备一个包含 N 个双极化天线的阵列。阵列模型如图 5-12 所示，双极化阵元排列在 y 轴，阵元间距为 d，为避免栅瓣，$d \leqslant \frac{\lambda}{2}$，其中，$\lambda$ 为波长。

发射机信号处理流程如图 5-13 所示，比特序列首先经过极化状态调制技术映射为极化状态调制符号。经过加权处理后，两路正交极化波束主瓣方向调整为合法节点方向，进而通过天线选择和人工加噪处理提高传输安全性。最后通过上变频和射频放大器（Power Amplifier，PA）后，利用双极化阵列发射出去。

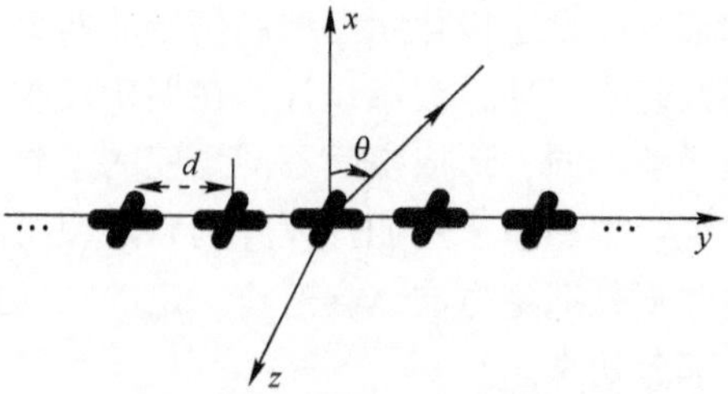

图 5-12　双极化阵列模型

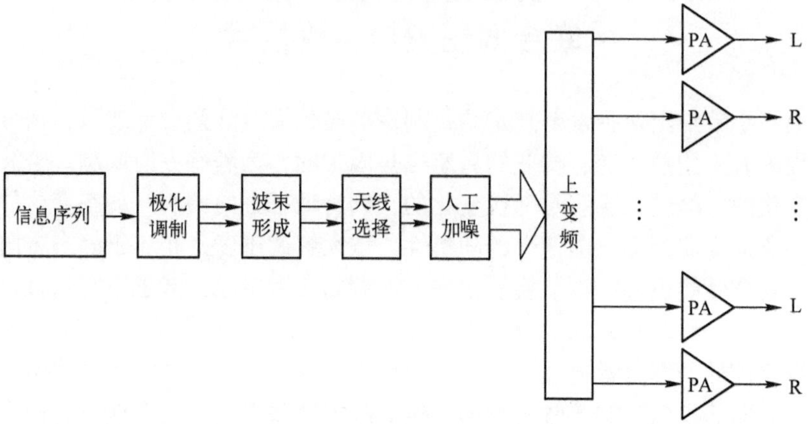

图 5-13　发射机信号处理流程

5.3.2　信号模型

第 k 个发送符号可以表示为

$$\boldsymbol{s}_k=\sqrt{P_{\mathrm{s}}}\begin{bmatrix}\boldsymbol{w}_1x_{1k}\\ \boldsymbol{w}_2x_{2k}\end{bmatrix}+\sqrt{P_{\mathrm{AN}}}\begin{bmatrix}b\boldsymbol{U}_{\mathrm{AN}}\\ (1-b)\boldsymbol{U}_{\mathrm{AN}}\end{bmatrix}\tag{5-20}$$

式中：$\boldsymbol{x}_k$为第 k 个极化符号，$\boldsymbol{x}_k=\begin{bmatrix}x_{1k}\\ x_{2k}\end{bmatrix}=\begin{bmatrix}\cos\gamma_k\\ \sin\gamma_k\mathrm{e}^{\mathrm{j}\eta_k}\end{bmatrix}$，$\gamma_k\in\left[0,\dfrac{\pi}{2}\right]$，$\eta_k\in[0,2\pi]$为极化参数；$\boldsymbol{w}$ 为正交极化波束形成矢量，$\boldsymbol{w}=\begin{bmatrix}\boldsymbol{w}_1\\ \boldsymbol{w}_2\end{bmatrix}_{2N\times1}$；$\boldsymbol{U}_{\mathrm{AN}}$为 $N\times1$ 人工噪声矢量；$b\in\{0\ 1\}$为选择参数，用于选择添加人工噪声的极化分量；P_{s} 和 P_{AN}分别为信号和人工噪声的功率。对于第 k 个符号，在方位角 θ 的接收机接收到的信号可以表示为

$$\boldsymbol{y}_{\theta k}=\boldsymbol{G}\left(\sqrt{P_{\mathrm{s}}}\begin{bmatrix}\boldsymbol{h}_\theta^{\mathrm{H}}\boldsymbol{w}_1x_{1k}\\ \boldsymbol{h}_\theta^{\mathrm{H}}\boldsymbol{w}_2x_{2k}\end{bmatrix}+\sqrt{P_{\mathrm{AN}}}\begin{bmatrix}b\boldsymbol{h}_\theta^{\mathrm{H}}\boldsymbol{U}_{\mathrm{AN}}\\ (1-b)\boldsymbol{h}_\theta^{\mathrm{H}}\boldsymbol{U}_{\mathrm{AN}}\end{bmatrix}\right)+\boldsymbol{n}_k\tag{5-21}$$

式中：$[\cdot]^{\mathrm{H}}$ 为共轭转置；$\boldsymbol{n}_k$ 为信道高斯白噪声，服从 $\mathcal{CN}(0,\sigma^2\boldsymbol{I}_2)$ 分布，其中，$\boldsymbol{I}_2$ 表示二阶单位矩阵；$\boldsymbol{h}_\theta$ 为导向矢量，可以表示为

$$\boldsymbol{h}_\theta=\left[\mathrm{e}^{-\mathrm{j}\frac{2\pi d(N-1)}{2\lambda}\sin(\theta)},\mathrm{e}^{-\mathrm{j}\frac{2\pi d(N-3)}{2\lambda}\sin(\theta)},\cdots,\mathrm{e}^{\mathrm{j}\frac{2\pi d(N-1)}{2\lambda}\sin(\theta)}\right]^{\mathrm{T}} \tag{5-22}$$

式中：$\boldsymbol{G}$ 为视距信道下的信道响应矩阵，可以表示为

$$\boldsymbol{G}=\begin{bmatrix}\sqrt{1-\chi} & \sqrt{\chi}\\ \sqrt{\chi} & \sqrt{1-\chi}\end{bmatrix} \tag{5-23}$$

根据上节分析，不理想的信道矩阵会引起极化相关衰减效应。然而极化相关衰减效应可以通过发送端的预补偿方法和接收端的置零滤波方法消除，所以本节考虑理想信道，即 $\chi=0$。

5.3.3　天线选择和随机注入人工噪声技术原理

1. 问题描述

根据式（5-22）可知，$\boldsymbol{h}_\theta$ 中一半元素是另一半元素的共轭，如当 $N=3$ 时，$\boldsymbol{h}_\theta=[h_1,1,h_1^*]^{\mathrm{T}}$；当 $N=4$ 时，$\boldsymbol{h}_\theta=[h_1,h_2,h_2^*,h_1^*]^{\mathrm{T}}$。因此，$\boldsymbol{h}_\theta^{\mathrm{H}}*\boldsymbol{h}_\theta$ 始终是一个实数。当两个不同方向的导向矢量相乘，结果同样为一个实数。以 $N=4$ 为例，两个方位角为 θ_1 和 θ_2，导向矢量可以表示为

$$\boldsymbol{h}_{\theta_1}=[h_1,h_2,h_2^*,h_1^*]^{\mathrm{T}},\quad \boldsymbol{h}_{\theta_2}=[h_3,h_4,h_4^*,h_3^*]^{\mathrm{T}} \tag{5-24}$$

进一步可得

$$\boldsymbol{h}_{\theta_1}^{\mathrm{H}}\boldsymbol{h}_{\theta_2}=\underbrace{(h_1h_3^*+h_1^*h_3)}_{\text{实数}}+\underbrace{(h_2h_4^*+h_2^*h_4)}_{\text{实数}} \tag{5-25}$$

显然 $\boldsymbol{h}_{\theta_1}^{\mathrm{H}}\boldsymbol{h}_{\theta_2}$ 同样是一个实数。双极化天线阵列发送信号可以表示为

$$\boldsymbol{z}_{\theta k}=\begin{bmatrix}z_{1\theta k}\\ z_{2\theta k}\end{bmatrix}=\begin{bmatrix}\boldsymbol{h}_\theta^{\mathrm{H}}\boldsymbol{w}_1\cos\gamma_k\\ \boldsymbol{h}_\theta^{\mathrm{H}}\boldsymbol{w}_2\sin\gamma_k\mathrm{e}^{\mathrm{j}\eta_k}\end{bmatrix} \tag{5-26}$$

那么，极化参数可以解调为

$$\begin{cases}\gamma_k^{\mathrm{R}}=\arctan\left(\dfrac{|z_{2\theta k}|}{|z_{1\theta k}|}\right)=\arctan\left(\dfrac{|\boldsymbol{h}_\theta^{\mathrm{H}}\boldsymbol{w}_1|}{|\boldsymbol{h}_\theta^{\mathrm{H}}\boldsymbol{w}_2|}\tan\gamma_k\right)\\ \eta_k^{\mathrm{R}}=\Xi(z_{2\theta k})-\Xi(z_{1\theta k})\end{cases} \tag{5-27}$$

式中：$\Xi(\cdot)$ 为取相位运算。为了将主波束方向指向合法节点，波束形成矢量可以表示为 $\boldsymbol{w}_1=\boldsymbol{w}_2=\dfrac{1}{N}\boldsymbol{h}_{\theta_{\mathrm{B}}}$。根据式（5-25）可知，$\boldsymbol{h}_\theta^{\mathrm{H}}\boldsymbol{w}_o,o=1,2$ 是一个实数，可得 $\dfrac{|\boldsymbol{h}_\theta^{\mathrm{H}}\boldsymbol{w}_1|}{|\boldsymbol{h}_\theta^{\mathrm{H}}\boldsymbol{w}_2|}=1$。根据式（5-27）可见，虽然波束增益最大方向为 θ_{B}，空间

任意方位角接收机接收到的信号携带的极化状态信息相同，不同的是信号功率，这种情况下仍然有可能导致信息泄露。为克服这个问题，下面从旁瓣防窃听和主瓣防窃听两个方面分析本节技术的安全性能。

2. 基于天线选择星座畸变原理

通过选择发送信号天线使旁瓣星座畸变的思想，通过一组开关选择发射信号的天线阵[143]，可以使旁瓣信号幅度和相位随机变化，增大非期望方向接收机信号解调难度。然而，当窃听节点距离合法节点较近的情况，信息仍然会被窃听，且无法通过人工加噪的技术改善安全传输性能。本节通过两组矢量选择发送天线，可以达到与开关控制近似的效果，且可以进一步通过人工加噪的技术恶化主瓣窃听节点信号，从而创造信息量优势，具体分析如下。

本节使用的极化状态调制星座图与图 5-3 相同。首先构建两个矢量，目的是将波束形成矢量部分元素置零，处理后的波束形成矢量可表示为

$$\begin{cases}\widetilde{\boldsymbol{w}}_1=\dfrac{1}{L}\boldsymbol{c}_1\odot\boldsymbol{h}_{\theta_{\mathrm{B}}}\\[2ex]\widetilde{\boldsymbol{w}}_2=\dfrac{1}{L}\boldsymbol{c}_2\odot\boldsymbol{h}_{\theta_{\mathrm{B}}}\end{cases}\tag{5-28}$$

式中：$\boldsymbol{c}_1,\boldsymbol{c}_2\in\Im$ 为两个不同 $N\times1$ 矢量，元素为 0 或者 1，$\Im$ 表示所有元素为 0 或者 1 的 N 维矢量集合；L 表示 $\boldsymbol{c}_1$ 或 $\boldsymbol{c}_2$ 中 1 的个数，可以表示为 $L=\sum_{n=1}^{N}\boldsymbol{c}_i(n)<N,i=1,2$；$\odot$表示哈达玛积（本节只考虑 $\boldsymbol{c}_1,\boldsymbol{c}_2$ 中 1 的个数相同）。在非期望方向 $\theta\neq\theta_B$，$\boldsymbol{h}_\theta^{\mathrm{H}}\widetilde{\boldsymbol{w}}_1$ 和 $\boldsymbol{h}_\theta^{\mathrm{H}}\widetilde{\boldsymbol{w}}_2$ 不再是实数，其幅度也不再相等。例如，当 $N=4$，$L=3$，$\boldsymbol{c}_1=[0,1,1,1]^{\mathrm{T}}$，$\boldsymbol{c}_2=[1,0,1,1]^{\mathrm{T}}$，可得

$$\begin{cases}\widetilde{\boldsymbol{w}}_1=\dfrac{1}{L}[0,\boldsymbol{h}_{\theta_{\mathrm{B}}}(2),\boldsymbol{h}^*_{\theta_{\mathrm{B}}}(2),\boldsymbol{h}^*_{\theta_{\mathrm{B}}}(1)]^{\mathrm{T}}\\[2ex]\widetilde{\boldsymbol{w}}_2=\dfrac{1}{L}[\boldsymbol{h}_{\theta_{\mathrm{B}}}(1),0,\boldsymbol{h}^*_{\theta_{\mathrm{B}}}(2),\boldsymbol{h}^*_{\theta_{\mathrm{B}}}(1)]^{\mathrm{T}}\end{cases}\tag{5-29}$$

进一步可得

$$\begin{cases}\boldsymbol{h}_\theta^{\mathrm{H}}\widetilde{\boldsymbol{w}}_1=\dfrac{1}{L}[\underbrace{\boldsymbol{h}^*_\theta(2)\boldsymbol{h}_{\theta_{\mathrm{B}}}(2)+\boldsymbol{h}_\theta(2)\boldsymbol{h}^*_{\theta_{\mathrm{B}}}(2)}_{\text{实数}}\underbrace{+0+\boldsymbol{h}_\theta(1)\boldsymbol{h}^*_{\theta_{\mathrm{B}}}(1)}_{\text{复数}}]\\[2ex]\boldsymbol{h}_\theta^{\mathrm{H}}\widetilde{\boldsymbol{w}}_2=\dfrac{1}{L}[\underbrace{\boldsymbol{h}^*_\theta(1)\boldsymbol{h}_{\theta_{\mathrm{B}}}(1)+\boldsymbol{h}_\theta(1)\boldsymbol{h}^*_{\theta_{\mathrm{B}}}(1)}_{\text{实数}}\underbrace{+0+\boldsymbol{h}_\theta(2)\boldsymbol{h}^*_{\theta_{\mathrm{B}}}(2)}_{\text{复数}}]\end{cases}\tag{5-30}$$

可见，水平分量和垂直分量均产生了幅度和相位畸变，非期望方向发送信号可以进一步表示为

$$\tilde{z}(\theta,k)=\begin{bmatrix}\boldsymbol{h}_{\theta}^{\mathrm{H}}\tilde{\boldsymbol{w}}_1\cos\gamma_k\\ \boldsymbol{h}_{\theta}^{\mathrm{H}}\tilde{\boldsymbol{w}}_2\sin\gamma_k\mathrm{e}^{\mathrm{j}\eta_k}\end{bmatrix}=\begin{bmatrix}f_1(\theta)\mathrm{e}^{\mathrm{j}\psi_1(\theta)}\cos\gamma_k\\ f_2(\theta)\mathrm{e}^{\mathrm{j}\psi_2(\theta)}\sin\gamma_k\mathrm{e}^{\mathrm{j}\eta_k}\end{bmatrix} \tag{5-31}$$

式中：$f_1(\theta)$和$f_2(\theta)$为波束增益且随选择矢量$\boldsymbol{c}_1$和$\boldsymbol{c}_2$的变化而变化；$\psi_1(\theta)$和$\psi_2(\theta)$为畸变相位同样也随$\boldsymbol{c}_1$和$\boldsymbol{c}_2$的变化而变化。此时极化参数可以解调为

$$\begin{cases}\tilde{\gamma}_k^{\mathrm{R}}=\arctan\left(\left|\dfrac{f_1(\theta)}{f_2(\theta)}\right|\tan\gamma_k\right)\\ \eta_k^{\mathrm{R}}=\psi_1(\theta)-\psi_2(\theta)+\eta_k\end{cases} \tag{5-32}$$

为更好理解星座点变化，以庞加莱球面上的一个星座点$\boldsymbol{P}_j$为例图示星座点转移，如图 5-14 所示。

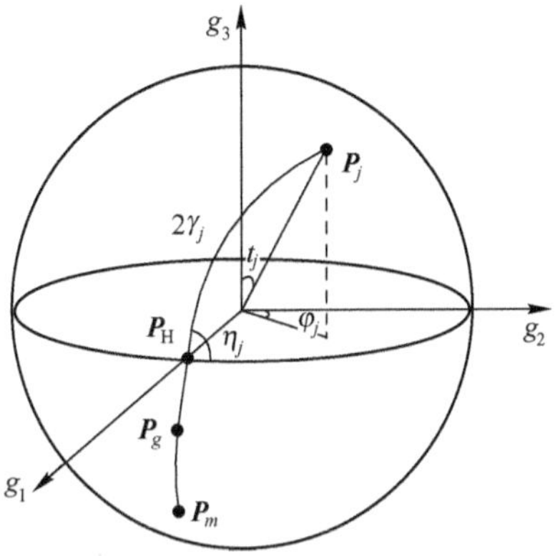

图 5-14　随机选择天线对极化状态影响

星座点$\boldsymbol{P}_j$可用参数$(\gamma_j,\eta_j,\varphi_j,t_j)$表示，$2\gamma_j$和$\eta_j$表示$\boldsymbol{P}_j$到$\boldsymbol{P}_{\mathrm{H}}$的球面弧长，以及该圆弧与水平大圆的球面角；$\varphi_j$和$t_j$为$\boldsymbol{P}_j$的纬度和经度。受到$\psi_2(\theta)-\psi_1(\theta)$影响，$\boldsymbol{P}_j$以$\boldsymbol{P}_{\mathrm{H}}$为圆心，$2\gamma_j$为半径旋转，旋转后的星座点用$\boldsymbol{P}_m$表示，由于天线选择矢量随机变化，旋转量也随之变化。受波束增益影响，为不失一般性，假设$\left|\dfrac{f_2(\theta)}{f_1(\theta)}\right|\leqslant 1\left(\left|\dfrac{f_2(\theta)}{f_1(\theta)}\right|\geqslant 1\right)$，那么，星座点向水平（垂直）极化偏移，即$\boldsymbol{P}_g$。显然，通过随机改变$\boldsymbol{c}_1$或$\boldsymbol{c}_2$，或者两者同时改变，星座点将在球面随机分布，即使同一个极化状态，产生的偏移量也是随机的，且距离期望方向越远，星座畸变越严重，对于非期望方向接收者，解调难度加大。值得注意的是，畸变星座图也是随着$\boldsymbol{c}_1$或$\boldsymbol{c}_2$的改变而改变，且$\boldsymbol{c}_1$或$\boldsymbol{c}_2$的变化速率与符号速率相互独立，可相同也可不同。

3. 随机人工噪声注入

通过动态选择发射天线，可以使得非期望方向星座图随机变化，达到置乱

旁瓣星座的目的，从而增大窃听节点解调信号难度。然而，窃听节点方位角信息未知，窃听节点可能位于主瓣。由于主瓣星座畸变程度较小，通过天线选择置乱星座的技术并不能阻止窃听。为进一步增强传输的安全性，可采用随机注入人工噪声的技术，人工噪声只影响窃听节点而对合法节点没有影响：一方面，通过随机注入人工噪声使得主瓣窃听节点星座图畸变；另一方面，使得窃听节点信噪比下降，可以通过选择安全速率提高传输安全性。

本节所用的人工噪声 $\boldsymbol{U}_{\mathrm{AN}}$ 可以计算为

$$\begin{cases}\boldsymbol{V}_{\mathrm{null}}=\boldsymbol{I}_N-\dfrac{1}{L}\boldsymbol{h}_{\theta_{\mathrm{B}}}\boldsymbol{h}_{\theta_{\mathrm{B}}}^{\mathrm{H}}\\ \boldsymbol{U}_{\mathrm{AN}}\in\boldsymbol{V}_{\mathrm{null}}\end{cases}\tag{5-33}$$

式中：$\boldsymbol{V}_{\mathrm{null}}$ 为合法信道零空间矢量集合，人工噪声在 $\boldsymbol{h}_{\theta_{\mathrm{B}}}$ 的零空间，且可以利用零空间中的矢量进行更新。此外，人工噪声矢量模值恒定，在实际中较容易控制功率效率（Power Efficiency，PE），即发送信号功率与总功率的比值：

$$\mathrm{PE}=\frac{P_{\mathrm{s}}}{P_{\mathrm{s}}+P_{\mathrm{AN}}}\tag{5-34}$$

根据式（5-32）可知，只要对其中一路极化信号添加人工噪声便能使星座畸变，达到干扰窃听节点的目的。因此，本节用参数 b 选择添加人工噪声的极化天线。那么，合法节点和窃听节点接收信号可以表示为

$$\begin{cases}\boldsymbol{y}_{\theta_{\mathrm{B}}k}^{\mathrm{B}}=\sqrt{P_{\mathrm{s}}}\begin{bmatrix}x_{1k}\\x_{2k}\end{bmatrix}+\boldsymbol{n}_{\mathrm{B}k}\\ \boldsymbol{y}_{\theta k}^{\mathrm{E}}=\sqrt{P_{\mathrm{s}}}\begin{bmatrix}f_1(\theta)\mathrm{e}^{\mathrm{j}\psi_1(\theta)}x_{1k}\\f_2(\theta)\mathrm{e}^{\mathrm{j}\psi_2(\theta)}x_{2k}\end{bmatrix}+\sqrt{P_{\mathrm{AN}}}\begin{bmatrix}b\boldsymbol{h}_\theta^{\mathrm{H}}\boldsymbol{U}_{\mathrm{AN}}\\(1-b)\boldsymbol{h}_\theta^{\mathrm{H}}\boldsymbol{U}_{\mathrm{AN}}\end{bmatrix}+\boldsymbol{n}_{\mathrm{E}k}\end{cases}\tag{5-35}$$

可见，窃听节点接收信号幅度和相位受到天线选择的影响而随机变化，同时受到随机注入的人工噪声的影响，星座结构进一步畸变，误符号率性能恶化，且接收信号的信噪比下降，通过选择安全速率传输信号，窃听节点信号解调难度进一步增大。下面将从平均误符号率和平均安全速率两个方面衡量技术性能。

5.3.4 平均误符号率

随机产生 K 个符号用于计算误符号率，假设 $\boldsymbol{c}_1$、$\boldsymbol{c}_2$ 和 b 在 K 个符号周期保持不变，最大似然判决可以表示为

$$\hat{\boldsymbol{P}}_l=\min_{1\leqslant m\leqslant M_p}\mathrm{dist}(\boldsymbol{P}_k^{\mathrm{R}},\boldsymbol{P}_m^{\mathrm{T}})\tag{5-36}$$

式中：M_p 表示调制阶数；$\boldsymbol{P}_m^{\mathrm{T}}$ 为发送信号极化状态；$\boldsymbol{P}_k^{\mathrm{R}}$ 为第 k 个符号的解调

极化状态。$\mathrm{dist}(\boldsymbol{P}_A,\boldsymbol{P}_B)$ 表示极化状态调制星座点 $\boldsymbol{P}_A$ 和 $\boldsymbol{P}_B$ 之间的球面距离。误符号率可以表示为 $\mathrm{SER}(\boldsymbol{c}_1,\boldsymbol{c}_2,b)$，进而改变参数 $\boldsymbol{c}_1$、$\boldsymbol{c}_2$ 或者 b，重新计算误符号率，计算所有情况下误符号率后，平均误符号率可以表示为

$$\rho_{\mathrm{SER}}=\frac{1}{2N(N-1)}\sum_{\boldsymbol{c}_1\in\Im}\sum_{\substack{\boldsymbol{c}_2\in\Im\\ \boldsymbol{c}_2\neq\boldsymbol{c}_1}}\sum_{b=0}^{1}\mathrm{SER}(\boldsymbol{c}_1,\boldsymbol{c}_2,b) \tag{5-37}$$

计算平均误符号率时，假设 $\boldsymbol{c}_1$、$\boldsymbol{c}_2$ 和 b 在 K 个符号周期保持不变，然而在 K 个符号周期中，$\boldsymbol{c}_1$、$\boldsymbol{c}_2$ 和 b 均可以随机变化，那么，窃听节点解调信号误符号率性能将比平均误符号率性能差。

5.3.5　平均安全速率

安全速率是指合法节点能接收并正确解调发送信号而窃听节点不能正确解调信号的速率。因此，一个正的安全速率能保证通信安全且安全速率越大，系统安全性能越好。高斯信道下安全速率是指合法节点和窃听节点之间的信道容量差，可以表示为

$$C_{\mathrm{s}}(\theta)=\{(C_{\mathrm{B}}-C_{\mathrm{E}}),0\}^{+} \tag{5-38}$$

式中：$\{A,0\}^{+}$为 0 和 A 两者较大的数。

$$C_{\mathrm{B}}-C_{\mathrm{E}}=\frac{1}{N(N-1)}\sum_{\boldsymbol{c}_1\in\Im}\sum_{\substack{\boldsymbol{c}_2\in\Im\\ \boldsymbol{c}_1\neq\boldsymbol{c}_2}}\log\left(\frac{1+\dfrac{P_{\mathrm{s}}}{2\sigma^2}}{1+\xi_{\mathrm{E}}}\right) \tag{5-39}$$

式中：ξ_{E} 为窃听节点接收信号的信噪比，可以计算为

$$\begin{aligned}\xi_{\mathrm{E}}&=\frac{P_{\mathrm{s}}\sum\limits_{i=1}^{M_p}((f_1(\theta_{\mathrm{E}})\cos\gamma_i)^2+(f_2(\theta_{\mathrm{E}})\sin\gamma_i\mathrm{e}^{\mathrm{j}\eta_i})^2)}{M_p(2\sigma^2+P_{\mathrm{AN}}|\boldsymbol{h}_{\theta_{\mathrm{E}}}^{\mathrm{H}}\boldsymbol{U}_{\mathrm{AN}}|^2)}\\&=\frac{P_{\mathrm{s}}\sum\limits_{i=1}^{M_p}((f_1(\theta_{\mathrm{E}})\cos\gamma_i)^2+(f_2(\theta_{\mathrm{E}})\sin\gamma_i)^2)}{M_p(2\sigma^2+P_{\mathrm{AN}}|\boldsymbol{h}_{\theta_{\mathrm{E}}}^{\mathrm{H}}\boldsymbol{U}_{\mathrm{AN}}|^2)}\end{aligned} \tag{5-40}$$

显然，ξ_{E} 受到波束增益和极化状态调制符号的影响，根据极化状态调制星座图可得，当 $M_p\leqslant 4$，$\gamma=\dfrac{\pi}{4}$；当 $M_p\geqslant 8$，$\gamma_i=\arccos\left(\sqrt{\dfrac{3+\sqrt{3}}{6}}\right)$或$\left(\dfrac{\pi}{2}-\arccos\left(\sqrt{\dfrac{3+\sqrt{3}}{6}}\right)\right)$。此外，窃听节点误符号率还受到人工噪声的影响，所以，当窃听节点位于波束主瓣，可以通过利用随机注入人工噪声使得星座畸

变，恶化窃听节点信号解调性能以及信噪比，从而通过选择安全速率，进一步提高传输安全性。

5.3.6 仿真分析

本节基于高斯信道仿真验证基于双极化线阵的方向-极化状态调制（Dual-polarized Array Based Directional Polarization State Modulation，DADPM）技术的安全性，XPD→∞。合法节点的方位角为0°，窃听节点的方位角未知。仿真中 $M_p=4$，$M=10^7$，$\sigma^2=1$。

1. 随机天线选择对误符号率影响

首先不考虑人工噪声，仅考虑随机选择天线对非期望方向信号解调误符号率的影响。仿真中利用双极化阵列发送极化状态调制信号（Dual-polarized Array based Polarization State Modulation，DAPM）作为参照。图5-15给出了DADPM和DAPM两种技术在不同方位角误符号率性能。可见，DADPM技术旁瓣误符号率比DAPM技术要高，这是因为随机选择发射天线技术使得旁瓣信号的幅度和相位发生改变，导致极化状态调制星座图畸变。在方位角为±19°、±38°、±60°处，DAPM技术的误符号率相对较低，窃听节点在这些角度更容易获得发送信号，而DADPM技术误符号率较高，能有效提高信息传输的安全性。此外，在波束主瓣，两种技术均能达到较低的误符号率，说明DADPM不影响期望接收机信号解调。当窃听节点位于波束主瓣，同样能以较低误符号率解调信号，从而导致信号窃听。因此，考虑注入人工噪声来进一步提高主瓣安全传输性能。

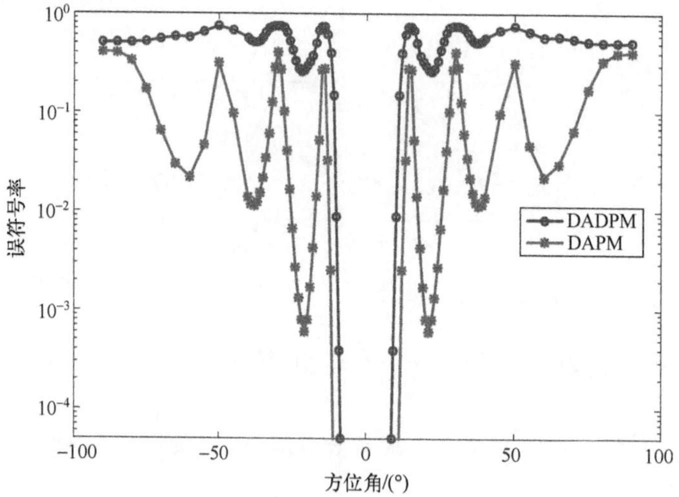

图5-15 DADPM和DAPM技术误符号率性能比较（SNR=27dB，$N=8$，$L=7$，$d=\lambda/2$，$M_p=4$）

2. 随机天线选择和注入人工噪声对误符号率影响

图 5-16 给出了不同噪声功率影响下误符号率性能曲线。PE 为功率效率，如式（5-34）所示。例如，当 PE = 50% 表示噪声功率和信号功率相同。由图 5-16 可见，随着噪声功率增大，误符号率波束变窄，这是因为注入的人工噪声造成非期望方向星座进一步畸变，同时降低非期望方向接收机信噪比，且人工噪声功率越大，信噪比下降越多，导致非期望接收机解调性能越差。当 PE = 50% 时，旁瓣接收机误符号率性能保持一个较高数值，即使在高信噪比条件下解调信号难度依然较大。下面从安全速率角度进一步分析 DADPM 技术安全传输性能。

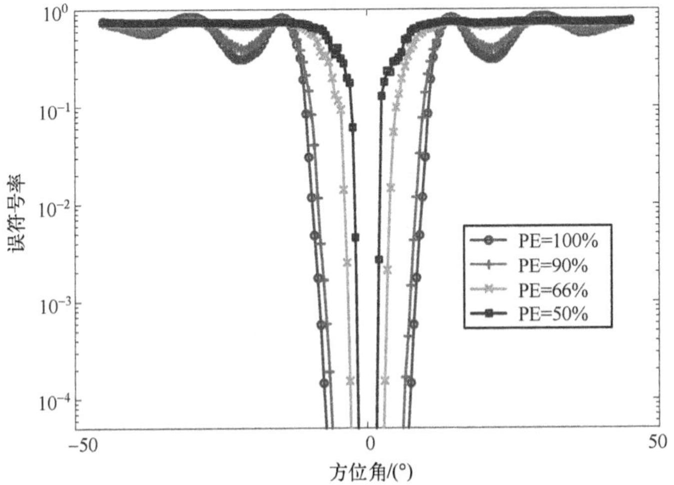

图 5-16　不同噪声功率对误符号率性能影响（SNR = 27dB，N = 8，L = 7，d = $\lambda/2$，M_p = 4）

3. 随机天线选择对安全速率影响

首先，在 DADPM 技术中，仅考虑天线选择对安全速率的影响，不考虑注入人工噪声。图 5-17 对比了 DADPM 技术和 DAPM 技术安全速率曲线，在主瓣两种技术安全速率相同，在旁瓣安全速率随着信噪比增大而增大。当窃听节点在旁瓣，且符号速率较低，在 DADPM 方法中，旁瓣星座畸变，窃听节点信号解调难度大；在允许高速率传输时，可以通过选择安全速率传输信号，保证信息传输安全。当窃听节点在波束主瓣，如 $|\theta_E-\theta_B| \leq 8°$，安全速率低于 1b/s/Hz，在实际通信系统中较难控制一个合适的安全速率以保证信息传输的安全性，且 DADPM 技术主瓣星座畸变程度有限。此外，依据图 5-18 仿真结果，同一信噪比条件下，不同调制阶数安全速率趋近于相同，而主瓣安全速率性能并没有明显改善。此时，仅靠天线选择技术难以防止主瓣信息泄露，因

此，可以考虑进一步考虑添加人工噪声改善主瓣安全速率性能。

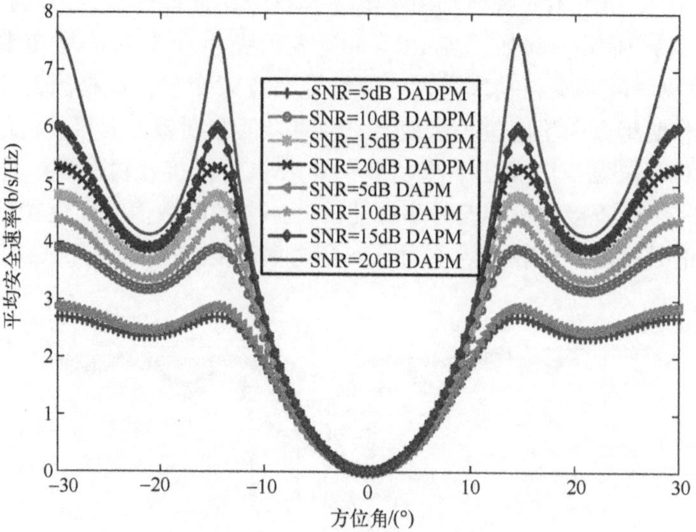

图 5-17　DADPM 和 DAPM 安全速率曲线（见彩插）

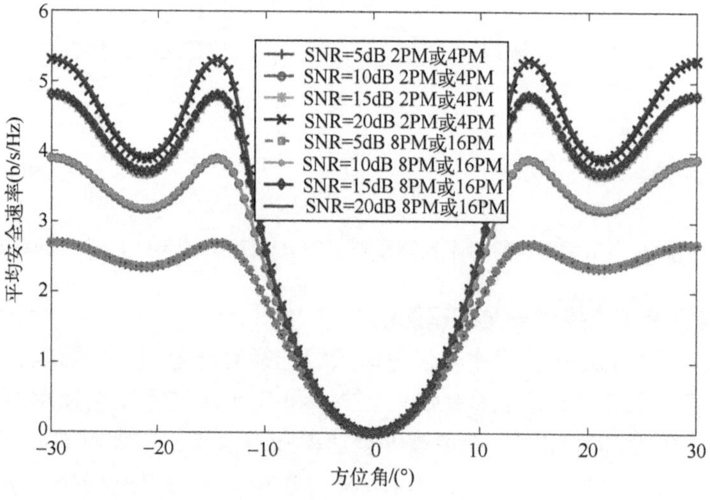

图 5-18　不同调制阶数安全速率性能（$P_{AN}=0$，$N=8$，$L=7$，$d=\lambda/2$）（见彩插）

4. 注入人工噪声对安全速率性能影响

图 5-19 对比了不同噪声功率情况下，主瓣安全速率曲线。总的来看，随着噪声功率增大，偏离期望方向越远，安全速率上升越快。当噪声功率较大，旁瓣安全速率能保持在一个较高的数值。当窃听节点在主瓣，可以通过注入人

工噪声，提高安全速率，从而通过选择安全速率提高传输的安全性。此外，比较 PE=50%和 PE=66%的曲线，旁瓣安全速率并没有明显提升，这是因为当 P_{AN}较大，$\xi_E \to 0$，式（5-39）中 $1+\xi_E \to 1$，此时安全速率趋于饱和。此时，可以通过提高期望信号功率，进一步提高安全速率。

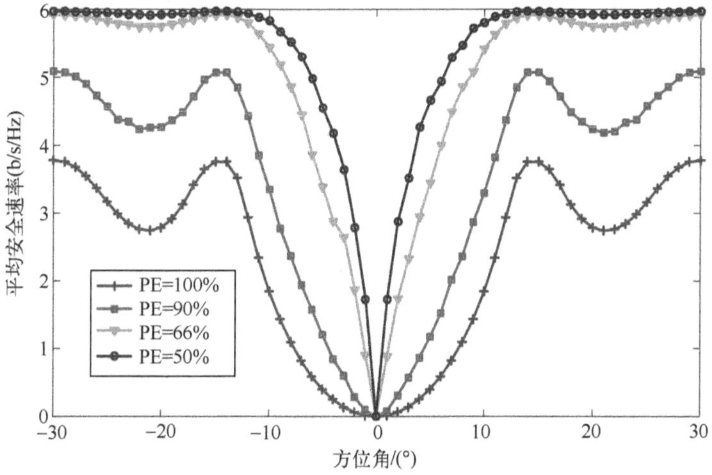

图 5-19　不同人工噪声功率对安全速率性能影响（SNR=20dB，$N=8$，$L=7$，$d=\lambda/2$）

基于双极化线阵的方向-极化状态联合调制技术，通过随机选择发射天线使得旁瓣星座畸变，增大窃听节点解调信号难度。当窃听节点在主瓣，通过注入人工噪声的技术，提高安全速率，那么可以通过选择安全速率提高安全传输性能。值得注意的是，当阵元数目较多，形成的波束足够窄，指向性较强，通过天线选择即可实现安全传输，而不需要额外的功率发送人工噪声。在未来 5G 通信中，高频段，短波长，可以使多个阵元排列在较小的模具上形成较窄波束，结合本节给出的 DADPM 技术，不仅能实现高速传输，而且能提高传输安全性，具有较大应用潜力。

5.4　基于卫星双极化面阵的方向-极化联合调制安全传输技术

为缓解频谱资源紧张，现代卫星通信系统向高频（Ku，Ka）方向发展。高频段卫星通信系统，信道衰减较大，视距分量占主导，折射和散射分量功率较小，可以等效为视距信道传输[66]。星上阵列通常为二维阵列，且阵元为有向阵元，本节研究如何将方向-极化状态联合调制技术应用于增强卫星视距通信信息传输安全。

5.4.1 系统模型

双极化卫星通信系统模型如图 5-20 所示，包括发送节点、合法接收节点和窃听节点。卫星发射端配置一个包含 N^2 个有向阵元的双极化面阵，合法接收节点和窃听节点均配置一根双极化天线。信号通过发射机广播出去，虽然波束主瓣方指向合法节点，然而旁瓣波束发送信号携带的信息与合法节点接收信号携带的信息相同，不同的是信号的功率。这种情况下，虽然旁瓣信号的功率有所衰减，窃听节点仍然有较大可能获得秘密信息，尤其是低码率卫星通信。

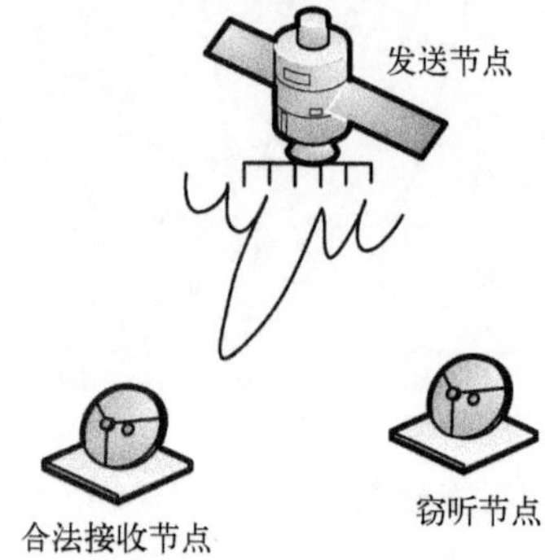

图 5-20 双极化卫星通信系统模型

本节考虑窃听节点在波束旁瓣，这样考虑主要有两个原因：一方面高频卫星通信中，卫星发射端可以配置的相控阵天线数目较多，如 256 个阵元，形成的波束较窄（主瓣宽度 1°），指向性较强；另一方面当窃听节点在波束主瓣，可以通过人工加噪或者通过前两章给出的技术提高传输安全性[144-145]。本节引入方向调制思想提高信息传输安全性，为读者提供适用于卫星双极化平面阵列的方向-极化状态联合调制技术研究思路。

5.4.2 信号模型

假设卫星发射端配置一个包含 N^2 个阵元的双极化面列。左旋极化波束和右旋极化波束可以分别表示为 $f_1(\theta,\varphi)$ 和 $f_2(\theta,\varphi)$。第 k 个发送符号可以表示为

$$\boldsymbol{x}_k=\begin{bmatrix}x_{1k}\\x_{2k}\end{bmatrix}=\sqrt{P}\begin{bmatrix}\cos\gamma_k\\\sin\gamma_k\mathrm{e}^{\mathrm{j}\eta_k}\end{bmatrix}\mathrm{e}^{\mathrm{j}\omega_c t} \tag{5-41}$$

式中：$\gamma_k\in\left[0,\dfrac{\pi}{2}\right]$ 和 $\eta_k\in[0,2\pi]$ 分别为幅度比和相位差；ω_c 为载波频率；P

为信号功率；x_{1k}和x_{2k}分别为左旋极化分量（L）和右旋极化分量（R）。极化状态可以表示为$\boldsymbol{P}_k:(\gamma_k,\eta_k)$。接收端信号可以表示为

$$\boldsymbol{y}_k=\begin{bmatrix} y_{1k} \\ y_{2k} \end{bmatrix}=\sqrt{P}\boldsymbol{H}\begin{bmatrix} f_1(\theta,\varphi)\cos\gamma_k \\ f_2(\theta,\varphi)\sin\gamma_k \mathrm{e}^{\mathrm{j}\eta_k} \end{bmatrix}\mathrm{e}^{\mathrm{j}\omega_c t}+\boldsymbol{n}_k \tag{5-42}$$

式中：$\boldsymbol{n}_k=\begin{bmatrix} n_{1k} \\ n_{2k} \end{bmatrix}$为噪声矢量，服从$\mathcal{CN}(0,\sigma^2\boldsymbol{I}_2)$分布；$\boldsymbol{H}$为视距信道矩阵，可以表示为

$$\boldsymbol{H}=\begin{bmatrix} h_{11} & h_{12} \\ h_{21} & h_{22} \end{bmatrix}=\sqrt{Y}\boldsymbol{U\Sigma V}=\sqrt{Y}\boldsymbol{U}\begin{bmatrix} \sqrt{\lambda_1} & 0 \\ 0 & \sqrt{\lambda_2} \end{bmatrix}\boldsymbol{V} \tag{5-43}$$

式中：Y为信道功率衰落系数。由于存在极化相关衰减效应，得$\lambda_1\neq\lambda_2$。而极化相关衰减效应可以根据置零滤波矩阵消除，本节只考虑理想信道情况，即$\boldsymbol{H}$为二阶单位矩阵。极化参数可以解调为

$$\begin{cases} \gamma_{\mathrm{R}k}=\arctan\left(\dfrac{\mathrm{abs}(y_{2k})}{\mathrm{abs}(y_{1k})}\right) \\ \eta_{\mathrm{R}k}=\Xi(y_{2k})-\Xi(y_{1k}) \end{cases} \tag{5-44}$$

假设忽略噪声影响，得到幅度比参数为

$$\gamma_{\mathrm{R}k}=\arctan\left(\frac{\mathrm{abs}(f_2(\theta,\varphi))}{\mathrm{abs}(f_1(\theta,\varphi))}\tan\gamma_k\right) \tag{5-45}$$

传统发射机两个极化波束增益相同，即$f_1(\theta,\varphi)=f_2(\theta,\varphi)$，根据式（5-45）可得$\gamma_{\mathrm{R}k}=\gamma_k,\eta_{\mathrm{R}k}=\eta_k$。空间任何方位接收到的信号携带相同的极化状态信息，当信息速率较低，窃听接收机足够灵敏，即使在波束旁瓣，仍然有可能恢复秘密信息。此外，星上阵元较多，且均为有向阵元，天线选择技术并不适用。那么，考虑主瓣指向不同的双波束技术，将两波束主瓣指向不同位置，保证期望方向波束增益相同而其他方向增益不同，从而使非期望方向星座图畸变，增大信息解调难度，提高传输安全性。本节采用的极化状态调制星座图与图 5-3 相同，受波束增益影响，星座点畸变如图 5-14 所示。

5.4.3　阵列设计

考虑实际卫星系统特点，本节所用的阵列为$N\times N$的三角排布面阵，如图 5-21 所示，行阵元之间间距为$l=2.27\lambda$，其中，λ为波长，列阵元间距为$d=0.866l$。阵元采用双圆极化喇叭天线，这种天线可以满足卫星通信对阵元指向性，窄波瓣和高增益的要求，同时其重量轻，较适合用于空间通信[146]。假设工作频率为 23GHz，主波束扫描范围优于 16°。阵元波束方向图$I(\theta,\varphi)$如

图 5-22 所示，图中给出了方位角和俯仰角 0°切面图。正交双极化波束方向图相同，最大增益 18. 3dB。

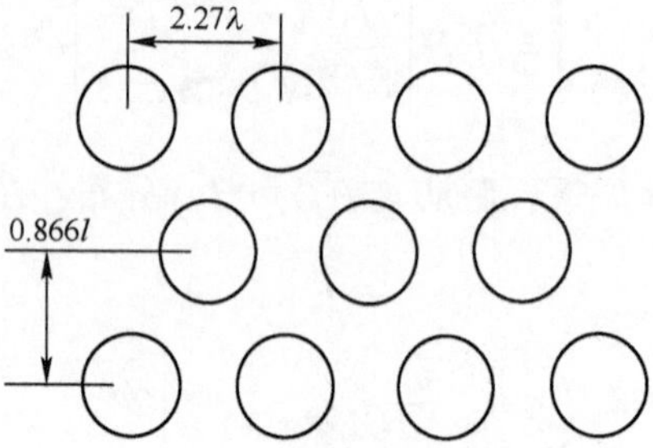

图 5-21　三角排布面阵示意图

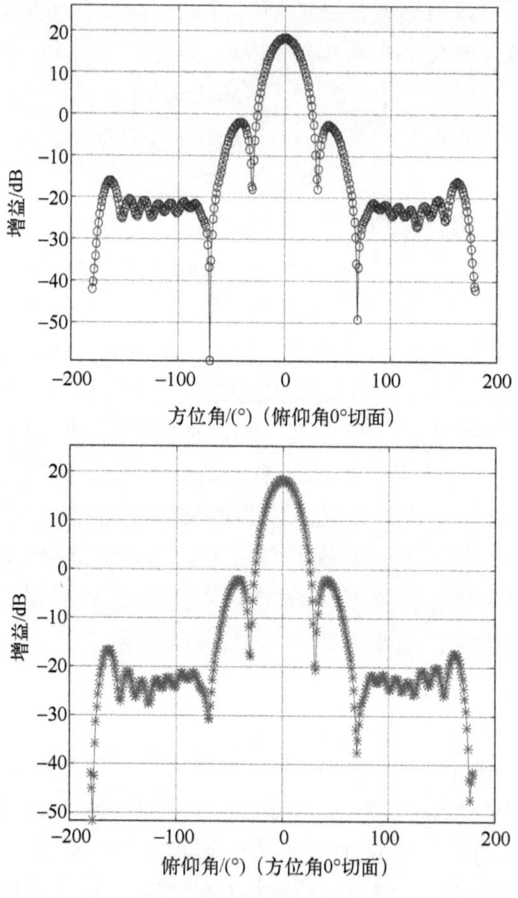

图 5-22　阵元波束方向图

假设 N 为偶数（N 为奇数时分析类似），面阵波束方向图可以表示为

$$f_o(\theta,\varphi)=I(\theta,\varphi)\begin{pmatrix}\sum_{m_1=1}^{\frac{N}{2}}\mathrm{e}^{\mathrm{j}(2m_1-2)(kl\cos\theta\cos\varphi+\beta_1)}\sum_{n=1}^{N}\mathrm{e}^{\mathrm{j}[(n-1)(kd\cos\theta\sin\varphi+\beta_2)]}\\+\sum_{m_2=1}^{\frac{N}{2}}\mathrm{e}^{\mathrm{j}(2m_2-1)(kl\cos\theta\cos\varphi+\beta_1)}\sum_{n=1}^{N}\mathrm{e}^{\mathrm{j}[(n-1)(kd\cos\theta\sin\varphi+\beta_2)+0.5d\cos\theta\sin\varphi]}\end{pmatrix}\tag{5-46}$$

式中：$o=1,2$；$k=\dfrac{2\pi}{\lambda}$；λ 为波长。β_1 和 β_2 为波束指向参数，假如主波束方向调整为(θ_0,φ_0)，那么指向参数可以表示为

$$\begin{cases}\beta_1=kl\cos\theta_0\cos\varphi_0\\\beta_2=kd\cos\theta_0\sin\varphi_0\end{cases}\tag{5-47}$$

可见，主波束方向较容易控制，只需要在相应天线增加调相相位。对于正交极化波束，阵元方向图相同，阵元位置相同，所以两极化波束在空间范围是重合的。下一节介绍如何设计波束，实现方向调制。

5.4.4　正交极化波束设计

利用异向双波束技术，通过设置调相参数，将两个极化波束的主波束方向指向不同方向，使得期望接收机方向两波束增益相同，而非期望方向波束增益不同。在设计波束时需要注意的是，由于波束主瓣较窄，两个波束偏离期望方向的偏离角应尽可能小，这是因为期望方向阵列增益与偏离角成反比，偏离角越大，阵列增益下降越多，信号功率衰减越大。

当其中一路极化波束偏离角确定，如 $c(\Delta\theta,\Delta\varphi)$，如图 5-23 所示。为使两路波束在期望方向波束增益相同，同时两主波束方向之间角度差达到最大，两路极化波束主瓣方向应关于期望方向对称。此外，由于两个波束是相同且对称的，那么，不仅是期望方向两波束增益相同，在两波束方向连线的垂直平分线上（ab），两波束增益同样相同。也就是说，在垂直平分线上的信号携带的极化状态信息并未发生改变。假如窃听节点在垂直平分线上，信息仍然有可能被窃听。为解决这个问题，将偏离角随机化，即以期望方向为圆心，以 $r=\sqrt{\Delta\theta^2+\Delta\varphi^2}$ 为半径，使偏离角在圆周上随机变化，那么，垂直平分线也将以相同速率随机变化。此时除期望方向外，其他方向信号携带极化状态信息均发生不同程度的改变。期望方向信号功率可以表示为

$$P_{Rk}=P((f_1(\theta,\varphi)\cos\gamma_k)^2+(f_2(\theta,\varphi)\sin\gamma_k)^2) \tag{5-48}$$

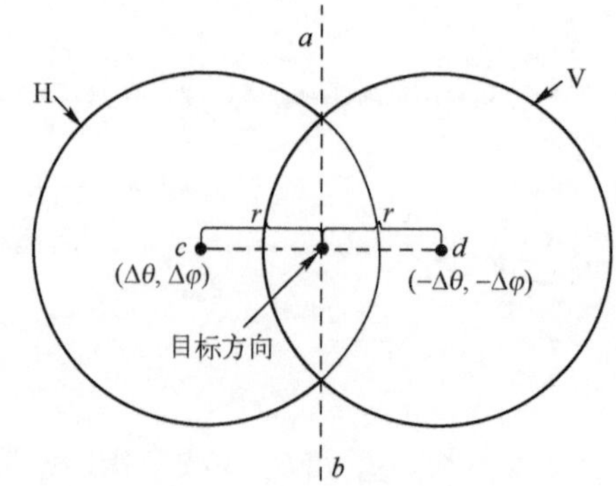

图 5-23　正交极化波束俯视图

由于$f_i(\theta,\varphi)<f_i(\Delta\theta,\Delta\varphi)$，$i=1,2$，当偏离角变大，虽然两波束在期望方向增益相同，然而增益随着偏离角变大而下降。那么对于偏离角的选择，则需要结合实际通信系统。下一节将通过仿真验证所提技术的性能。

5.4.5　仿真分析

仿真通过误符号率衡量所提技术的有效性以及旁瓣信息传输安全性。设置工作频率为 23GHz，卫星端配置一个 10×10 的双极化面阵，阵元排列方式如图 5-21 所示，仿真随机产生 10^4个四阶极化状态调制符号（其他调制阶数的仿真结果相似）。极化状态调制符号两分量分别通过正交极化波束发送。

首先，观察偏离角对期望接收机信号解调性能的影响。图 5-24 比较了不同偏离角情况下误符号率性能曲线。仿真值基于最大似然准则，通过式（5-36）计算，理论值计算技术与第 2 章相同。仿真图结果显示在相同偏离角情况下，仿真值和理论值趋于一致。当偏离角增大，误符号性能也随之下降，当偏离角为 1.5°时，达到 10^{-4}，相比于偏离角为 0°时需要多约 4dB。这是因为偏离角增大，期望方向的波束增益下降，导致信噪比下降所致。因此，偏离角应根据实际阵列模型，波束宽度合理选择。

图 5-25（a）给出了当方位角为 0°，不同俯仰角接收机误符号率性能曲线；图 5-25（b）给出了当俯仰角为 0°，不同方位角情况下误符号率性能曲线。旁瓣波束增益较低，误符号率较高。随着偏离角变大，误符号率波束主瓣变窄，这是因为非期望方向波束增益存在差异，星座发生畸变，且偏移角越大，星座畸变程度越大。图中箭头指出的旁瓣处可见，偏离角越大，误符号率越高，这是因为在本节提出的技术中，信号功率下降和旁瓣星座发生畸变共同

恶化窃听节点信号解调性能，从而提高传输安全性。

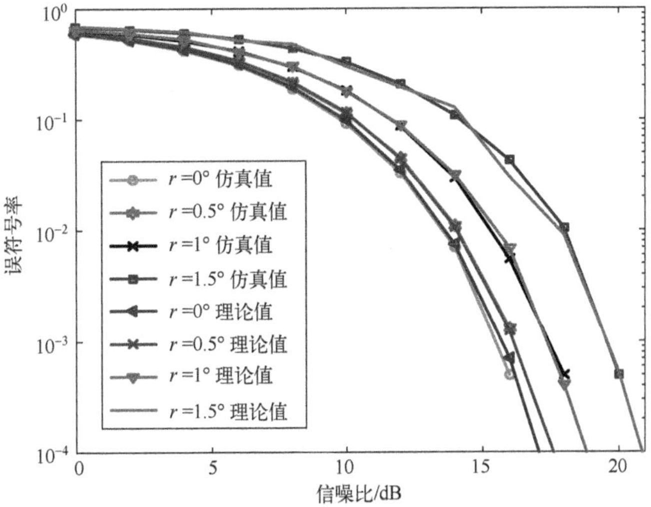

图 5-24　不同偏离角对误符号率性能影响（见彩插）

现有的关于方向调制技术均是基于线阵，然而卫星通信与地面通信不同，卫星通信中发射波束方向根据接收机的方位角和俯仰角确定，采用面阵发射波束。本小节利用正交极化波束分别发射极化信号两个分量，通过控制两波束主瓣方向使得期望方向波束增益相同，极化状态调制星座图无畸变而旁瓣波束增益产生差异，导致星座图畸变，从而增加非期望接收机信号解调难度，提高旁瓣信息传输安全。

基于单极化阵列的方向-极化状态联合调制技术属于静态方向调制，利用固定的正交极化波束分别发送极化信号两个分量，实现了期望方向星座无畸变，非期望方向星座图畸变的方向调制，能够在一定程度上提高信息传输安全性。

基于双极化线阵的方向-极化状态调制安全传输技术属于动态方向调制，正交双极化波束主瓣均指向期望方向，避免了功率损失，同时随机选择发射天线导致非期望方向产生幅相波动，造成极化状态调制星座图畸变，能够有效增大窃听节点解调难度。当窃听节点在波束主瓣，可以通过随机注入人工噪声，恶化窃听节点信噪比，提高安全速率。

基于卫星双极化平面阵的方向调整方法采用相同的原理，通过阵列设计和波束设计，形成双极化波束传输信号，形成不同方位角和俯仰角的差异化发射，提高信息传输安全性。

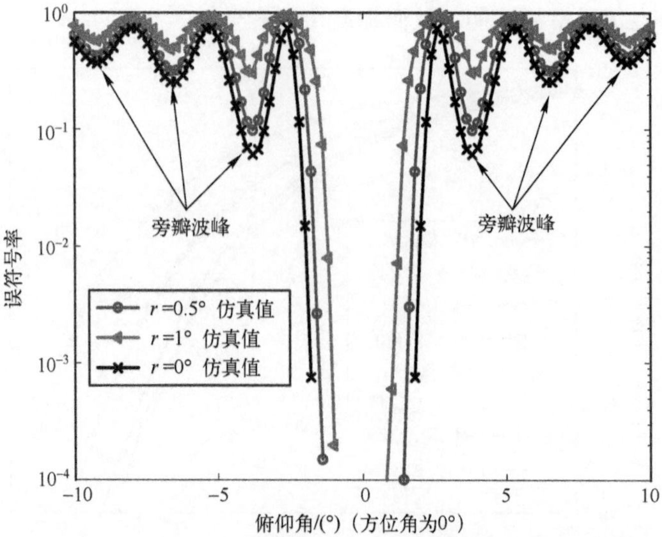

(a) 俯仰角误符号率性能曲线

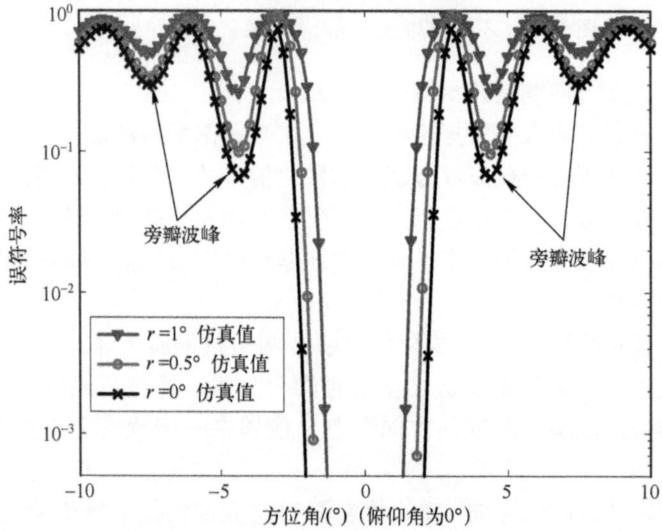

(b) 方位角误符号率性能曲线

图 5-25　不同方位角和俯仰角接收机误符号率性能曲线切面图（SNR = 22dB）

第 6 章　基于正交矢量和极化状态调制的安全传输技术

极化相关损耗效应是双极化通信不可避免的问题，前面的章节介绍过预补偿方法、置零滤波方法和正交极化天线交替传输信号的方法，均能在一定程度上缓解极化相关损耗效应。本章将介绍一种基于正交矢量的技术，在消除极化相关损耗效应的同时能够同时增强信息传输安全。

6.1　系统模型和信号模型

系统模型如图 6-1 所示，合法发送节点（Alice）、合法接收节点（Bob）和多个窃听节点（Eve）均配备一副正交双极化天线。

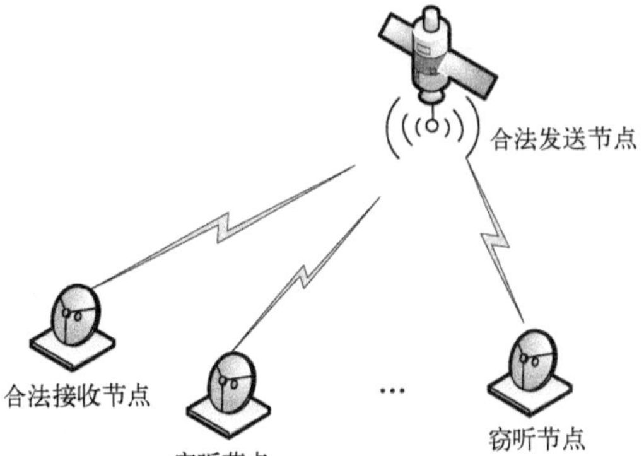

图 6-1　系统模型示意图

假设发送节点发送的第 k 个极化信号为

$$\boldsymbol{s}_k=\begin{bmatrix} s_{\mathrm{H}k} \\ s_{\mathrm{V}k} \end{bmatrix}=\begin{bmatrix} \cos\gamma_k \\ \sin\gamma_k \mathrm{e}^{\mathrm{j}\eta_k} \end{bmatrix} \tag{6-1}$$

接收节点接收到的信号可以表示为

$$\boldsymbol{y}_k=\begin{bmatrix} y_{\mathrm{H}k} \\ y_{\mathrm{V}k} \end{bmatrix}=\boldsymbol{H}\boldsymbol{s}_k+\boldsymbol{n}_k=\begin{bmatrix} h_{11} & h_{12} \\ h_{12} & h_{22} \end{bmatrix}\begin{bmatrix} \cos\gamma_k \\ \sin\gamma_k \mathrm{e}^{\mathrm{j}\eta_k} \end{bmatrix}+\begin{bmatrix} n_{\mathrm{H}k} \\ n_{\mathrm{V}k} \end{bmatrix} \tag{6-2}$$

式中：$\boldsymbol{H}$ 为信道矩阵，可以分解为

$$\boldsymbol{H}=\begin{bmatrix} h_{11} & h_{12} \\ h_{21} & h_{22} \end{bmatrix}=\boldsymbol{U\Sigma V}=\boldsymbol{U}\begin{bmatrix} \sqrt{\lambda_1} & 0 \\ 0 & \sqrt{\lambda_2} \end{bmatrix}\boldsymbol{V} \tag{6-3}$$

式中：$\boldsymbol{U}$ 和 $\boldsymbol{V}$ 均为单位矩阵，分别与极化信号矢量相乘后会导致星座点在庞卡莱球面刚性旋转。$\sqrt{\lambda_i}, i=1,2$ 表示特征值，只有在信道为理想情况下才相等。当两个特征值互不相等时，处理后的极化信号的星座点在球面上会向水平极化星座点移动，导致星座点之间距离变小，误码率性能恶化。一个非理想的信道状态对信号解调有负面影响，这种效应称为极化相关损耗（Polarization Dependent Loss，PDL)，可以计算为

$$\text{PDL}=10\log\frac{\lambda_1}{\lambda_2}, \quad \lambda_1\geqslant\lambda_2 \tag{6-4}$$

在本章介绍的技术中，一方面解决上述 PDL 效应问题，另一方面提出基于正交矢量的安全传输技术。

6.2 技术原理

假设对于这正交极化符号矢量，每个符号块的长度都为 N。待发送的符号划分为 $M/2$ 个列矢量，且每个列矢量长度相等，且为 $2N/M$。本节以水平极化信号矢量（H）为例，首先将符号矢量重构为

$$\boldsymbol{x}_{\text{H}}=[\boldsymbol{x}_{\text{H}}^1 \quad \boldsymbol{x}_{\text{H}}^2 \quad \cdots \quad \boldsymbol{x}_{\text{H}}^{M/2}]=\begin{bmatrix} x_{\text{H}1} & x_{\text{H}\left(\frac{2N}{M}+1\right)} & \cdots & x_{\text{H}\left(\frac{2(n-1)N}{M}+1\right)} \\ x_{\text{H}2} & x_{\text{H}\left(\frac{2N}{M}+2\right)} & \cdots & x_{\text{H}\left(\frac{2(n-1)N}{M}+2\right)} \\ \vdots & \vdots & & \vdots \\ x_{\text{H}\frac{2N}{M}} & x_{\text{H}\frac{4N}{M}} & \cdots & x_{\text{H}2N} \end{bmatrix} \tag{6-5}$$

进而，建立一个包含 L 个正交矢量的正交矩阵为

$$\boldsymbol{L}=[\boldsymbol{l}_1 \quad \boldsymbol{l}_2 \quad \cdots \quad \boldsymbol{l}_L]=\begin{bmatrix} l_{11} & l_{12} & \cdots & l_{1L} \\ l_{21} & l_{22} & \cdots & l_{2L} \\ \vdots & \vdots & & \vdots \\ l_{L1} & l_{L2} & \cdots & l_{LL} \end{bmatrix} \tag{6-6}$$

式中：$L\geqslant M$，基于式（6-6），式（6-5）每一列与一个正交矢量相乘，并把结果相加，可得

$$\widetilde{\boldsymbol{x}}_{\mathrm{H}}=\boldsymbol{x}_{\mathrm{H}}^{1}\boldsymbol{l}_{1}^{\mathrm{T}}+\boldsymbol{x}_{\mathrm{H}}^{2}\boldsymbol{l}_{2}^{\mathrm{T}}+\cdots+\boldsymbol{x}_{\mathrm{H}}^{\frac{M}{2}}\boldsymbol{l}_{\frac{M}{2}}^{\mathrm{T}}=\begin{bmatrix}\widetilde{x}_{\mathrm{H}11} & \cdots & \widetilde{x}_{\mathrm{H}1h} & \cdots & \widetilde{x}_{\mathrm{H}1L}\\ \vdots & \vdots & \vdots & \cdots & \vdots\\ \widetilde{x}_{\mathrm{H}g1} & \cdots & \widetilde{x}_{\mathrm{H}gh} & \cdots & \widetilde{x}_{\mathrm{H}gL}\\ \vdots & \vdots & \vdots & & \vdots\\ \widetilde{x}_{\mathrm{H}\frac{2N}{M}1} & \cdots & \widetilde{x}_{\mathrm{H}\frac{2N}{M}h} & \cdots & \widetilde{x}_{\mathrm{H}\frac{2N}{M}L}\end{bmatrix} \tag{6-7}$$

式中：T 为矩阵转置；$\widetilde{\boldsymbol{x}}_{\mathrm{H}}$ 为$\dfrac{2N}{M}\times L$ 矩阵。采用相同的方法可得垂直极化信号矩阵为

$$\widetilde{\boldsymbol{x}}_{\mathrm{V}}=\boldsymbol{x}_{\mathrm{V}}^{\frac{M}{2}+1}\boldsymbol{l}_{\frac{M}{2}+1}^{\mathrm{T}}+\boldsymbol{x}_{\mathrm{V}}^{\frac{M}{2}+2}\boldsymbol{l}_{\frac{M}{2}+2}^{\mathrm{T}}+\cdots+\boldsymbol{x}_{\mathrm{V}}^{M}\boldsymbol{l}_{M}^{\mathrm{T}} \tag{6-8}$$

对于$\widetilde{\boldsymbol{x}}_{\mathrm{H}}$ 和$\widetilde{\boldsymbol{x}}_{\mathrm{V}}$，第 g 行和第 h 列分别采用阶数为 β 和 α 的 WFRFT 处理，即

(1) $\widetilde{\boldsymbol{x}}_{\mathrm{H}}(g,:)$被 $\Psi_{4}^{\beta}[\widetilde{\boldsymbol{x}}_{\mathrm{H}}(g,:)^{\mathrm{T}}]^{\mathrm{T}}$ 替代，得到$\hat{\boldsymbol{x}}_{\mathrm{H}}$。

(2) $\hat{\boldsymbol{x}}_{\mathrm{H}}(:,h)$被 $\Psi_{4}^{\alpha}[\hat{\boldsymbol{x}}_{\mathrm{H}}(:,h)]$替代，可得$\breve{\boldsymbol{x}}_{\mathrm{H}}$。

其中 $\Psi_{4}^{\beta}[\cdot]$为阶数为 β 的 WFRFT 处理。采用同样的方法可得$\breve{\boldsymbol{x}}_{\mathrm{V}}$。那么，在发送端的信号处理过程可以由图 6-2 中的过程表示，$\breve{\boldsymbol{x}}_{\mathrm{H}}$ 和$\breve{\boldsymbol{x}}_{\mathrm{V}}$ 为混合矩阵，需要进一步经过并串转换（P/S）矢量化为 $1\times\dfrac{2NL}{M}$矢量，从而得到$\bar{\boldsymbol{x}}_{\mathrm{H}}$ 和$\bar{\boldsymbol{x}}_{\mathrm{V}}$。最后，假设发送端可以准确估计信道参数$\dot{h}_{11}$和$\dot{h}_{22}$，并用信道参数处理$\bar{\boldsymbol{x}}_{\mathrm{H}}$ 和$\bar{\boldsymbol{x}}_{\mathrm{V}}$。从而可以得到发送信号$\bar{\boldsymbol{x}}_{\mathrm{H}}^{\mathrm{t}}$ 和$\bar{\boldsymbol{x}}_{\mathrm{V}}^{\mathrm{t}}$，可以计算为

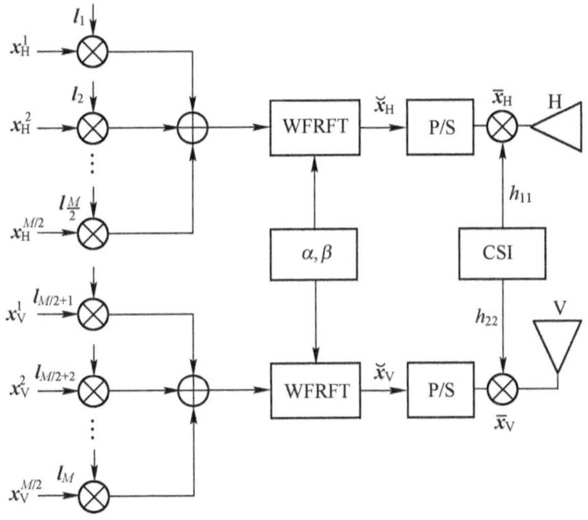

图 6-2　发送端的信号处理过程

$$\bar{\boldsymbol{x}}_{\mathrm{H}}^{\mathrm{t}}=\frac{\bar{\boldsymbol{x}}_{\mathrm{H}}}{\dot{h}_{11}},\quad \bar{\boldsymbol{x}}_{\mathrm{V}}^{\mathrm{t}}=\frac{\bar{\boldsymbol{x}}_{\mathrm{V}}}{\dot{h}_{22}} \tag{6-9}$$

对于接收机，信号处理过程如图 6-3 所示。接收信号为 $2\times\frac{2NL}{M}$维矩阵，可以写为

$$\begin{aligned}\bar{\boldsymbol{y}}&=\begin{bmatrix}\bar{\boldsymbol{y}}_{\mathrm{H}}\\ \bar{\boldsymbol{y}}_{\mathrm{V}}\end{bmatrix}=\begin{bmatrix}h_{11} & h_{12}\\ h_{21} & h_{22}\end{bmatrix}\begin{bmatrix}\bar{\boldsymbol{x}}_{\mathrm{H}}^{\mathrm{t}}\\ \bar{\boldsymbol{x}}_{\mathrm{V}}^{\mathrm{t}}\end{bmatrix}+\begin{bmatrix}\bar{\boldsymbol{n}}_{\mathrm{H}}\\ \bar{\boldsymbol{n}}_{\mathrm{V}}\end{bmatrix}\\ &=\begin{bmatrix}h_{11} & h_{12}\\ h_{21} & h_{22}\end{bmatrix}\begin{bmatrix}\dfrac{\bar{\boldsymbol{x}}_{\mathrm{H}}}{\dot{h}_{11}}\\ \dfrac{\bar{\boldsymbol{x}}_{\mathrm{V}}}{\dot{h}_{22}}\end{bmatrix}+\begin{bmatrix}\bar{\boldsymbol{n}}_{\mathrm{H}}\\ \bar{\boldsymbol{n}}_{\mathrm{V}}\end{bmatrix}=\begin{bmatrix}\bar{\boldsymbol{x}}_{\mathrm{H}}+\dfrac{h_{12}\bar{\boldsymbol{x}}_{\mathrm{V}}^{\mathrm{t}}}{h_{11}}\\ \dfrac{h_{21}\bar{\boldsymbol{x}}_{\mathrm{H}}^{\mathrm{t}}}{h_{22}}+\bar{\boldsymbol{x}}_{\mathrm{V}}\end{bmatrix}+\begin{bmatrix}\bar{\boldsymbol{n}}_{\mathrm{H}}\\ \bar{\boldsymbol{n}}_{\mathrm{V}}\end{bmatrix}\end{aligned} \tag{6-10}$$

式中：$\begin{bmatrix}\bar{\boldsymbol{n}}_{\mathrm{H}}\\ \bar{\boldsymbol{n}}_{\mathrm{V}}\end{bmatrix}$为噪声矩阵。这里同样假设信道矩阵参数$\dot{h}_{11}$和$\dot{h}_{22}$能够准确估计。

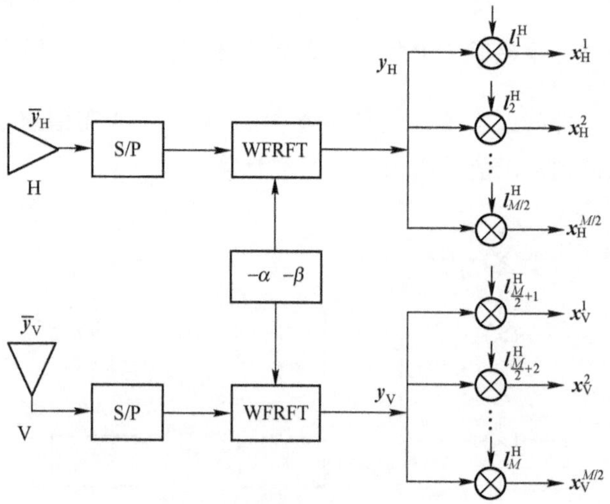

图 6-3　接收端的信号处理流程

为解调信号，$\bar{\boldsymbol{y}}$需要重构成矩阵，以$\bar{\boldsymbol{y}}_{\mathrm{H}}$ 为例（对$\bar{\boldsymbol{y}}_{\mathrm{V}}$ 可以采用同样的分析方法），首先将$\bar{\boldsymbol{y}}_{\mathrm{H}}$ 重构为$\frac{2N}{M}\times L$ 维矩阵$\tilde{\boldsymbol{y}}_{\mathrm{H}}$，进一步采用 WFRFT 对矩阵进行处理，分为两个步骤，分别为：

（1）$\tilde{\boldsymbol{y}}_{\mathrm{H}}(:,h)$被 $\boldsymbol{\Psi}_4^{-\alpha}[\tilde{\boldsymbol{y}}_{\mathrm{H}}(:,h)]$替代后得到$\boldsymbol{y}_{\mathrm{H}}$。

（2）$\hat{\boldsymbol{y}}_{\mathrm{H}}(g,:)$ 被 $\Psi_4^{-\beta}[\hat{\boldsymbol{y}}_{\mathrm{H}}(g,:)]$ 替代后得到 $\breve{\boldsymbol{y}}_{\mathrm{H}}$。

同理可得 $\breve{\boldsymbol{y}}_{\mathrm{V}}$。进一步采用与发送端相同的正交矩阵 $\boldsymbol{L}$ 处理信号矩阵可以表示为

$$\boldsymbol{y}_{\mathrm{R}i}=\begin{bmatrix}\boldsymbol{y}_{\mathrm{H}i}\\ \boldsymbol{y}_{\mathrm{V}i}\end{bmatrix}=\begin{bmatrix}\breve{\boldsymbol{y}}_{\mathrm{H}}l_i^*\\ \breve{\boldsymbol{y}}_{\mathrm{V}}l_{i+\frac{M}{2}}^*\end{bmatrix}=\underbrace{\begin{bmatrix}\boldsymbol{x}_{\mathrm{H}}^i\\ \boldsymbol{x}_{\mathrm{V}}^{i+\frac{M}{2}}\end{bmatrix}}_{\text{信号}}+\underbrace{\begin{bmatrix}\boldsymbol{n}_{\mathrm{H}}^il_i^*\\ \boldsymbol{n}_{\mathrm{V}}^{i+\frac{M}{2}}l_{i+\frac{M}{2}}^*\end{bmatrix}}_{\text{噪声}} \tag{6-11}$$

式中：$i=1,2,\cdots,\dfrac{M}{2}$；上标 $*$ 表示取共轭。

进一步解调信号，需要将正交矢量处理后的矩阵矢量化，即把矩阵 $[\boldsymbol{y}_{\mathrm{H1}},\boldsymbol{y}_{\mathrm{H2}},\cdots,\boldsymbol{y}_{\mathrm{H}\frac{M}{2}}]_{\frac{2N}{M}\times\frac{M}{2}}$ 重构成一个 $1\times N$ 的矢量 $\boldsymbol{y}_{\mathrm{H}}$。同理，也可以得到垂直极化矢量 $\boldsymbol{y}_{\mathrm{V}}$，在此基础上，通过计算幅度比和相位差恢复出接收信号的极化状态。

$\boldsymbol{L}$ 为正交矩阵，正交矢量处理后的噪声矢量功率不变，即式（6-11）右边第二项的功率可以写为

$$\begin{bmatrix}\boldsymbol{n}_{\mathrm{H}}l_i^{\mathrm{H}}(\boldsymbol{n}_{\mathrm{H}}l_i^{\mathrm{H}})^{\mathrm{H}}\\ \boldsymbol{n}_{\mathrm{V}}l_{i+\frac{M}{2}}^{\mathrm{H}}(\boldsymbol{n}_{\mathrm{V}}l_{i+\frac{M}{2}}^{\mathrm{H}})^{\mathrm{H}}\end{bmatrix}=\begin{bmatrix}\boldsymbol{n}_{\mathrm{H}}\boldsymbol{n}_{\mathrm{H}}^{\mathrm{H}}\\ \boldsymbol{n}_{\mathrm{V}}\boldsymbol{n}_{\mathrm{V}}^{\mathrm{H}}\end{bmatrix} \tag{6-12}$$

从以上描述中可以发现，信号的解调过程，接收信号中已经没有正交极化信号的相互干扰，从而消除了 PDL 效应。此外，根据式（6-12），噪声功率没有放大。

6.3　安全性能分析

6.3.1　计算复杂度

根据图 6-2 和图 6-3 中的信号处理步骤，本书介绍的技术方法计算主要集中在 WFRFT 过程。对于长度为 N 的信号矢量 $\boldsymbol{s}$ 利用 WFRFT 处理，需要 N^2 乘法和 $N(N-1)$ 加法。因此，符号长度 N 的增大会导致更大的计算量，并且需要更长的时间来完成 WFRFT 过程。图 6-4 显示了 WFRFT 的信号处理时间与符号矢量长度（一个矢量中的符号数）之间的关系，发现随着矢量长度的增加，WFRFT 操作所花费的时间越来越多，呈指数级增长。例如，当 $N<2000$ 时，WFRFT 过程的时间小于 5s；当 $N=5000$ 时，WFRFT 过程的时间为 76.87s；当 $N=8000$ 时，WFRFT 的时间为 304.2s。因此，计算时间随矢量长度的增加而呈非线性增加。

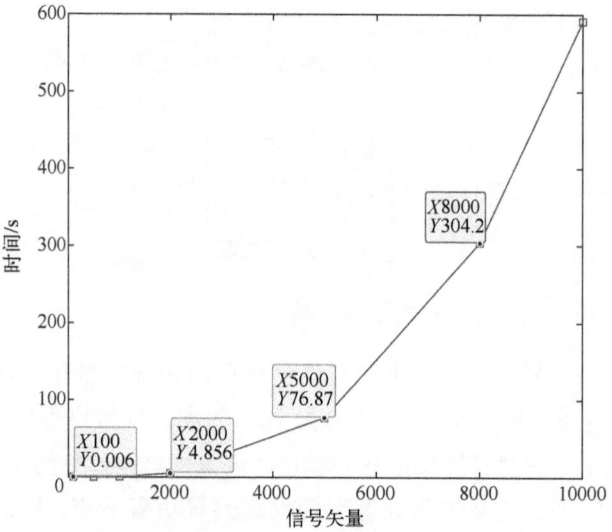

图 6-4　WFRFT 过程时间与信号矢量长度之间关系

在传统的模式下，无论信号矢量有多长，都是由 WFRFT 直接处理的。在这种情况下，即使信号矢量的长度 N 为 2000，仍然需要 4.856s，这无法满足低延迟传输需求。然而，利用本章介绍的技术，$K = 2000$ 的信号矢量可以重塑为 200×10 矩阵，并且矩阵中只有一行和一列经过 WFRFT 过程。从图 6-4 中可以看出，该技术对于 $N=2000$ 信号矢量，WFRFT 过程的总时间小于 0.01s，大大降低了计算复杂度。

6.3.2　安全性能

首先，假设窃听者没有得到 M、L、g、h 和 WFRFT 阶数的信息。根据式（6-7）可知，合法节点和窃听节点接收到的信号都是混合信号，其振幅和相位是畸变的，这是由于信号矩阵的部分行和列由 WFRFT 处理。因此，为了恢复信息，应该将矢量转换为$\dfrac{2N}{M}\times L$ 矩阵。

（1）根据前面分析，接收信号矢量长度是 $2NL/M$，如果 $2NL/M$ 的除数个数是 N_d，将矢量重构为矩阵的技术至少存在 N_d 种。如果恢复的矩阵维数不正确，后续 WFRFT 处理信号环节和正交矢量处理信号环节恢复的信号均不正确，在这种情况下难以从接收信号中恢复出有用信号，即很难得到$\breve{\boldsymbol{y}}_{\mathrm{H}}(\breve{\boldsymbol{y}}_{\mathrm{V}})$，从而实现信号的保护。此外，可知 N_d 与 L 成正比，较大的 L 将进一步增大矩阵恢复难度，从而利用本章介绍的技术可以对发送信号提供有效的保护。

（2）如果窃听矢量正确地将接收到的信号矢量重构为一个 $2NL/M$ 矩阵，并且知道信号矩阵的一行和一列将由 WFRFT 处理。那么，矩阵的第 h 列和第 g 行将由窃听节点基于 WFRFT 依次进行处理。然而，在没有 g、h 和 WFRFT 阶数信息的情况下，为了破解信号，窃听节点需要尝试利用不同阶数的 WFRFT 去处理所有行和列的组合。显然，这是一个巨大的计算量。此外，即使采用正确的 WFRFT 阶数去处理正确的行和列，恢复的信号$\breve{\boldsymbol{y}}_{\mathrm{H}}(\breve{\boldsymbol{y}}_{\mathrm{V}})$仍然是混合信号，需要进一步采用正交矢量处理。因此，在这种情况下，难以判断 WFRFT 处理后的信号是否正确，也增大了信号破解的难度。

综上可知，WFRFT 阶数的偏差是不可避免的。对于窃听节点，WFRFT 处理接收信号的过程可以描述为（以 H 极化信号为例，对 V 极化信号的分析可采用相同步骤，为了简化分析，这里省略了噪声）：

首先，$\tilde{\boldsymbol{y}}_{\mathrm{H}}(:,h)$被$\boldsymbol{\Psi}_4^{\Delta\alpha}[\tilde{\boldsymbol{y}}_{\mathrm{H}}(:,h)]$替换并得到$\hat{\boldsymbol{y}}_{\mathrm{E_H}}$，可得

$$\hat{\boldsymbol{y}}_{\mathrm{E\_H}}(:,h)=\hat{\boldsymbol{y}}_{\mathrm{H}}(:,h)+\underbrace{(w_0(\Delta\alpha)-1)\hat{\boldsymbol{y}}_{\mathrm{H}}(:,h)+(w_1(\Delta\alpha)\boldsymbol{F}_K+w_2(\Delta\alpha)\boldsymbol{P}_K+w_3(\Delta\alpha)\boldsymbol{PF}_K)\hat{\boldsymbol{y}}_{\mathrm{H}}(:,h)}_{\boldsymbol{u}_{\mathrm{H}}}$$

$$\hat{\boldsymbol{y}}_{\mathrm{E\_H}}=\begin{bmatrix}\tilde{y}_{\mathrm{H}11} & \cdots & \overbrace{\hat{y}_{\mathrm{E\_H}1h}} & \cdots & \tilde{y}_{\mathrm{H}1L}\\ \vdots & \vdots & \vdots & \cdots & \vdots\\ \tilde{y}_{\mathrm{H}g1} & \cdots & \hat{y}_{\mathrm{E\_H}gh} & \cdots & \tilde{y}_{\mathrm{H}gL}\\ \vdots & \vdots & \vdots & & \vdots\\ \tilde{y}_{\mathrm{H}\frac{2N}{M}1} & \cdots & \underbrace{\hat{y}_{\mathrm{E\_H}\frac{2N}{M}h}}_{\substack{\downarrow\\(\hat{\boldsymbol{y}}_{\mathrm{H}}(:,h)+\boldsymbol{u}_{\mathrm{H}})}} & \cdots & \tilde{y}_{\mathrm{H}\frac{2N}{M}L}\end{bmatrix} \tag{6-13}$$

其次，$\hat{\boldsymbol{y}}_{\mathrm{E_H}}(g,:)^{\mathrm{T}}$被$\boldsymbol{\Psi}_4^{\Delta\beta}[\hat{\boldsymbol{y}}_{\mathrm{E_H}}(g,:)^{\mathrm{T}}]$替代后得到$\breve{\boldsymbol{y}}_{\mathrm{E_H}}$，可得

$$\begin{aligned}\breve{\boldsymbol{y}}_{\mathrm{E\_H}}(g,:)^{\mathrm{T}}=&\breve{\boldsymbol{y}}_{\mathrm{H}}(g,:)^{\mathrm{T}}+\underbrace{(w_0(\Delta\beta)-1)\breve{\boldsymbol{y}}_{\mathrm{H}}(g,:)^{\mathrm{T}}}_{\boldsymbol{v}_{\mathrm{H}}}\\&\underbrace{+(w_1(\Delta\beta)\boldsymbol{F}_K+w_2(\Delta\beta)\boldsymbol{P}_K+w_3(\Delta\beta)\boldsymbol{PF}_K)\breve{\boldsymbol{y}}_{\mathrm{H}}(g,:)^{\mathrm{T}}}_{\boldsymbol{v}_{\mathrm{H}}}+\boldsymbol{\Psi}_4^{\Delta\beta}[\dot{\boldsymbol{\mu}}_{\mathrm{H}}]\end{aligned} \tag{6-14}$$

$$\breve{\boldsymbol{y}}_{\mathrm{E\_H}}=\begin{bmatrix}\boldsymbol{0}\\ \vdots\\ \boldsymbol{\Psi}_4^{\Delta\beta}[\dot{\boldsymbol{\mu}}_{\mathrm{H}}]^{\mathrm{T}}\\ \vdots\\ \boldsymbol{0}\end{bmatrix}_{\frac{2N}{M}\times L}+\begin{bmatrix}\tilde{y}_{\mathrm{H}11} & \cdots & \hat{y}_{\mathrm{E\_H}1h} & \cdots & \tilde{y}_{\mathrm{H}1L}\\ \vdots & \vdots & \vdots & \cdots & \vdots\\ \{\breve{y}_{\mathrm{E\_H}g1} & \cdots & \breve{y}_{\mathrm{E\_H}gh} & \cdots & \breve{y}_{\mathrm{E\_H}gL}\}\\ \vdots & \vdots & \vdots & & \vdots\\ \tilde{y}_{\mathrm{H}\frac{2N}{M}1} & \cdots & \hat{y}_{\mathrm{E\_H}\frac{2N}{M}h} & \cdots & \tilde{y}_{\mathrm{H}\frac{2N}{M}L}\end{bmatrix}\rightarrow\breve{\boldsymbol{y}}_{\mathrm{H}}(g,:)+\boldsymbol{v}_{\mathrm{H}} \tag{6-15}$$

之后，式（6-15）可以进一步写为

$$\breve{\boldsymbol{y}}_{\mathrm{E\_H}}=\breve{\boldsymbol{y}}_{\mathrm{H}}+\underbrace{\begin{bmatrix}\boldsymbol{0}\\ \vdots\\ \boldsymbol{\Psi}_4^{\Delta\beta}[\dot{\boldsymbol{\mu}}_{\mathrm{H}}]^{\mathrm{T}}\\ \vdots\\ \boldsymbol{0}\end{bmatrix}_{\frac{2N}{M}\times L}+\begin{bmatrix}0 & \cdots & \boldsymbol{u}_{\mathrm{H}}(1) & \cdots & 0\\ \vdots & \vdots & \vdots & \cdots & \vdots\\ \boldsymbol{v}_{\mathrm{H}}(1) & \cdots & \boldsymbol{v}_{\mathrm{H}}(h) & \cdots & \boldsymbol{v}_{\mathrm{H}}(L)\\ \vdots & \vdots & \vdots & & \vdots\\ 0 & \cdots & \boldsymbol{u}_{\mathrm{H}}\left(\dfrac{2N}{M}\right) & \cdots & 0\end{bmatrix}}_{\boldsymbol{J}_{\mathrm{E\_H}}}\boldsymbol{J}_{\mathrm{E\_H}} \tag{6-16}$$

式中：$\Delta\alpha=\alpha_{\mathrm{E}}-\alpha$，$\Delta\beta=\beta_{\mathrm{E}}-\beta$，$\alpha_{\mathrm{E}}$ 和 β_{E} 是窃听节点使用的 WFRFT 阶数；$\boldsymbol{u}_{\mathrm{H}}$ 和 $\boldsymbol{v}_{\mathrm{H}}$ 为 WFRFT 阶数误差产生的自干扰；$\dot{\boldsymbol{\mu}}_{\mathrm{H}}$ 为 $L\times1$ 除了第 h 个元素为 $\boldsymbol{u}_{\mathrm{H}}(g)$，其他元素全零的矩阵。

基于式（6-15）和式（6-16），当 WFRFT 阶数中存在误差情况下，在窃听接收机接收信号$\breve{\boldsymbol{y}}_{\mathrm{E_H}}$中将存在自干扰。这种情况下，即使采用正确的正交矩阵处理信号$\breve{\boldsymbol{y}}_{\mathrm{E_H}}$，仍然难以确定正确的信号，即

$$\begin{aligned}\breve{\boldsymbol{y}}_{\mathrm{E\_H}}\boldsymbol{l}_i^*&=(\breve{\boldsymbol{y}}_{\mathrm{H}}+\boldsymbol{J}_{\mathrm{E\_H}})\boldsymbol{l}_i^*=\boldsymbol{x}_{\mathrm{H}}^i+\boldsymbol{J}_{\mathrm{E\_H}}\boldsymbol{l}_i^*+\boldsymbol{n}_{\mathrm{E\_H}}^i\boldsymbol{l}_i^*\\ \breve{\boldsymbol{y}}_{\mathrm{E\_V}}\boldsymbol{l}_i^*&=(\breve{\boldsymbol{y}}_{\mathrm{V}}+\boldsymbol{J}_{\mathrm{E\_V}})\boldsymbol{l}_{\frac{M}{2}+i}^*=\boldsymbol{x}_{\mathrm{V}}^i+\boldsymbol{J}_{\mathrm{E\_V}}\boldsymbol{l}_{\frac{M}{2}+i}^*+\boldsymbol{n}_{\mathrm{E\_V}}^i\boldsymbol{l}_{\frac{M}{2}+i}^*\end{aligned} \tag{6-17}$$

式中：$\boldsymbol{n}_{\mathrm{E_H}}^i$为噪声矢量，服从 $\mathcal{CN}(0,\sigma^2\boldsymbol{I}_{\frac{2N}{M}})$分布。根据式（6-11）和式（6-17），可以计算出窃听节点和合法节点的信噪比，以第 i 组信号矢量为例，信噪比可以计算为

$$\begin{aligned}\xi_{\mathrm{B}\_i}&=\frac{M}{2N}\,\frac{\|\boldsymbol{x}_{\mathrm{H}}^i\|_2+\|\boldsymbol{x}_{\mathrm{V}}^i\|_2}{2\sigma^2}\\ \xi_{\mathrm{E}\_i}&=\frac{\|\boldsymbol{x}_{\mathrm{H}}^i\|_2+\|\boldsymbol{x}_{\mathrm{V}}^i\|_2}{\|\boldsymbol{J}_{\mathrm{E\_H}}l_i^*\|_2+\|\boldsymbol{J}_{\mathrm{E\_V}}l_i^*\|_2+\dfrac{2N}{M}(\|\boldsymbol{n}_{\mathrm{E\_H}}^i\|_2+\|\boldsymbol{n}_{\mathrm{E\_V}}^i\|_2)}=\frac{\|\boldsymbol{x}_{\mathrm{H}}^i\|_2+\|\boldsymbol{x}_{\mathrm{V}}^i\|_2}{\|\boldsymbol{J}_{\mathrm{E\_H}}l_i^*\|_2+\|\boldsymbol{J}_{\mathrm{E\_V}}l_i^*\|_2+\dfrac{4N}{M}\sigma^2}\end{aligned} \tag{6-18}$$

式中：$\|\cdot\|_2$为 2-范数。那么可以进一步计算平均安全速率为

$$C_{\mathrm{ave}}=\mathop{E}_{i}\left[10\log\left(\frac{1+\xi_{\mathrm{B}\_i}}{1+\xi_{\mathrm{E}\_i}}\right)\right] \tag{6-19}$$

如式（6-18）分析，易得 $\xi_{\mathrm{B}\_i}\geqslant\xi_{\mathrm{E}\_i}$，因此，$C_{\mathrm{ave}}\geqslant0$。显然，基于采用本章介绍的技术，可以始终获得一个正的安全速率保证信息传输的安全。

6.4 仿真分析

在本节中，提供了一些数值结果，以验证本章技术的安全性能。在仿真中，采用了莱斯信道模型[147]，这里需要特别说明的是，本章介绍的技术属于信号处理技术，理论上适用于各类通信场景，下面以莱斯信道模型为例进行分析。

$$\boldsymbol{H}=\sqrt{\frac{K}{K+1}}\overline{\boldsymbol{H}}+\sqrt{\frac{1}{K+1}}\widetilde{\boldsymbol{H}} \tag{6-20}$$

式中：$\overline{\boldsymbol{H}}$为视距信道分量，$\widetilde{\boldsymbol{H}}$为非视距信道分量，$K$ 为莱斯系数，进一步可得

$$\begin{cases}\overline{\boldsymbol{H}}=\sqrt{\frac{K}{K+1}}\begin{bmatrix}\sqrt{1-\tau_{\text{ant}}} & \sqrt{\tau_{\text{ant}}}\\ \sqrt{\tau_{\text{ant}}} & \sqrt{1-\tau_{\text{ant}}}\end{bmatrix}\\ \widetilde{\boldsymbol{H}}=\boldsymbol{R}_{\text{t}}^{1/2}\boldsymbol{\chi}\boldsymbol{R}_{\text{r}}^{1/2}\\ \boldsymbol{R}_{\text{t}}=\begin{bmatrix}1 & 2\rho_{\text{t}}\sqrt{\varepsilon(1-\varepsilon)}\\ 2\rho_{\text{t}}\sqrt{\varepsilon(1-\varepsilon)} & 1\end{bmatrix}\\ \boldsymbol{R}_{\text{r}}=\begin{bmatrix}1 & 2\rho_{\text{r}}\sqrt{\varepsilon(1-\varepsilon)}\\ 2\rho_{\text{r}}\sqrt{\varepsilon(1-\varepsilon)} & 1\end{bmatrix}\end{cases} \tag{6-21}$$

式中：τ_{ant}为衡量接收端双极化信道交叉鉴别率的参量；$\boldsymbol{\chi}$ 表示 2×2 维矩阵，其元素为随机数，分布服从 $\mathcal{CN}(0,\sigma^2\boldsymbol{I}_{2\times2})$；$\rho_{\text{t}}$ 和 ρ_{r} 分别为发送端和接收端的极化相关稀疏。在仿真中，将视距信道和非视距信道的去极化效应 P_{dl}均设置为 15dB，相关参数设置如下：$\rho_{\text{r}}=0.2$，$\rho_{\text{t}}=0.1$，$\Upsilon=0.0307$，$\varepsilon=0.1481$，$K=10$。仿真中生成 10^6极化符号用于计算误符号率，且信道每隔 200 个符号时间更新一次。

首先，分别采用 4PM、8PM 和 16PM 调制技术调制信号，所采用的极化状态调制星座图如图 6-5 所示。可见，星座点以水平极化轴 g_1为基准，对称分布在球面，星座点之间的球面距离相等。

图 6-6 给出了理想高斯信道中的理论值（theoretical）曲线，所提出的方法和直接解调（DD）方法（信号是没有任何处理过程的直接解调）。结果表明，误符号率（SER）性能近似于三个调制阶的理论值，证明本章介绍的技术可以完全消除 PDL 效应，仿真与理论分析相一致。此外，DD 方法受到 PDL 效应的影响，SER 性能下降。

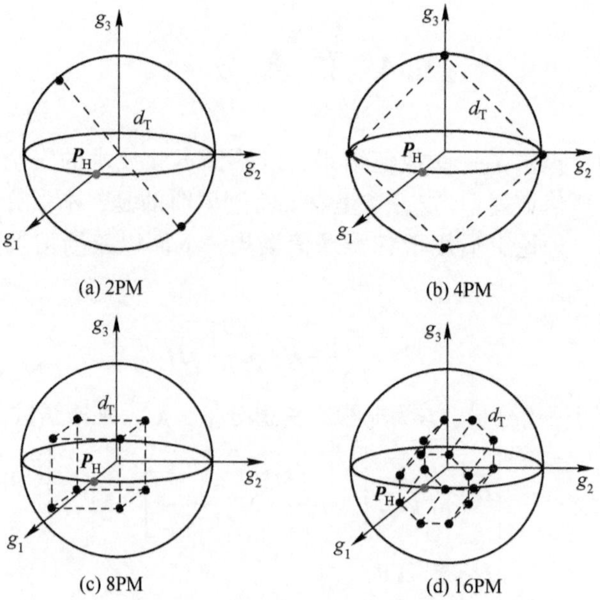

图 6-5　极化状态调制星座图

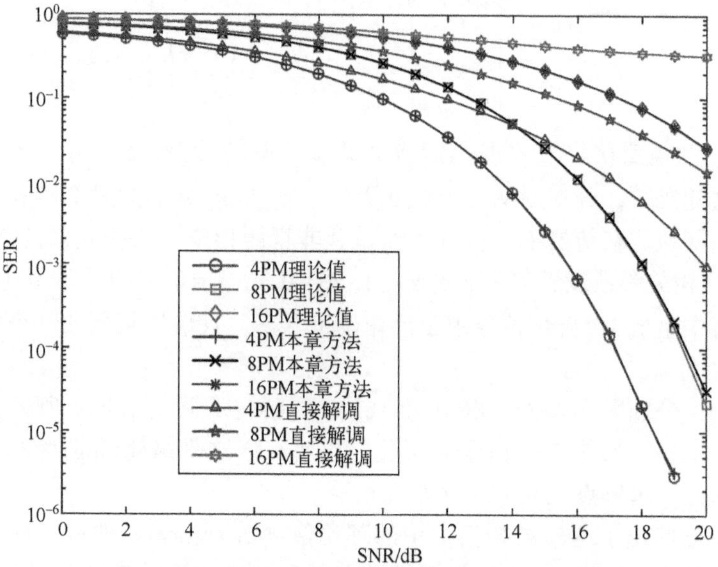

图 6-6　不同调整阶数下误符号率性能（见彩插）

图 6-7 比较了对于合法节点，采用不同方法消除极化相关损耗效应性能，其中绘制了预补偿方法、置零滤波方法、本章方法和直接解调方法的曲线。通

过比较不难发现，在理想信道条件下，本章方法的 SER 性能近似于理论值，证明了该方法在消除 PDL 效应方面的有效性。同时，置零滤波和预补偿方法虽然能够消除去极化效应，然而其 SER 性能相比本章方法要差，这是因为这两种方法会导致接收端信噪比的降低。最后，直接解调方法的误码率性能最差（理论值计算的数学偏差可以在文献［105］中找到，这是一个标准的计算偏差）。

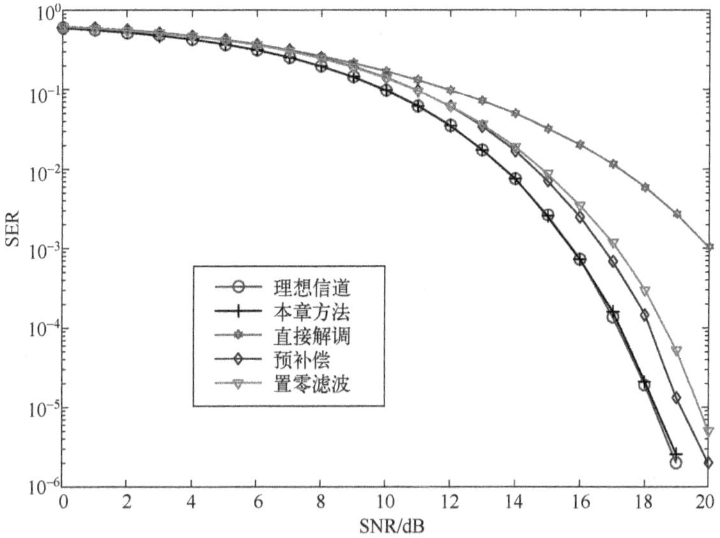

图 6-7　PDL 消除性能对比（见彩插）

其次，从误符号率（Symbol Error Rate，SER）角度评价本章方法的安全性性能。仿真中假设窃听节点已知重构矩阵的大小信息$\frac{2N}{M}\times L$，g，h，$-\alpha$ 和$-\beta$。如 6.3 节分析，仍然难以破解 WFRFT 阶数。具有不同 WFRFT 阶偏差的 SER 曲线如图 6-8 所示。这里有两点需要注意：

（1）当 WFRFT 阶数没有偏差，窃听节点知道合法节点使用正确的正交矩阵。那么，窃听节点的 SER 性能可以在高斯信道中逼近 PM 的理论值，导致信息泄露。而在本章方法中，WFRFT 阶数偏差较难避免，这将会恶化窃听节点 SER 性能。例如，当偏差 $\Delta\alpha=0.1$ 且 $\Delta\beta=0.2$ 时，在信噪比为 19dB，SER 为 0.00144，而理论值为 4.2×10^{-6}，相差了三个数量级。

（2）再看文献［105］中讨论的通信系统，WFRFT 阶数可以通过遍历搜索的方式破解，当扫描阶数为 0.1，只需要 400 次搜索，便能恢复出理想星座

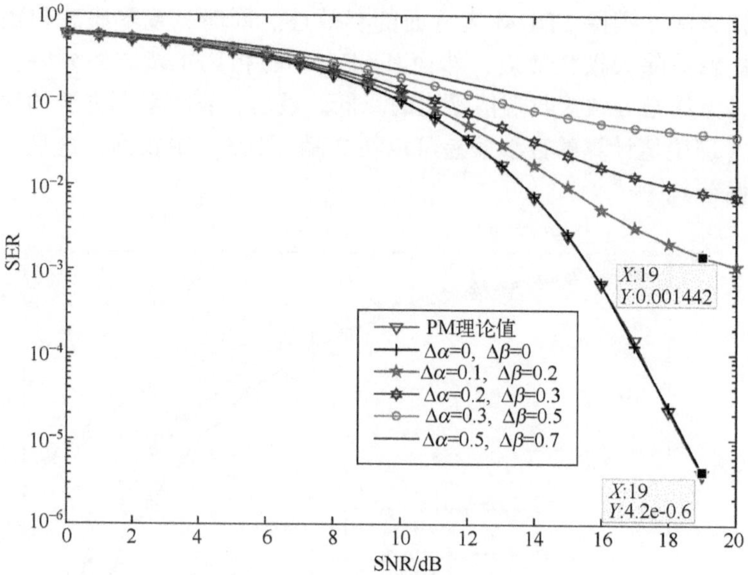

图 6-8 不同 WFRFT 阶数偏差条件下误符号率性能（见彩插）

图。然而，本章方法可以有效降低对 WFRFT 阶数的敏感性，这是因为在窃听节点扫描 WFRFT 阶数的情况下，恢复的信号是混合信号，很难获得一个规则的星座，增加了 WFRFT 阶数破解的难度。此外，本章方法中 WFRFT 按不同顺序对信号进行了两次处理，每次处理信号后所造成的自干扰都会在下一次 WFRFT 处理信号后进一步扩大，造成星座畸变及信噪比下降，从而保证信号传输的安全性。

最后，再从平均安全容量速率（Average Secrecy Capacity，ASC）角度评估本章介绍方法的安全性能，仿真参数与图 6-8 仿真参数相同。图 6-9 比较了不同 WFRFT 阶数偏差情况下的 ASC 曲线。当 WFRFT 阶数没有偏差时，ASC 等于零。这是因为在窃听节点接收到的信号中没有自干扰，合法节点和窃听节点接收的信号是一样的。另外，当 WFRFT 阶存在偏差时，ASC 随信噪比而增大，偏差越大，ASC 越大。此外，即使信噪比等于零，仍然可以得到一个正的 ASC，以确保传输的安全性。

在双极化卫星通信中，能够消除极化相关损耗效应的技术远不止于本书介绍的这几种技术，每种技术均有其局限性，如本章介绍的技术需要借助正交矩阵，同时增加了数据矢量长度，增加了数据的冗余量。

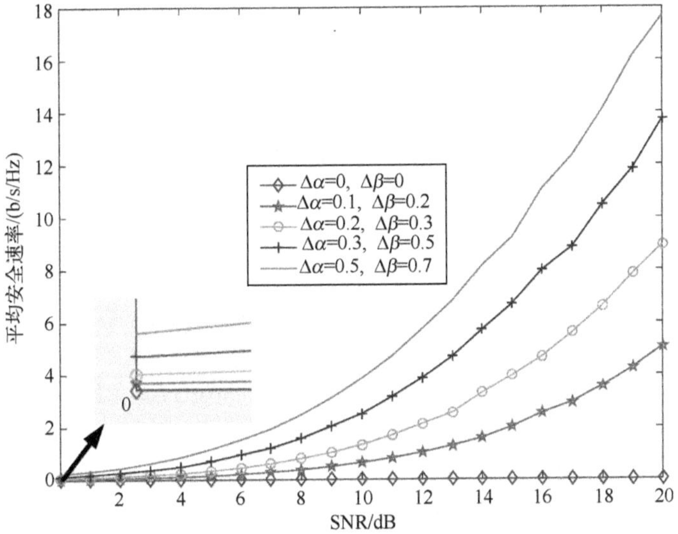

图 6-9　不同 WFRFT 阶数偏差下安全速率

参 考 文 献

[1] ELMEADAWY S, SHUBAIR R M. 6G Wireless communications: future technologies and research challenges [C]//Proceedings of the 2019 International Conference on Electrical and Computing Technologies and Applications (ICECTA), 2019: 1-5.

[2] ARAPOGLOU P, LIOLIS K, BERTINELLI M, et al. MIMO over Satellite: a Review [J]. IEEE Communications Surveys and Tutorials, 2011, 13 (1): 27-51.

[3] LARSSON E G, EDFORS O, TUFVESSON F, et al. Massive MIMO for next generation wireless systems [J]. IEEE Communications Magazine, 2014, 52 (2): 186-195.

[4] LU L, LI G Y, SWINDLEHURST A L, et al. An overview of massive MIMO: benefits and challenges [J]. IEEE Journal of Selected Topics in Signal Processing, 2014, 8 (5): 742-758.

[5] ZORBA N, REALP M, LAGUNAS M, et al. Dual polarization for MIMO processing in multibeam satellite systems [C]//Proceedings of the 10th International Workshop on Signal Processing for Space Communications, 2008: 1-7.

[6] WEI D, ZHANG M, FAN W, et al. A spectrum efficient polarized PSK/QAM scheme in the wireless channel with polarization dependent loss effect [C]//Proceedings of the 22nd International Conference on Telecommunications (ICT), 2015: 249-255.

[7] BENEDETTO S, POGGIOLINI P T. Multilevel polarization shift keying: Optimum receiver structure and performance evaluation [J]. IEEE Transactions on Communications 1994, 42 (234): 1174-1186.

[8] PRATT T, WALKENHORST B, NGUYEN S. Adaptive polarization transmission of OFDM signals in channels with polarization mode dispersion and polarization-dependent loss [J]. IEEE Transactions on Wireless Communications, 2009, 8 (7): 3354-3359.

[9] CAO B, ZHANG Q Y, JIN L. Polarization division multiple access with polarization modulation for LOS wireless communications [J]. EURASIP Journal on Wireless Communications and Networking, 2011 (1): 77.

[10] MAZZALI N, KAYHAN F, MYSORE R B S. Four-dimensional constellations for dual-polarized satellite communications [C]//Proceedings of the IEEE International Conference on Communications (ICC), 2016: 1-6.

[11] CAO B, ZHANG Q Y, LIANG D, et al. Blind adaptive polarization filtering based on oblique projection [C]//Proceedings of the 2010 IEEE International Conference on Communications (ICC), 2010: 1-5.

[12] SHAN D, ZENG K, XIANG W D, et al. PHY-CRAM: physical layer challenge-response authentication mechanism for wireless networks [J]. IEEE Journal on Selected Areas in Communications, 2013, 31 (9): 1817-1827.

[13] 王舒, 达新宇. 非理想信道状态下多波束卫星通信的鲁棒安全传输设计 [J]. 电子与信息学报, 2017, 39 (2): 342-350.

[14] ZOU Y L, ZHU J, WANG X B, et al. Improving physical-layer security in wireless communications using diversity techniques [J]. IEEE Network, 2015, 29 (1): 42-48.

[15] SHIU Y S, CHANG S Y, WU H C, et al. Physical layer security in wireless networks: a tutorial [J]. IEEE wireless Communications, 2011, 18 (2): 66-74.

[16] 张应宪, 刘爱军, 王永刚, 等. 卫星通信物理层安全技术研究展望 [J]. 电讯技术, 2013, 53 (3): 363-370.

[17] LUO Z K, WANG H L, ZHOU K J. Physical layer security scheme based on polarization modulation and WFRFT processing for dual-polarized satellite systems [J]. KSII Transactions on Internet and Information Systems, 2017, 11 (11): 5610-5624.

[18] FANG X J, ZHANG N, SHA X J, et al. Physical layer security: A WFRFT-based cooperation approach [C]//Proceedings of the 2017 IEEE International Conference on Communications (ICC), 2017: 1-6.

[19] WEI D, LIANG L L, ZHANG M, et al. A polarization state modulation based physical layer security scheme for wireless communications [C]//Proceedings of the 2016 IEEE Military Communications Conference, 2016: 1195-1201.

[20] TRAPPE W. The challenges facing physical layer security [J]. IEEE Communications Magazine, 2015, 53 (6): 16-20.

[21] ZHAO N, YU F R, LI M, et al. Physical layer security issues in interference-alignment-based wireless networks [J]. IEEE Communications Magazine, 2016, 54 (8): 162-168.

[22] LEI J, HAN Z, Vázquez-Castro M A, et al. Multibeam SATCOM systems design with physical layer security [C]//Proceedings of the 2011 IEEE International Conference on Ultra-Wideband (ICUWB), 2011: 555-559.

[23] MUKHERJEE A, FAKOORIAN S A A, HUANG J, et al. Principles of physical layer security in multiuser wireless networks: A Survey [J]. IEEE Communications Surveys and Tutorials, 2014, 16 (3): 1550-1573.

[24] FANG X J, WU X L, ZHANG N, et al. Safeguarding physical layer security using weighted fractional fourier transform [C]//Proceedings of the 2016 IEEE Global Communications Conference (GLOBECOM), 2016: 1-6.

[25] ZHU J, ZOU Y L, ZHENG B Y. Physical-Layer security and reliability challenges for industrial wireless sensor networks [J]. IEEE Access, 2017, 5: 5313-5320.

[26] ZHENG G, ARAPOGLOU P D, Ottersten B. Physical layer security in multibeam satellite systems [J]. IEEE Transactions on Wireless Communications, 2012, 11 (2): 852-863.

[27] KNOPP A, SCHWARZ R T, LANKL B. Secure MIMO SATCOM transmission [C]//Proceedings of the 2013 IEEE Military Communications Conference, 2013: 284-288.

[28] LEI J, HAN Z, VÁZQUEZ-CASTRO M A, et al. Secure satellite communication systems design with individual secrecy rate constraints [J]. IEEE Transactions on Information Forensics and Security, 2011, 6 (3): 661-671.

[29] SHANNON C E. Communication theory of secrecy systems [J]. The Bell System Technical Journal, 1949, 28 (4): 656-715.

[30] WYNER A D. The wire-tap channel [J]. The Bell System Technical Journal, 1975, 54 (8): 1355-1387.

[31] CSISZAR I, KORNER J. Broadcast channels with confidential messages [J]. IEEE Transaction on Information Theory, 1978, 24 (3): 339-348.

[32] SPERANDIO C, FLIKKEMA P G. Wireless physical-layer security via transmit precoding over dispersive channels: optimum linear eavesdropping [C]//Proceedings of the MILCOM 2002, 2002: 1113-1117.

[33] 崔波, 刘璐, 李翔宇, 等. 隐藏有限字符特性的跳空安全传输方法 [J]. 电子学报, 2015, 43 (5): 940-947.

[34] 崔波, 刘璐, 金梁. 有限字符输入系统的物理层安全传输条件 [J]. 电子与信息学报, 2014, 36 (6): 1441-1447.

[35] LIAO W C, CHANG T H, MA W K, et al. QoS-based transmit beamforming in the presence of eavesdroppers: An optimized artificial - noise - aided approach [J]. IEEE Transactions on Signal Processing, 2011, 59 (3): 1202-1216.

[36] LI N, TAO X F, CUI Q M, et al. Secure transmission with artificial noise in the multiuser downlink: Secrecy sum-rate and optimal power allocation [C]//Proceedings of the 2015 IEEE Wireless Communications and Networking Conference (WCNC), 2015: 1416-1421.

[37] CHANG T H, HONG Y W P, Chi C Y. Training signal design for discriminatory channel estimation [C]//Proceedings of the IEEE GLOBECOM, 2009: 1-6.

[38] DALY M P, BERNHARD J T. Directional modulation technique for phased arrays [J]. IEEE Transactions on Antennas and Propagation, 2009, 57 (9): 2633-2640.

[39] DALY M P, BERNHARD J T. Beamsteering in pattern reconfigurable arrays using directional modulation [J]. IEEE Transactions on Antennas and Propagation, 2010, 58 (7): 2259-2265.

[40] DALY M P, DALY E L, BERNHARD J T. Demonstration of directional modulation using a phased array [J]. IEEE Transactions on Antennas and Propagation, 2010, 58 (5): 1545-1550.

[41] DALY M P, BERNHARD J T. Directional modulation and coding in arrays [C]//Proceedings of the 2011 IEEE International Symposium on Antennas and Propagation (APSURSI), 2011: 1984-1987.

[42] HONG T, SONG M Z, LIU Y. Dual-beam directional modulation technique for physical-layer secure communication [J]. IEEE Antennas and Wireless Propagation Letters, 2011, 10 (1): 1417-1420.

[43] ALRABADI O N, PEDERSEN G F. Directional space-time modulation: A novel approach for secured wireless communication [C]//Proceedings of the 2012 IEEE International Conference on Communications (ICC), 2012: 3554-3558.

[44] DING Y, FUSCO V F. A vector approach for the analysis and synthesis of directional modulation transmitters [J]. IEEE Transactions on Antennas and Propagation, 2014, 62 (1): 361-370.

[45] DING Y, FUSCO V F. MIMO-inspired synthesis of directional modulation systems [J]. IEEE Antennas and Wireless Propagation Letters, 2016, 15: 580-584.

[46] LUO Z K, WANG H L, LV W H. Directional polarization modulation for secure transmission in dual-polarized satellite MIMO systems [C]//Proceedings of the 2016 8th International Conference on Wireless Communications and Signal Processing, 2016: 1-5.

[47] SHU F, WU X M, LI J, et al. Robust synthesis scheme for secure multi-beam directional modulation in broadcasting systems [J]. IEEE Access, 2016, 4: 6614-6623.

[48] LUO Z K, WANG H L, HAO H. A spectrum efficient spatial polarized QAM modulation scheme for physical layer security in dual-polarized satellite systems [J]. IEICE Transactions on Communications, 2018, E101-B (1): 146-153.

[49] ALOTAIBI N N, HAMDI K A. A low-complexity antenna subset modulation for secure millimeter-wave communication [C]//Proceedings of the 2016 IEEE Wireless Communications and Networking Conference, 2016: 1-6.

[50] AGGARWAL V, SANKAR L, CALDERBANK A R, et al. Secrecy capacity of a class of orthogonal relay eavesdropper channels [J]. Eurasip Journal on Wireless Communications And Networking, 2009, 2009: 1-14.

[51] ARIKAN E. Channel polarization: A method for constructing capacity-Achieving codes for symmetric binary-input memoryless channels [J]. IEEE Transactions on Information Theory, 2009, 55 (7): 3051-3073.

[52] MAHDAVIFAR H, VARDY A. Achieving the secrecy capacity of wiretap channels using polar codes [J]. IEEE Transactions on Information Theory, 2011, 57 (10): 6428-6443.

[53] ABBASI-MOGHADAM D, VAKILI V T T, Falahati A. Combination of turbo coding and cryptography in NONGEO satellite communication systems [C]//Proceedings of the 2008 International Symposium on Telecommunications, 2008: 666-670.

[54] HWANG Y, PAPADOPOULOS H C. Physical-layer secrecy in AWGN via a class of chaotic DS/SS systems: Analysis and design [J]. IEEE Transactions on Signal Processing, 2004, 52 (9): 2637-2649.

[55] LI T T, REN J, LING Q, et al. Physical layer built-in security analysis and enhancement of

CDMA systems [C]//Proceedings of the 2005 IEEE Military Communications Conference, 2005.

[56] HUANG J J, JIANG T. Dynamic secret key generation exploiting Ultra-wideband wireless channel characteristics [C]//Proceedings of the 2015 IEEE Wireless Communications and Network Conference, 2015: 1701-1706.

[57] GAO B J, LUO Y L, HOU A Q, et al. New physical layer encryption algorithm based on DFT-S-OFDM system [C]//Proceedings of the 2013 International Conference on Mechatronic Sciences, Electric Engineering and Computer (MEC), 2013: 2018-2022.

[58] 王玉洁. 基于物理层加密的调制方式及数据保护算法 [D]. 西安: 西北大学, 2014.

[59] 雷蓓蓓. 基于物理层加密的调制方式隐蔽算法研究 [D]. 西安: 西北大学, 2012.

[60] BI S Z, YUAN X J, ZHANG Y J A. DFT-based physical layer encryption for achieving perfect secrecy [C]//Proceedings of the 2013 IEEE International Conference on Communications (ICC), 2013: 2211-2216.

[61] MA R F, DAI L L, WANG Z C, et al. Secure communication in TDS-OFDM system using constellation rotation and noise insertion [J]. IEEE Transactions on Consumer Electronics, 2010, 56 (3): 1328-1332.

[62] 赵宁. 极化复用技术在遥感卫星数据传输中的应用 [J]. 航天器工程, 2010, 19 (4): 55-62.

[63] 王晓婷, 梅强, 李正伟. MIMO 技术在卫星通信系统中的应用 [J]. 飞行器测控学报, 2010, 29 (5): 60-63.

[64] 张杰, 熊俊, 马东堂. 多波束卫星通信系统中的物理层安全传输算法 [J]. 电子技术应用, 2014, 40 (11): 116-119.

[65] 马东堂, 熊俊, 李为, 等. 多波束卫星网络的物理层安全性能指标研究 [J]. 火力与指挥控制, 2016, 41 (1): 11-15.

[66] KNOPP A, SCHWARZ R T, OGERMANN D, et al. Satellite system design examples for maximum MIMO spectral efficiency in LOS channels [C]//Proceedings of the 2008 IEEE Global Telecommunications Conference, 2008: 2890-2895.

[67] MASOUROS C, SELLATHURAI M, RATNARAJAH T. Interference optimization for transmit power reduction in tomlinson-harashima precoded MIMO downlinks [J]. IEEE Transactions on Signal Processing, 2012, 60 (5): 2470-2481.

[68] TARABLE A, LUISE M, RISUENO G L, et al. Coded polarization multiplexing as a MIMO scheme for the LMS channel [C]//Proceedings of the 2012 IEEE First AESS European Conference on Satellite Telecommunications (ESTEL), 2012: 1-5.

[69] ARAPOGLOU P D, BURZIGOTTI P, ALAMANAC A B, et al. Capacity potential of mobile satellite broadcasting systems employing dual polarization per beam [C]//Proceedings of the 2010 5th Advanced Satellite Multimedia Systems Conference (ASMA) and the 11th Signal Processing for Space Communications workshop (SPSC), 2010: 213-220.

[70] BYMAN A, HULKKONEN A, ARAPOGLOU P D, et al. MIMO for mobile satellite digital broadcasting: From theory to practice [J]. IEEE Transactions on Vehicular Technology, 2015, 65 (7): 4839-4853.

[71] ARAPOGLOU P D, BURZIGOTTI P, BERTINELLI M, et al. To MIMO or not to MIMO in mobile satellite broadcasting systems [J]. IEEE Transactions on Wireless Communications, 2011, 10 (9): 2807-2811.

[72] LIOLIS K P, GO MEZ-VILARDEBÓ J, CASINI E, et al. Statistical modeling of dual-polarized MIMO land mobile satellite channels [J]. IEEE Transactions on Communications, 2010, 58 (11): 3077-3083.

[73] ZUO B, ZHAO K L, LI W F, et al. Polarized modulation scheme for mobile satellite MIMO broadcasting [C]//Proceedings of the 2015 IEEE Internationa Wireless Symposium, 2015: 1-4.

[74] ALTHUNIBAT S, SUCASAS V, RODRIGUEZ J. A physical-layer security scheme by phase-based adaptive modulation [J]. IEEE Transactions on Vehicular Technology, 2017, 66 (11): 9931-9942.

[75] ZHANG X K, ZHANG B N, GUO D X. Physical layer secure transmission based on fast dual polarization hopping in fixed satellite communication [J]. IEEE Access, 2017, 5: 11782-11790.

[76] 张之翔．赫兹和电磁波的发现 [J]. 物理, 1989, (5): 303-8.

[77] FRANCO G A. Polarization modulation data transmission system: US 2992427A [P]. 1961-07-11.

[78] NIBLACK W K, WOLF E H. Polarization modulation and demodulation of light [J]. Applied Optics, 1964, 3 (2): 277-279.

[79] BENEDETTO S, POGGIOLINI P. Theory of polarization shift keying modulation [J]. IEEE Transactions on Communications, 1992, 40 (4): 708-721.

[80] 李伟文．基于透明电光陶瓷偏振控制器及其算法的设计与研究 [D]. 杭州: 浙江大学, 2005.

[81] 赵娜, 李小妍, 刘继红．偏振控制器的研究进展 [J]. 西安邮电大学学报, 2008, 13 (3): 13-16, 32.

[82] 周馨雨．Stokes空间中的偏振解复用技术研究 [D]. 成都: 西南交通大学, 2016.

[83] 荣宁．面向时域混合光信号的偏振解复用与调制格式识别技术研究 [D]. 哈尔滨: 哈尔滨工业大学, 2015.

[84] 侯尚林, 薛乐梅, 王菊巍, 等．光子晶体光纤中去极化声波导布里渊散射温度及应变响应 [J]. 发光学报, 2013, 34 (4): 500-505.

[85] 侯尚林, 吕瑞, 刘延君, 等．光子晶体光纤中去极化型声波导布里渊散射频移和散射效率研究 [J]. 发光学报, 2014, 35 (1): 113-118.

[86] 王怡, 李源, 马晶, 等．自由空间光通信中相干圆偏振调制系统性能研究 [J]. 红外

与激光工程, 2016, 45 (8): 0822004.
[87] 杨鹏, 艾华. 圆偏振调制激光通信系统设计 [J]. 中国激光, 2012, 39 (9): 0916002.
[88] SHI W X, WU P X, LIU W. Hybrid polarization-division-multiplexed quadrature phase-shift keying and multi-pulse pulse position modulation for free space optical communication [J]. Optics Communications, 2015, 334: 63-73.
[89] 吴兆平. 雷达微弱目标检测和跟踪方法研究 [D]. 西安: 西安电子科技大学, 2012.
[90] 贺峰. 宽带/超宽带雷达运动人体目标检测与特征提取关键技术研究 [D]. 长沙: 国防科学技术大学, 2011.
[91] 李永祯. 瞬态极化统计特性及处理的研究 [D]. 长沙: 国防科学技术大学, 2004.
[92] 刘勇, 戴幻尧, 常宇亮, 等. 新体制极化测量雷达的瞬态极化测量性能分析 [J]. 中国电子科学研究院学报, 2010, 5 (2): 126-133.
[93] 刘勇, 李永祯, 戴幻尧, 等. 基于极化二元阵雷达的空域虚拟极化滤波算法 [J]. 电子与信息学报, 2010, 32 (11): 2746-2750.
[94] 宋立众, 乔晓林, 吴群. 一种弹载相控阵雷达及其极化滤波方法 [J]. 电波科学学报, 2009, 24 (6): 1071-1077.
[95] 张国毅, 刘永坦. 高频地波雷达的三维极化滤波 [J]. 电子学报, 2000, 28 (9): 114-116.
[96] 王克让. MIMO 雷达角度估计及角闪烁抑制技术 [D]. 南京: 南京理工大学, 2012.
[97] 童忠诚. 激光角度欺骗干扰信号超前时间的仿真研究 [J]. 兵工学报, 2008, 29 (5): 633-636.
[98] BICKEL S H. Some invariant properties of the polarization scattering matrix [J]. Proceedings of the IEEE, 1965, 53 (8): 1070-1072.
[99] Lowenschuss O. Scattering matrix application [J]. Proceedings of the IEEE, 1965, 53 (8): 988-992.
[100] 廖羽宇. 统计 MIMO 雷达检测理论研究 [D]. 成都: 电子科技大学, 2012.
[101] 曾勇虎. 极化雷达时频分析与目标识别的研究 [D]. 长沙: 国防科学技术大学, 2004.
[102] HENAREJOS P, PÉREZ-NEIRA A I. Dual polarized modulation and receivers for mobile communications in urban areas [C]//Proceedings of the 2015 IEEE 16th International Workshop on Signal Processing Advances in Wireless Communications (SPAWC), 2015: 51-55.
[103] HENAREJOS P, PÉREZ-NEIRA A. Dual polarized modulation and Reception for next generation mobile satellite communications [J]. IEEE Transactions on Communications, 2015, 63 (10): 3803-3812.
[104] WEI D, FENG C Y, GUO C, et al. An energy efficient polarization modulation scheme for nonlinear power amplifier [C]//Proceedings of the 2012 IEEE Globecom Workshops,

2012：69-74.

[105] LUO Z K, WANG H L, ZHOU K J, et al. Combined constellation rotation with weighted FRFT for secure transmission in polarization modulation based dual-polarized satellite communications [J]. IEEE Access, 2017, 5：27061-27073.

[106] 郭彩丽，刘芳芳，冯春燕，等．无线通信中的极化信息处理 [M]. 北京：人民邮电出版社，2015.

[107] BHAGAVATULA R, OESTGES C, HEATH R W. A new double-directional channel model including antenna patterns, array orientation, and depolarization [J]. IEEE Transactions on Vehicular Technology, 2010, 59 (5)：2219-2231.

[108] OESTGES C, ERCEG V, PAULRAJ A J. Propagation modeling of MIMO multipolarized fixed wireless channels [J]. IEEE Transactions on Vehicular Technology, 2004, 53 (3)：644-654.

[109] WANG A L, WANG Y, XU J, et al. Low complexity compressed sensing based channel estimation in 3D MIMO systems [C]//Proceedings of the 2015 IEEE 81st Vehicular Technology Conference (VTC Spring), 2015：1-5.

[110] PRATT T, NGUYEN S, WALKENHORST B T. Dual-polarized architectures for sensing with wireless communications signals [C]//Proceedings of the 2008 IEEE Military Communications Conference, 2008：1-6.

[111] WEI D, FENG C Y, GUO C, et al. A power amplifier energy efficient polarization modulation scheme based on the optimal pre-compensation [J]. IEEE Communications Letters, 2013, 17 (3)：513-516.

[112] CAO B, ZHANG Q Y, ZHANG Y Q, et al. Polarization Filtering Based Interference Suppressions for Cooperative Radar Sensor Network [C]//Proceedings of the 2010 IEEE Global Telecommunications Conference, 2010：1-5.

[113] 庄钊文，肖顺平，王雪松．雷达极化信息处理及其应用 [M]. 北京：国防工业出版社，1999.

[114] MOTT D L. Stokes-parameter description of backscattering from a randomly oriented dipole [J]. Proceedings of the IEEE, 2005, 57 (11)：2067-2068.

[115] HALLAM B T, LAWRENCE C R, HOOPER I R, et al. Broad-band polarization conversion from a finite periodic structure in the microwave regime [J]. Applied Physics Letters, 2004, 84 (6)：849-851.

[116] AREND L, SPERBER R, MARSO M, et al. Polarization shift keying over satellite-implementation and demonstration in Ku-band [C]//Proceedings of the 2014 7th Advanced Satellite Multimedia Systems Conference and the Signal Processing for Space Communications Workshop, 2014：165-169.

[117] AREND L J. On dual-polarization signalling techniques in satellite communications [D]. Luxembourg：Universite du Luxembourg, 2015.

[118] AREND L, SPERBER R, MARSO M, et al. Implementing polarization shift keying over satellite-system design and measurement results [J]. International Journal of Satellite Communications and Networking, 2016, 34 (2): 211-229.

[119] LUO Z K, WANG H L, ZHOU K J. Polarization filtering based physical-layer secure transmission scheme for dual-polarized satellite communication [J]. IEEE Access, 2017, 5: 24706-24715.

[120] WEI D, FENG C Y, GUO C L. An optimal pre-compensation based joint polarization-amplitude-phase modulation scheme for the power amplifier energy efficiency improvement [C]//Proceedings of the 2013 IEEE International Conference on Communications (ICC), 2013: 4137-4142.

[121] DONG W, CHUNYAN F, CAILI G. A polarization-amplitude-phase modulation scheme for the power amplifier energy efficiency enhancement [C]//Proceedings of the 15th International Symposium on Wireless Personal Multimedia Communications (WPMC), 2012: 369-373.

[122] COLDREY M. Modeling and capacity of polarized MIMO channels [C]//Proceedings of the IEEE Vehicular Technology Conference, 2008: 440-444.

[123] SHANKAR B, ARAPOGLOU P D, OTTERSTEN B. Space-frequency coding for dual polarized hybrid mobile satellite systems [J]. IEEE Transactions on Wireless Communications, 2012, 11 (8): 2806-2814.

[124] 魏冬. 基于极化信号处理的射频功放能效优化研究 [D]. 北京: 北京邮电大学, 2013.

[125] 梅林. 加权类分数傅立叶变换及其在通信系统中的应用 [D]. 哈尔滨: 哈尔滨工业大学, 2010.

[126] MEI L, ZHANG Q Y, SHA X J, et al. WFRFT precoding for narrowband interference suppression in DFT-Based block transmission systems [J]. IEEE Communications Letters, 2013, 17 (10): 1916-1919.

[127] 梅林, 沙学军, 张乃通. 加权分数傅立叶变换通信系统抗参数扫描及星座分裂性能分析 [J]. 云南民族大学学报 (自然科学版), 2011, 20 (5): 361-366.

[128] FANG X J, SHA X J, LI Y. MP-WFRFT and constellation scrambling based physical layer security system [J]. China Communications, 2016, 13 (2): 138-145.

[129] MEI L, SHA X J, RAN Q W, et al. Research on the application of 4-weighted fractional Fourier transform in communication system [J]. Science China Information Sciences, 2010, 53 (6): 1251-1260.

[130] PROAKIS J G. Digital communications [M]. 4th ed. New York: McGraw-Hill, 2001: 190-190.

[131] QI T, WANG Y Z. Capacity analysis of a land mobile satellite system using dual-polarized antennas for diversity [C]//Proceedings of the 2015 IEEE 82nd Vehicular Technology

Conference, 2015: 1-5.

[132] 梅林, 沙学军, 冉启文, 等. 四项加权分数 Fourier 变换在通信系统中的应用研究 [J]. 中国科学: 信息科学, 2010, 40 (5): 732-741.

[133] MEI L, SHA X J, ZHANG N T. The approach to carrier scheme convergence based on 4-weighted fractional fourier transform [J]. IEEE Communications Letters, 2010, 14 (6): 503-505.

[134] LUO Z K, WANG H L, LV W H. Pilot contamination mitigation via a novel time-shift pilot scheme in large-scale multicell multiuser MIMO systems [J]. International Journal of Antennas and Propagation, 2016, 2016: 1-9.

[135] 徐振海. 极化敏感阵列信号处理的研究 [D]. 长沙: 国防科学技术大学, 2004.

[136] BEHRENS R T, SCHARF L L. Signal processing applications of oblique projection operators [J]. IEEE Transactions on Signal Processing, 1994, 42 (6): 1413-1424.

[137] YANG Y, XIONG X, JIANG B, et al. An adaptive coding method for dual-polarized mobile satellite communications [C]//Proceedings of the 2014 Sixth International Conference on Wireless Communications and Signal Processing, 2014: 1-5.

[138] DAS A. Digital Communication, Principles and System Modelling [M]. Berlin: Springer, 2010: 158.

[139] VALLIAPPAN N, HEATH R W, LOZANO A. Antenna subset modulation for secure millimeter-wave wireless communication [C]//Proceedings of the 2013 IEEE Globecom Workshops (GC Wkshps), 2013 IEEE, 2013: 1258-1263.

[140] DING Y, FUSCO V. Orthogonal vector approach for synthesis of multi-beam directional modulation transmitters [J]. IEEE Antennas and Wireless Propagation Letters, 2015, 14: 1330-1333.

[141] HAFEZ M, KHATTAB T, ELFOULY T, et al. Secure multiple-users transmission using multi-path directional modulation [C]//Proceedings of the 2016 IEEE International Conference on Communications (ICC), 2016: 1-5.

[142] DING Y, FUSCO V F. Establishing Metrics for Assessing the Performance of Directional Modulation Systems [J]. IEEE Transactions on Antennas and Propagation, 2014, 62 (5): 2745-2755.

[143] ALOTAIBI N N, HAMDI K A. Switched phased-array transmission architecture for secure millimeter-wave wireless communication [J]. IEEE Transactions on Communications, 2016, 64 (3): 1303-1312.

[144] JACOMB-HOOD A, LIER E. Multibeam active phased arrays for communications satellites [J]. IEEE Microwave Magazine, 2000, 1 (4): 40-47.

[145] CHEN P, HONG W, ZHANG H, et al. Virtual phase shifter array and its application on Ku band mobile satellite reception [J]. IEEE Transactions on Antennas and Propagation, 2015, 63 (4): 1408-1416.

[146] LI J T, ZHOU Z C, CHEN X Q, et al. Ka band multi-beam phased array antenna for communication satellite application [C]//Proceedings of the 2016 IEEE Advanced Information Management, Communicates, Electronic and Automation Control Conference, 2016: 209-213.

[147] MORELLO A, MIGNONE V. DVB-S2: The second generation standard for satellite broadband services [J]. Proceedings of the IEEE, 2006, 94 (1): 210-227.

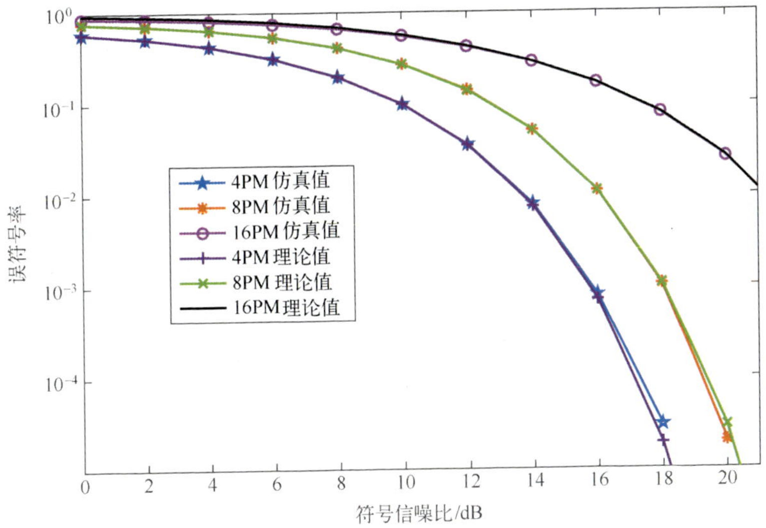

图 2-3　不同极化状态调制阶数情况下理论值和仿真值比较

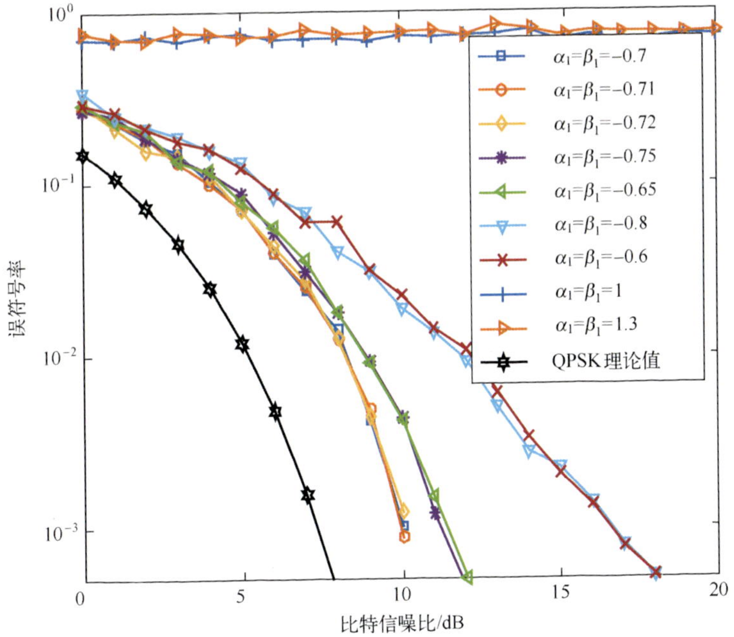

(a) QPSK 信号误符号率性能

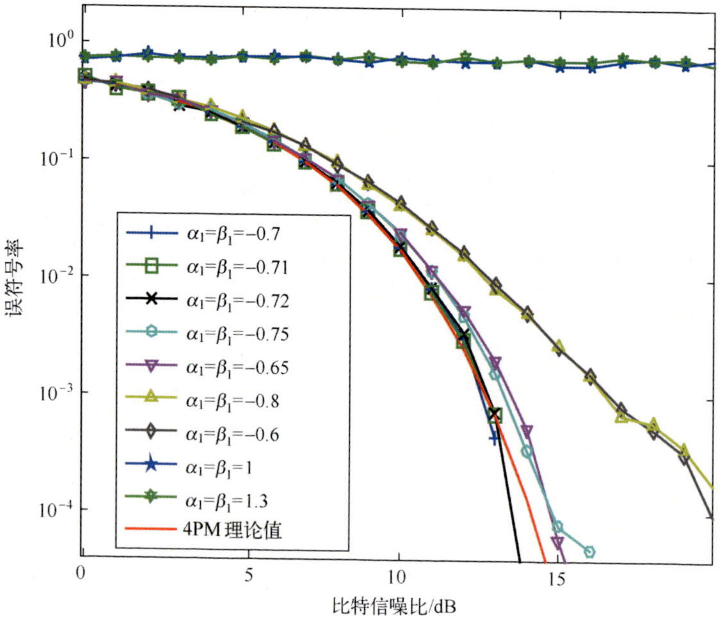

(b) 4PM信号误符号率性能

图 3-7　WFRFT 抗阶数扫描性能

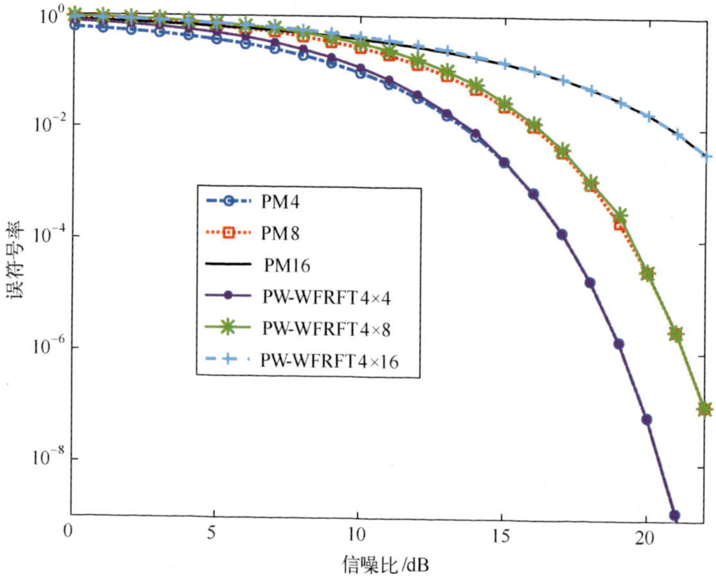

图 3-15　PM-WFRFT 和 PM 误符号率性能比较

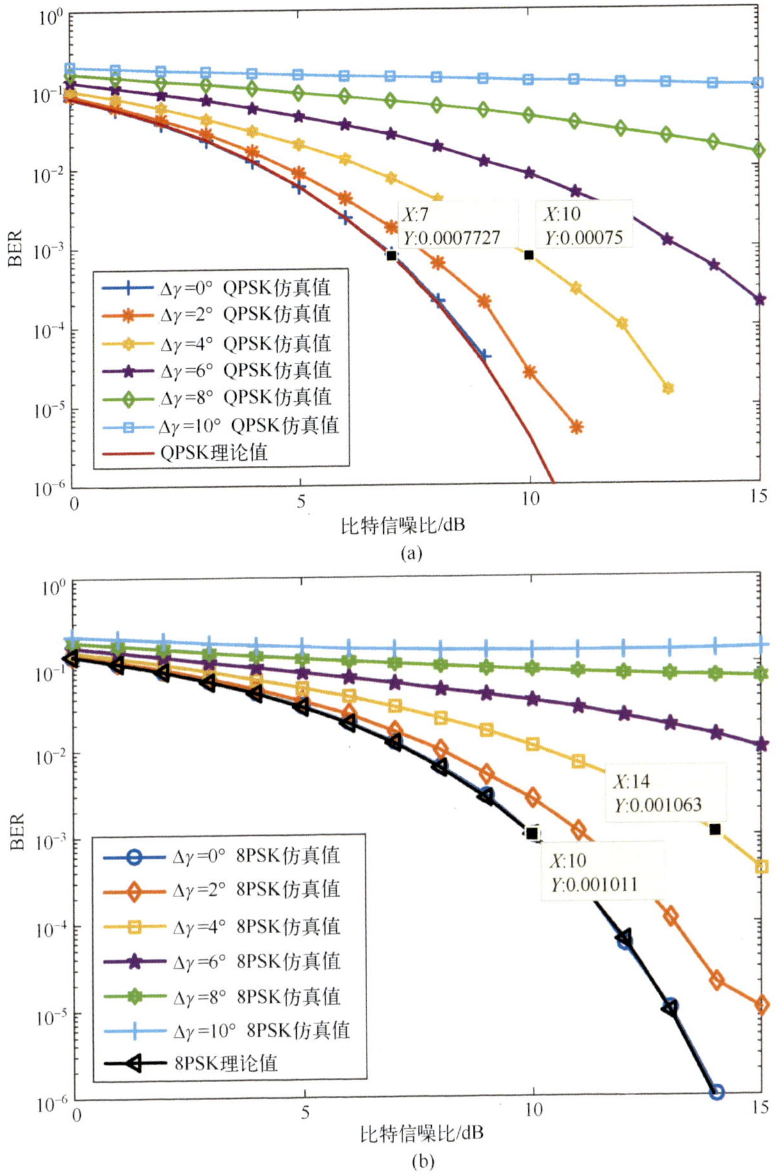

图 4-5 不同 γ 误差情况下误码率性能

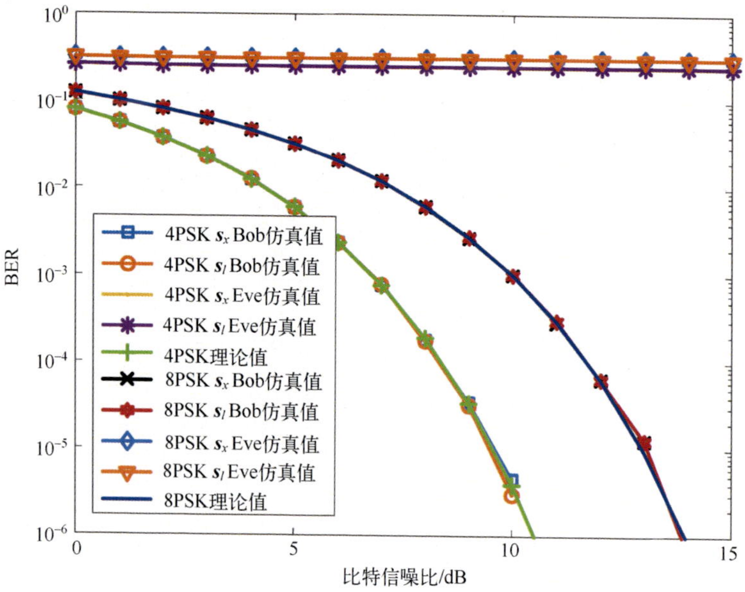

图 4-7　QPSK 和 8PSK 误码率随信噪比变化曲线

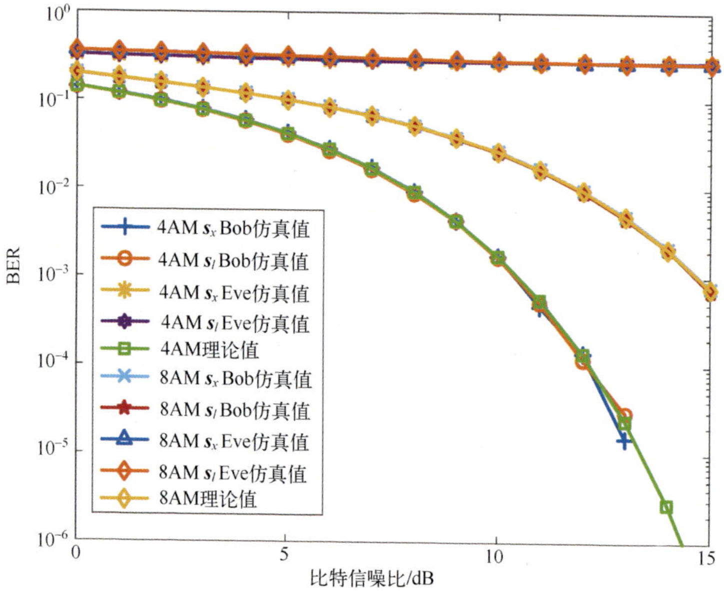

图 4-8　4AM 和 8AM 误码率随信噪比变化曲线

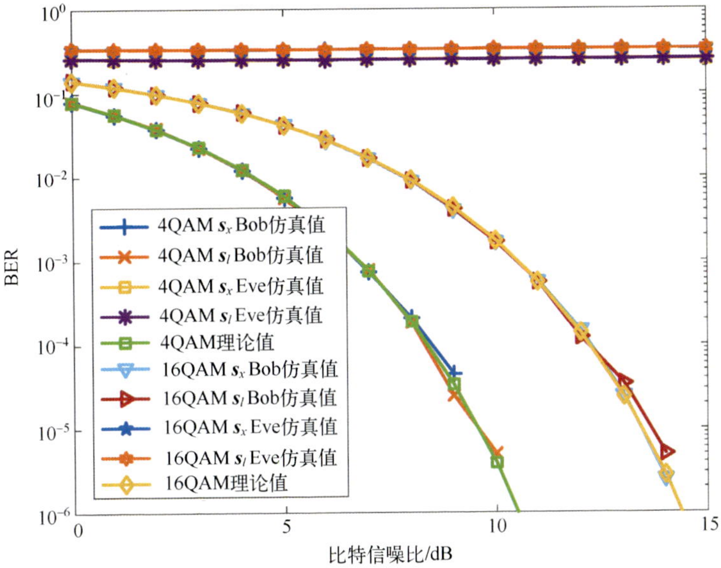

图 4-9　4QAM 和 16QAM 误码率随信噪比变化曲线

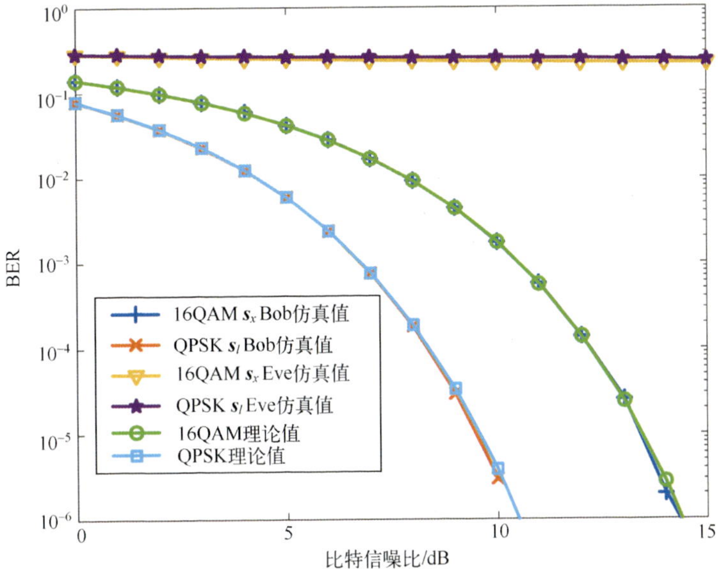

图 4-10　QPSK 和 16QAM 误码率随信噪比变化曲线

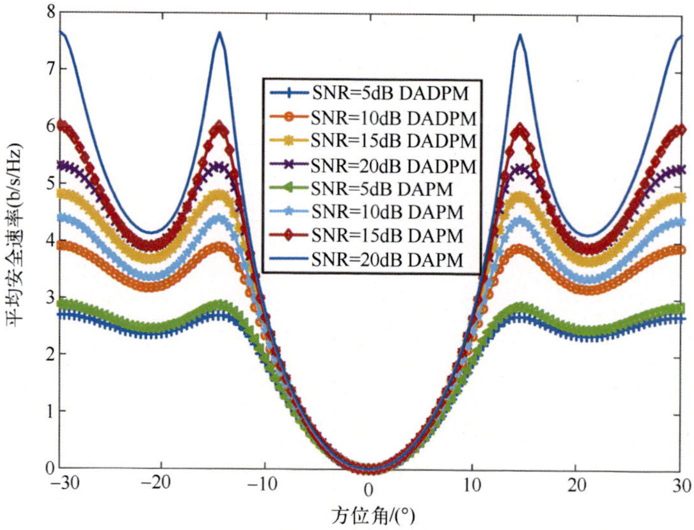

图 5-17　DADPM 和 DAPM 安全速率曲线

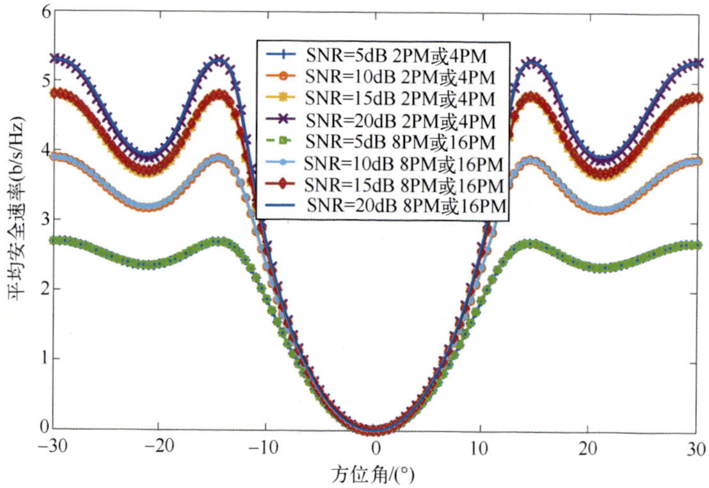

图 5-18　不同调制阶数安全速率性能

（$P_{AN}=0$，$N=8$，$L=7$，$d=\lambda/2$）

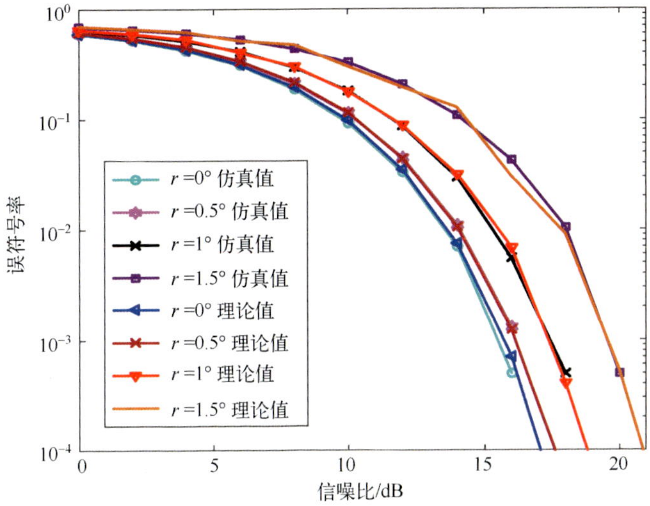

图 5-24　不同偏离角对误符号率性能影响

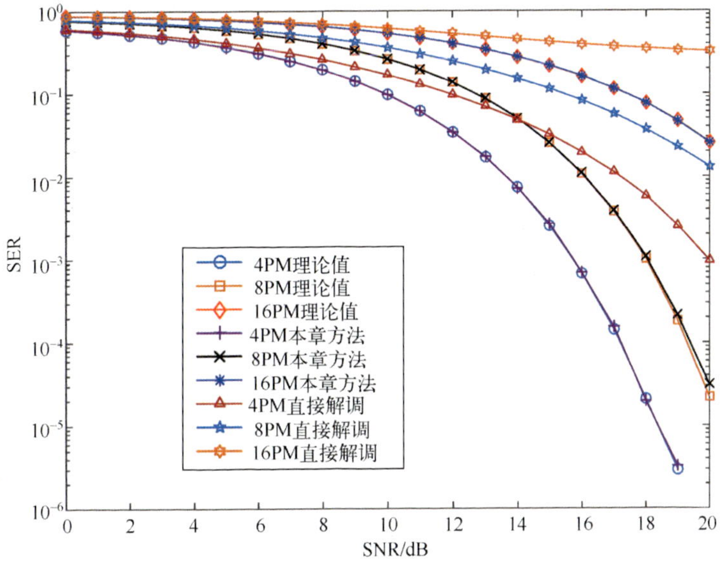

图 6-6　不同调整阶数下误符号率性能

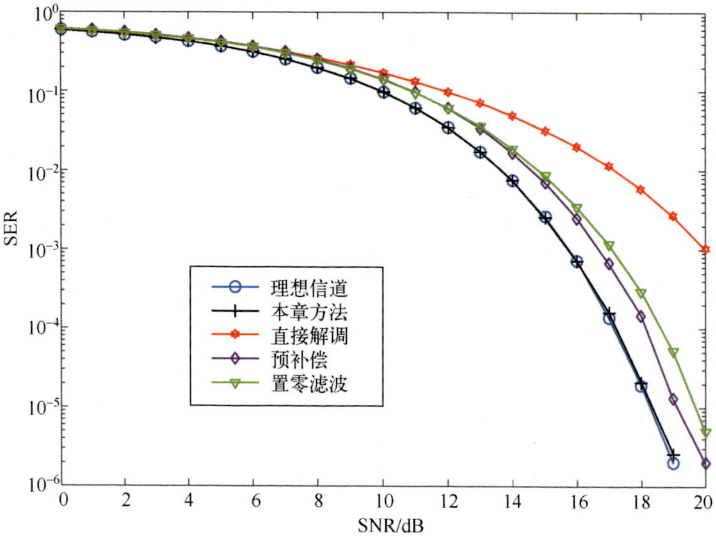

图 6-7　PDL 消除性能对比

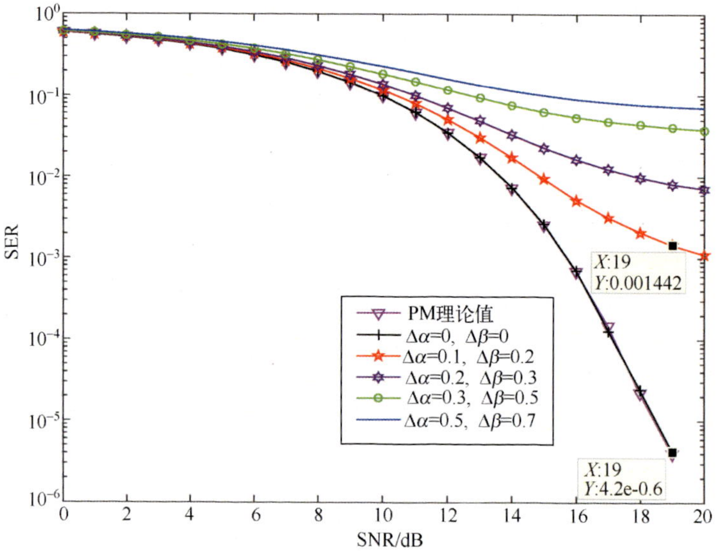

图 6-8　不同 WFRFT 阶数偏差条件下误符号率性能